できる®

DAX関数

ダックス

Power BI & Excel パワーピボット 対応

古澤登志美 & できるシリーズ編集部

インプレス

動画について

操作を確認できる動画をYouTube動画で参照できます。画面の動きがそのまま見られるので、より理解が深まります。QRが読めるスマートフォンなどからはレッスンタイトル横にあるQRを読むことで直接動画を見ることができます。パソコンなどQRが読めない場合は、以下の動画一覧ページからご覧ください。

▼動画一覧ページ
https://dekiru.net/dax

●用語の使い方

本文中では、「Power BI Desktop」のことを「Power BI」、「Microsoft 365 Personal」の「Excel」のことを「Excel」と記述しています。また、本文中で使用している用語は、基本的に実際の画面に表示される名称に則っています。

●本書の前提

本書では、「Windows 11」に「Power BI Desktop」と「Microsoft 365」の「Excel」がインストールされているパソコンで、インターネットに常時接続されている環境を前提に画面を再現しています。

まえがき

ITが進化するにつれて、私たちの身の回りの多くのものがデータ化され、分析できるようになってきました。大量のデータを取得し、分析し、ビジネスの中で活かすことは現代においては必須と言えるでしょう。

そんな時代だからこそ、DAX（Data Analysis Expressions）を理解し活用するスキルが多くのビジネスパーソンに求められています。DAXはPower BIやExcel で活用できる強力なツールです。大量のデータを一瞬で分析し、視覚化することができます。ただ、高機能なツールであるがゆえに、初めて学ぶ人には敷居の高い印象があるかもしれません。

本書では、そんなDAX関数を初めて学ぶ方でも理解しやすいよう、できるだけシンプルに解説するように努めました。また関数の機能をイメージしやすくするためのイラストもふんだんに取り入れました。

まず第1章と第2章では、DAX関数とは何か、どんな使い方ができるのかを、丁寧にご紹介しています。第3章ではDAX関数を活用するための大切なポイントである「日付テーブル」について解説しました。ここまでの基本編を、練習用ファイルを使って手を動かしながら学んでいただければ、DAX関数の世界の大筋が見えてくるはずです。

第4章以降では活用編として、数多くあるDAX関数をリファレンス形式でご紹介しています。「こんな計算をするにはどのDAX関数を使えばよいの?」という疑問に応えられるようになっていますので、ぜひお手元に置いて実務の中で活用してください。

本書を通じて、敷居が高いと思われていたDAXの世界が楽しいものに変わるように、そして皆様のデータ分析のスキルアップにつながりますようにと願っています。

2024年11月　古澤登志美

本書の読み方

レッスンタイトル
やりたいことや知りたいことが探せるタイトルが付いています。

YouTube動画で見る
パソコンやスマートフォンなどで視聴できる無料の動画です。詳しくは2ページをご参照ください。

サブタイトル
機能名やサービス名などで調べやすくなっています。

関数
関数の書式や使い方について解説しています。右上はPower BIとPower Pivotで関数が使えるをか表しています。引数にどんな値を指定するかも詳しく紹介しています。

ポイント
使用例で、引数にどんな値を指定しているのかを詳しく解説しています。

レッスン

10 別のテーブルの列を参照するには

RELATED関数

基本編 第 章

RELATED関数を使うと、別のテーブルにある列を参照できます。このレッスンでは、SUMX関数の引数として［販売価格］と、［M_種別］テーブルにある種別ごとの［目標粗利率］列を掛けた式を指定し、実際の粗利と比較するためのメジャーを作成します。

リレーションシップ関数　対応アプリ Power BI Power Pivot

別のテーブルにある指定の列の値を返す

=RELATED(ColumnName)

データモデルには複数のテーブルを持つことができるので、別のテーブルにある列との計算が必要になることがあります。その場合、ただテーブル名を付けて列名を記述しても参照はできないため、RELATED関数を使って呼び出します。

引数

| ColumnName　参照する列名を指定する

キーワード

ファクトテーブル　P.218
マスタテーブル　P.218
リレーションシップ　P.218

ここに注意

Power BI、Power Pivotともに、接続先は「絶対パス」で記述されています。ソースファイルの保存場所を変更したり、ファイル名を変えたりするとエラーが発生し、集計が正しく行われなくなりますので注意しましょう。

時短ワザ

日付テーブルの最終行で日付を確認したい

日付テーブルは行数が多くなるため、スクロールで最終行を確認するのは大変です。どこかの列の値を選択した状態で、Ctrlキーを押しながら↓キーで最終行を確認できます。戻るときはCtrl+↑キーで戻りましょう。

54 できる

キーワード

レッスンで重要な用語の一覧です。巻末の用語集のページも掲載しています。

練習用ファイル

レッスンで使用する練習用ファイルの名前です。ダウンロード方法などは6 ～ 9ページをご参照ください。

使用例

関数の具体例を紹介しています。Power BIとPower Pivotで使用例の数式を使った場合の画面も掲載しています。

練習用ファイル ▸ L010_RELATED関数.pbix ／ L010_RELATED関数.xlsx

10 RELATED関数

使用例 ［販売価格］と［M_種別］テーブルの［目標粗利率］を掛けてその合計を求める

=SUMX('販売データ','販売データ'[販売価格]*RELATED('M_種別'[目標粗利率]))

ポイント

ColumnName　SUMX関数の式で使用する、［目標粗利率］列をテーブル名とともに指定する

● Power BIの場合

1 ［データ］ペインで［販売データ］を選択

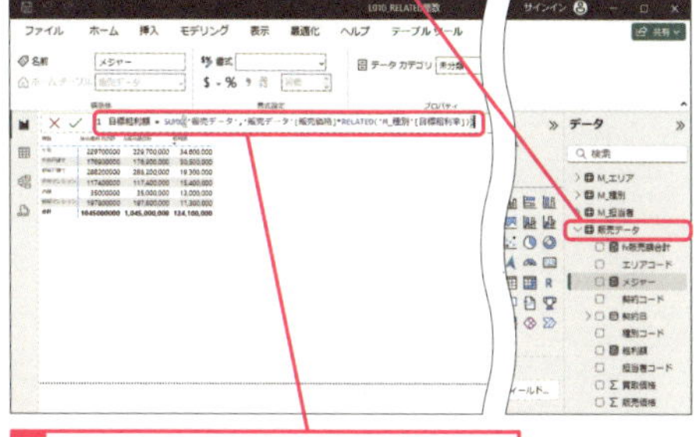

2 上記式の「目標粗利額」というメジャーを新規作成

3 ページ内のビジュアルを選択　4 ［値］に［目標粗利額］を追加

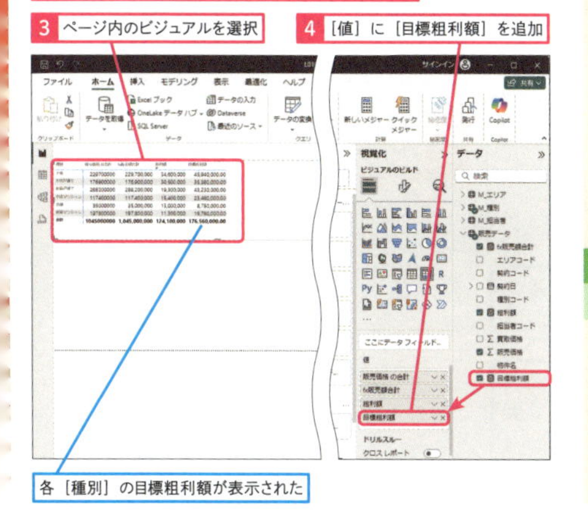

各［種別］の目標粗利額が表示された

使いこなしのヒント

リレーションシップが設定されていないと使えない

RELATED関数ではリレーションシップの設定されているテーブル間で列を参照させることができます。エラーになる場合には、テーブル間のリレーションシップが正しく設定されているか確認しましょう。

用語解説

スライサー

スライサーはビジュアルに必要なデータのみ取り出した結果を表示させるフィルターの一種です。ページ内にオブジェクトとして配置できるため、Power BIの操作に慣れない人でも直感的にフィルターを利用することができます。

使いこなしのヒント

メジャー名はなんでも良いの?

メジャー名は同じデータモデル内の他のメジャーや列と同じ名前を付けることはできません。また一部利用できない記号などがあります。ビジュアルやピボットテーブルでも表示されるので、分かりやすい名前を付けて管理しましょう。

できる 55

※ここに掲載している紙面はイメージです。
実際のレッスンページとは異なります。

関連情報

レッスンの操作内容を補足する要素を種類ごとに色分けして掲載しています。

使いこなしのヒント

操作を進める上で役に立つヒントを掲載しています。

時短ワザ

手順を短縮できる操作方法を紹介しています。

スキルアップ

一歩進んだテクニックを紹介しています。

用語解説

レッスンで覚えておきたい用語を解説しています。

ここに注意

間違えがちな操作について注意点を紹介しています。

練習用ファイルの使い方

本書では、レッスンの操作をすぐに試せる無料の練習用ファイルを用意しています。ダウンロードした練習用ファイルは必ず展開して使ってください。ここではMicrosoft Edgeを使ったダウンロードの方法を紹介します。

▼練習用ファイルのダウンロードページ

https://book.impress.co.jp/books/1124101075

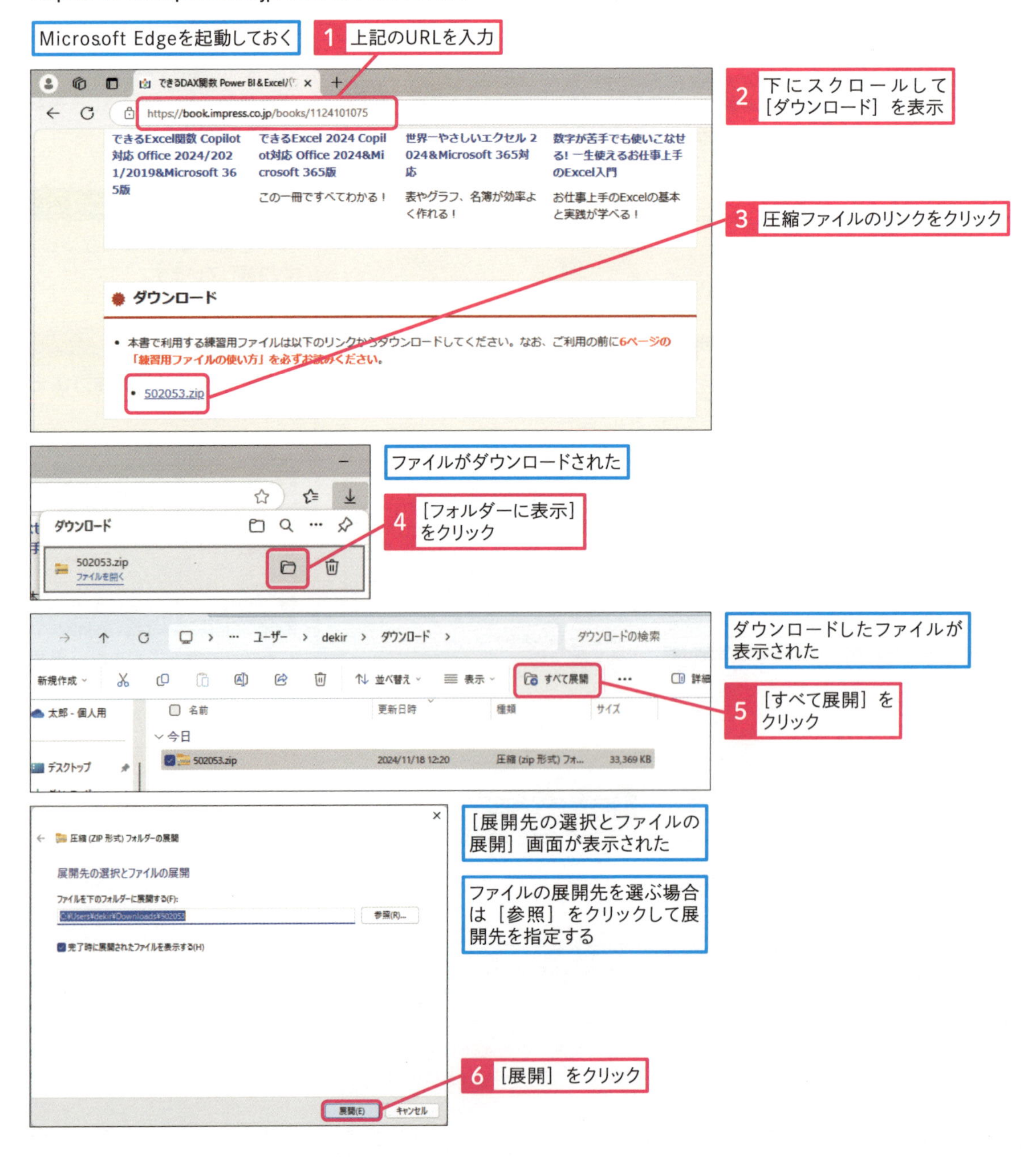

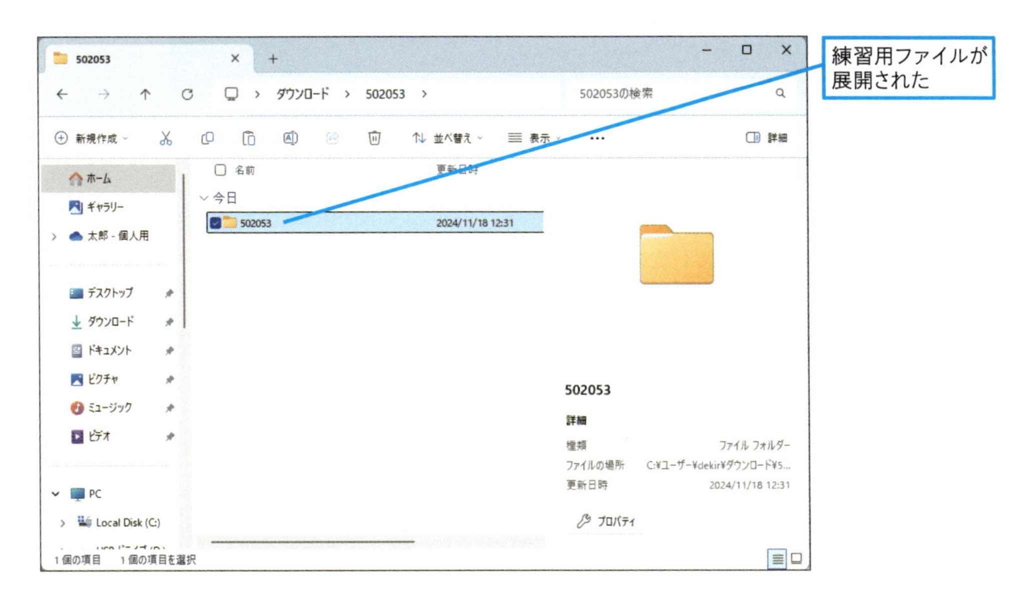

● 練習用ファイルを使えるようにする

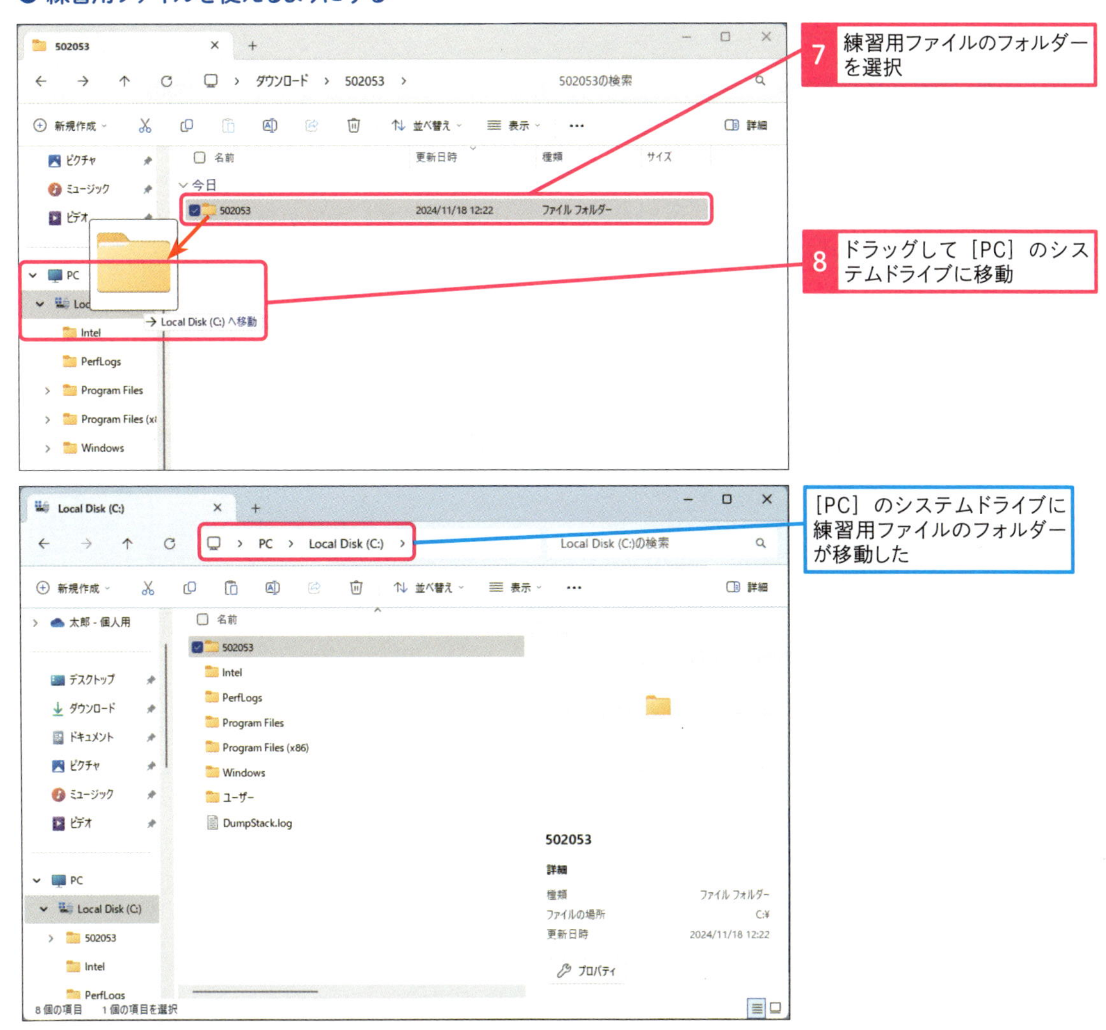

練習用ファイルの内容

練習用ファイルには章ごとにファイルが格納されており、ファイル先頭の「L」に続く数字がレッスン番号、次がレッスンのサブタイトルを表します。Power BIを使って操作する場合は拡張子が「pbix」のファイルを、Power Pivotを使う場合は拡張子が「xlsx」のものをご使用ください。また、レッスンによって、練習用ファイルがなかったり、1つだけになっていたりします。手順実行後のファイルは、収録できるもののみ入っています。

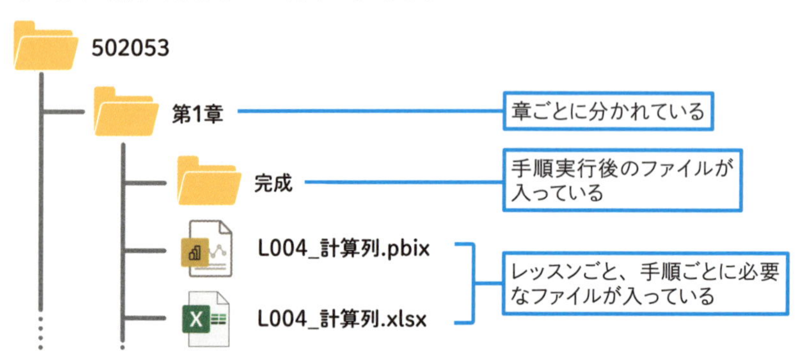

練習用ファイルの保存場所について

データモデル内のテーブルは接続先のデータの位置を「絶対パス」で記録しています。接続先のデータの場所が変わってしまうと、データを更新した際などにエラーが発生します。本書の練習用ファイルはシステムドライブに保存された状態を前提にしているため、他の場所に保存せずにご使用ください。またファイル名やフォルダー名を変更した場合も同様にエラーが発生します。

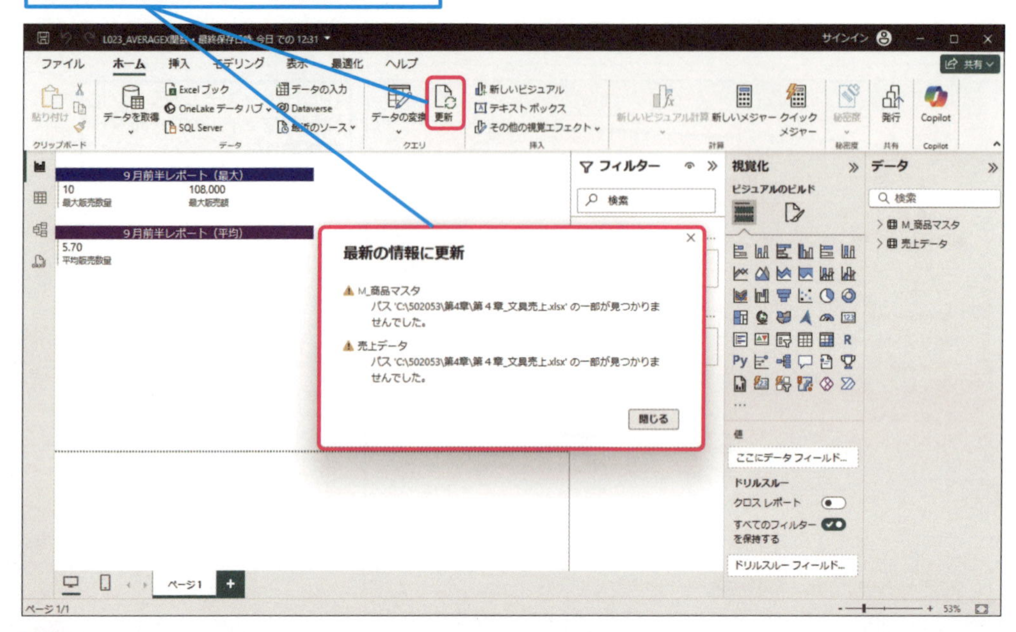

保護ビューやセキュリティの警告が表示された場合

ウイルスやスパイウェアなど、セキュリティ上問題があるファイルをすぐに開いてしまわないようにするため、インターネットを経由してダウンロードしたExcelファイルを開くと、保護ビューで表示されます。本書の練習用ファイルは安全ですので、[編集を有効にする]をクリックしてください。また、ブックを開いた際に「セキュリティの警告」のメッセージが表示されることもあります。セキュリティの警告を解除するには［コンテンツの有効化］をクリックしましょう。

なお、保護ビューや「セキュリティの警告」は安全性の観点から表示されるもののため、ファイルの入手時に配布元をよく確認して、安全と判断できた場合のみ表示の解除操作を行ってください。

● 保護ビューを解除する

［編集を有効にする］をクリックする

自動保存 オフ L003_データモデル.xlsx - 保… • この PC に保存済み 検索

ファイル ホーム 挿入 描画 ページレイアウト 数式 データ 校閲 表示 ヘルプ Power Pivot

保護ビュー 注意—インターネットから入手したファイルは、ウイルスに感染している可能性があります。編集する必要がなければ、保護ビューのままにしておくことをお勧めします。 編集を有効にする(E)

A1 レコードID

	A	B	C	D	E
1	レコードID	販売日	支店コード	商品コード	数量
2	R24000001	2024/1/4	E-001	ST-009	4
3	R24000002	2024/1/4	W-002	ST-001	7
4	R24000003	2024/1/5	W-003	MF-002	10
5	R24000004	2024/1/5	W-003	MF-003	8
6	R24000005	2024/1/5	E-001	MF-004	2
7	R24000006	2024/1/6	W-002	MF-005	7
8	R24000007	2024/1/6	E-004	ST-006	6
9	R24000008	2024/1/6	W-005	ST-007	5
10	R24000009	2024/1/8	W-002	MF-008	1
11	R24000010	2024/1/9	E-001	ST-009	1

●「セキュリティの警告」を解除する

［コンテンツの有効化］をクリックする

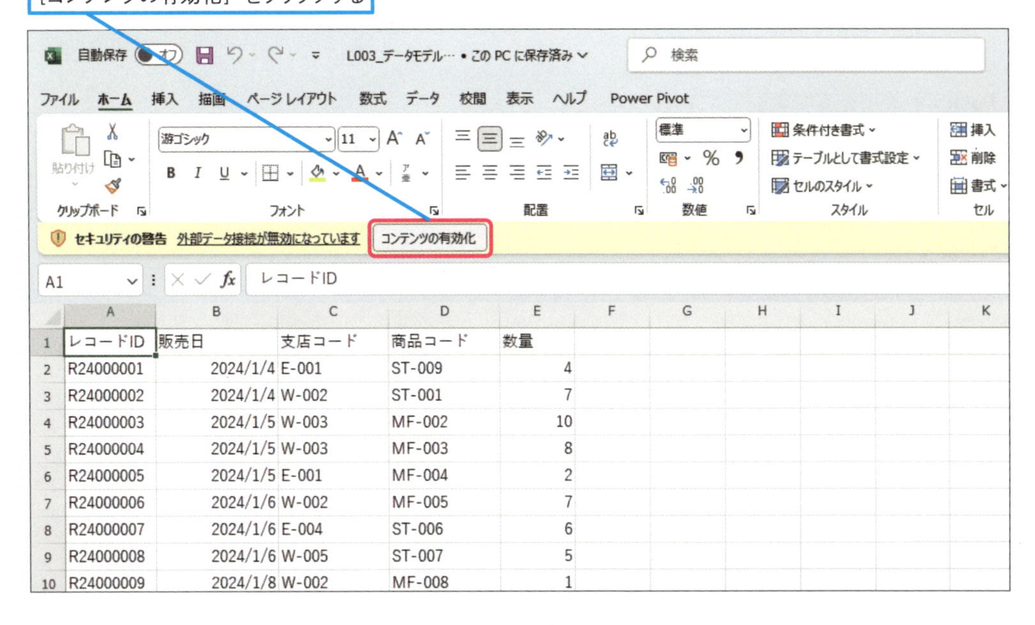

	A	B	C	D	E
1	レコードID	販売日	支店コード	商品コード	数量
2	R24000001	2024/1/4	E-001	ST-009	4
3	R24000002	2024/1/4	W-002	ST-001	7
4	R24000003	2024/1/5	W-003	MF-002	10
5	R24000004	2024/1/5	W-003	MF-003	8
6	R24000005	2024/1/5	E-001	MF-004	2
7	R24000006	2024/1/6	W-002	MF-005	7
8	R24000007	2024/1/6	E-004	ST-006	6
9	R24000008	2024/1/6	W-005	ST-007	5
10	R24000009	2024/1/8	W-002	MF-008	1

目次

基本編

第2章 よく使われる関数を使ってDAXへの理解を深めよう 45

基本編

第3章 日付テーブルの使い方を覚えよう 65

第6章 日付や時刻を使った計算をしよう 131

第8章 知っておくと便利なその他の関数 179

本書の構成

本書は手順を1つずつ学べる「基本編」、便利な操作をバリエーション豊かに揃えた「活用編」の2部で、DAX関数の基礎から応用まで無理なく身に付くように構成されています。

基本編
第1章～第3章

関数式の入力方法や、DAX関数を使う上で欠かせないデータモデルや日付テーブル、よく使われるDAX関数などを一通り解説します。最初から続けて読むことで、DAX関数の使い方がよく身に付きます。

活用編
第4章～第8章

データの集計や時系列の分析など、広く業務に役立つDAX関数を厳選して紹介します。興味のある部分を拾い読みして、練習用ファイルを操作することで学びが深まります。

用語集・索引

重要なキーワードを解説した用語集、知りたいことから調べられる索引などを収録。基本編、活用編と連動させることで、DAX関数についての理解がさらに深まります。

登場人物紹介

DAX関数を皆さんと一緒に学ぶ生徒と先生を紹介します。各章の冒頭にある「イントロダクション」、最後にある「この章のまとめ」で登場します。それぞれの章で学ぶ内容や、重要なポイントを説明していますので、ぜひご参照ください。

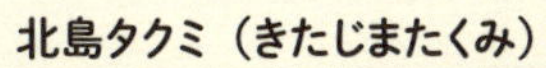
北島タクミ（きたじまたくみ）

元気が取り柄の若手社会人。うっかりミスが多いが、憎めない性格で周りの人がフォローしてくれる。好きな食べ物はカレーライス。

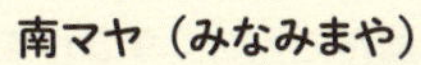
南マヤ（みなみまや）

タクミの同期。しっかり者で周囲の信頼も厚い。 タクミがミスをしたときは、おやつを条件にフォローする。好きなコーヒー豆はマンデリン。

ビーアイ先生

Power BIとPower Pivotのすべてをマスターし、その素晴らしさを広めている先生。基本から活用まで幅広いDAX関数の疑問に答える。

ご購入・ご利用の前に必ずお読みください

本書は、2024年11月現在の情報をもとに「Power BI Desktop」「Excel Power Pivot」の操作方法について解説しています。本書の発行後に「Power BI Desktop」「Excel Power Pivot」の機能や操作方法、画面などが変更された場合、本書の掲載内容通りに操作できなくなる可能性があります。本書発行後の情報については、弊社のWebページ（https://book.impress.co.jp/）などで可能な限りお知らせいたしますが、すべての情報の即時掲載ならびに、確実な解決をお約束することはできかねます。また本書の運用により生じる、直接的、または間接的な損害について、著者ならびに弊社では一切の責任を負いかねます。あらかじめご理解、ご了承ください。

本書で紹介している内容のご質問につきましては、巻末をご参照のうえ、お問い合わせフォームかメールにてお問合せください。電話やFAX等でのご質問には対応しておりません。また、本書の発行後に発生した利用手順やサービスの変更に関しては、お答えしかねる場合があることをご了承ください。

基本編

第1章

DAX関数について知ろう

まず簡単なDAX関数を使ってみましょう。DAX関数の基本構成はもちろん、DAX関数が活躍する場であるデータモデルや、データモデルを構成するテーブル、テーブル間のリレーションシップなど、DAX関数と一緒に働く機能をしっかり理解しておくことが重要です。

DAX関数って何?

本章ではDAX関数を使って作成した列やメジャーの活用方法など、DAXの基礎知識と基本的な操作方法を学びます。DAX関数は大量のデータを集計・分析する際に、非常に便利な機能です。次のレッスンを読み始める前に、簡単にDAX関数の特徴を押さえておきましょう。

DAX関数はデータモデル内のデータを扱う関数

Power BIとかExcelを使いこなしている人から「DAX関数」って言葉を聞くけど、これって何ですか?

DAX関数は、簡単にいうとデータの集合体から新しい情報を計算したり、必要な値を取り出したりするための関数だよ。

● Power BIの画面

レコードID	販売日	支店コード	商品コード	数量	販売額
R24000001	2024年1月4日	E-001	ST-009	4	59200
R24000002	2024年1月4日	W-002	ST-001	7	138600
R24000003	2024年1月5日	W-003	MF-002	10	218000
R24000004	2024年1月5日	W-003	MF-003	8	174400
R24000005	2024年1月5日	E-001	MF-004	2	43600
R24000006	2024年1月6日	W-002	MF-005	7	152600
R24000007	2024年1月6日	E-004	ST-006	6	168000
R24000008	2024年1月6日	W-005	ST-007	5	140000
R24000009	2024年1月8日	W-002	MF-008	1	9800
R24000010	2024年1月9日	E-001	ST-009	1	14800
R24000011	2024年1月9日	E-004	ST-001	10	198000
R24000012	2024年1月10日	E-001	MF-003	1	21800

Power BIやPower Pivotは外部のデータソースに接続し、複数のテーブルを1つの塊として扱うことができる

外部のデータソース

	A	B	C	
1	レコードID	販売日	支店コード	商品
2	R24000001	2024/1/4	E-001	ST-(
3	R24000002	2024/1/4	W-002	ST-(
4	R24000003	2024/1/5	W-003	MF-
5	R24000004	2024/1/5	W-003	MF-
6	R24000005	2024/1/5	E-001	MF-
7	R24000006	2024/1/6	W-002	MF-
8	R24000007	2024/1/6	E-004	ST-(
9	R24000008	2024/1/6	W-005	ST-(

	A	B	C	D
1	支店ID	エリア	支店名	開設日
2	E-001	関東	東京本部	2020/4/
3	W-002	関西	大阪支店	2020/10/1
4	W-003	関西	福岡支店	2021/8/
5	E-004	関東	仙台支店	2021/10/
6	W-005	関西	広島支店	2022/3/1
7	W-006	関西	高松支店	2023/6/
8	E-007	関東	新潟支店	2023/11/
9				

	A	B	C
1	商品ID	商品分類	商品名
2	ST-001	ストール	フラワー ブラック シル
3	MF-002	マフラー	無地 グレー カシミア
4	MF-003	マフラー	無地 アイボリー カシミ
5	MF-004	マフラー	無地 ブルー カシミア
6	MF-005	マフラー	無地 ワイン カシミア
7	ST-006	ストール	ブラウングラデ カシミ
8	ST-007	ストール	グレーグラデ カシミア
9	MF-008	マフラー	マルチストライプ ウー

Excelのワークシート関数との違いって？

「関数」といえば、Excelのワークシート上でも関数を使いますが、それとは全く違うってことですか？

似ている部分もあるけど、DAX関数はいわばデータモデル用の関数！ Excelのワークシート関数は、引数にワークシート上に存在するセル範囲やセルを指定したりするよね。一方で、DAX関数は外部に接続して構築したデータモデル内の列やテーブルを計算対象として使うんだ。

● Power Pivotの画面

関数式内ではデータモデル内のテーブルや列を引数に指定する

Power Pivot for Excel - L004_計算列_完成.xlsx

ファイル　ホーム　デザイン　詳細設定

貼り付け　貼り付け追加　貼り付け置換　コピー　クリップボード

データベース　送信元データサービス　その他のソース　既存の接続　外部データの取り込み

最新の情報に更新　ピボットテーブル

データ型: 自動 (整数)　書式: 全般　書式設定

小さい順に並べ替え　大きい順に並べ替え　並べ替えをクリア　すべてのフィルターをクリア　並べ替えとフィルター処理

[販売額]　fx　='売上データ'[数量]*RELATED('商品リスト'[単価])

	レコードID	販売日	支店コード	商品コード	数量	販売額
1	R24000001	2024/01/04 ...	E-001	ST-009	4	59200
2	R24000002	2024/01/04 ...	W-002	ST-001	7	138600
3	R24000003	2024/01/05 ...	W-003	MF-002	10	218000
4	R24000004	2024/01/05 ...	W-003	MF-003	8	174400
5	R24000005	2024/01/05 ...	E-001	MF-004	2	43600
6	R24000006	2024/01/06 ...	W-002	MF-005	7	152600
7	R24000007	2024/01/06 ...	E-004	ST-006	6	168000
8	R24000008	2024/01/06 ...	W-005	ST-007	5	140000
9	R24000009	2024/01/08 ...	W-002	MF-008	1	9800
10	R24000010	2024/01/09 ...	E-001	ST-009	1	14800

頭が混乱してきました……。こんな難しそうなことをしなくていんじゃないですか～。

DAX関数を使えば、より効率的に大量のデータを集計・分析に活用できるんだ！ ここで100%理解できてなくても大丈夫。DAX関数とは何か、どう扱うかをこの章で解説していくよ！ 操作方法は、Power BIとPower Pivotの両方の手順を紹介しているから、使っているアプリのほうを参照してね。

レッスン

02 DAX関数の活用場所であるデータモデルとは

DAXの基本　練習用ファイル　なし

DAX関数はデータモデルの中で使われる関数です。会社の中には「売上データ」「顧客データ」「社員データ」などのように多くのデータが別々のデータとして管理されていますが、それらを1つにまとめたものがデータモデルです。

データモデルを知ろう

Power BIやPower Pivotでは「売上データ」のような1つのデータの集まりを「テーブル」と呼ばれる表の形式でツール内に取り込みます。集計元となるテーブルが複数ある場合には、それぞれのテーブルを関連付ける必要があります。複数のテーブルは関連付けられることにより1つの「データモデル」となります。データモデルを使えば、複数のデータを1つのデータの塊として扱うことができ、複合的な視点から集計結果を求めることができます。

データモデル内にあるデータを使い、Power BIでビジュアルに集計結果を視覚化したり、Excelのピボットテーブルで集計したりできる

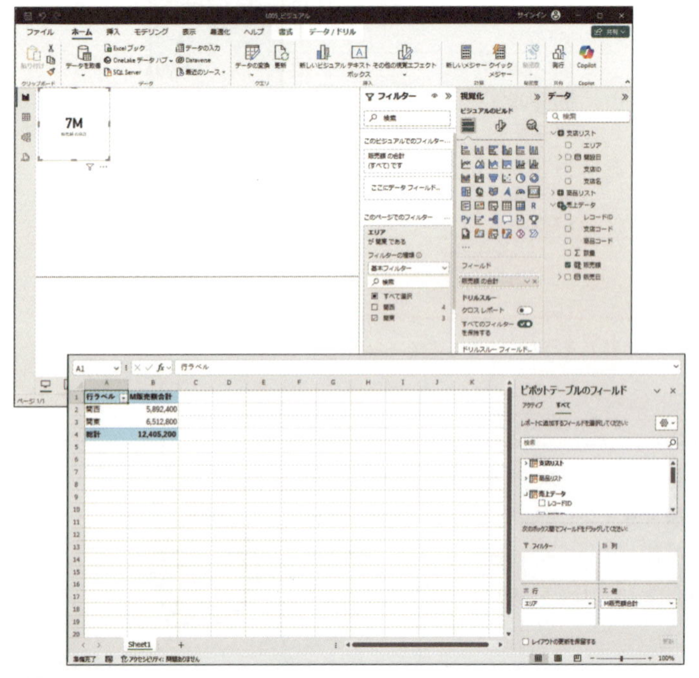

キーワード

用語解説

Power BI

Microsoft社が提供するBIツール。BI (Business Intelligence) ツールとは、企業が持つ情報を集計・分析し、経営や業務に役立てるアプリです。顧客や売上、生産や受発注データなど、企業活動に関わる大量のデータを収集し、戦略的な意思決定に役立てることができます。

用語解説

Power Pivot

Excelのピボットテーブル機能を強化し、より大量で複雑なデータを集計・分析できるようにしたもの。Power Pivotを利用すればデータモデルを集計元としてピボットテーブルやピボットグラフを作成できるようになります。

使いこなしのヒント

Power Pivotではアドインの有効化が必要

初期状態のExcelではデータモデルを扱うことはできません。アドインを有効にすることで［Power Pivot］タブが追加され、Power Pivotを使えるようになります。［データ］-［データモデルの管理］から有効化できます。

DAX関数を使うとできること

DAX関数はDAX（Data Analysis Expressions）と呼ばれる数式言語で式を扱う方法の1つです。DAXではデータモデル内のテーブルや列を対象にして計算を行い、関数だけでなく「+」や「-」などの演算子を使った式を作ることもできます。DAXによる式は「計算列」「メジャー」として利用され、その結果はPower BIのレポート上でビジュアルとして可視化することができます。ビジュアルはフィルターにより条件に基づいてデータを抽出することができます。抽出条件によって集計結果を変えられることがDAXの大きな特徴です。

DAXはデータモデル内のテーブルや列を対象にして計算でき、データモデル内に新たに列やメジャーを作成できる

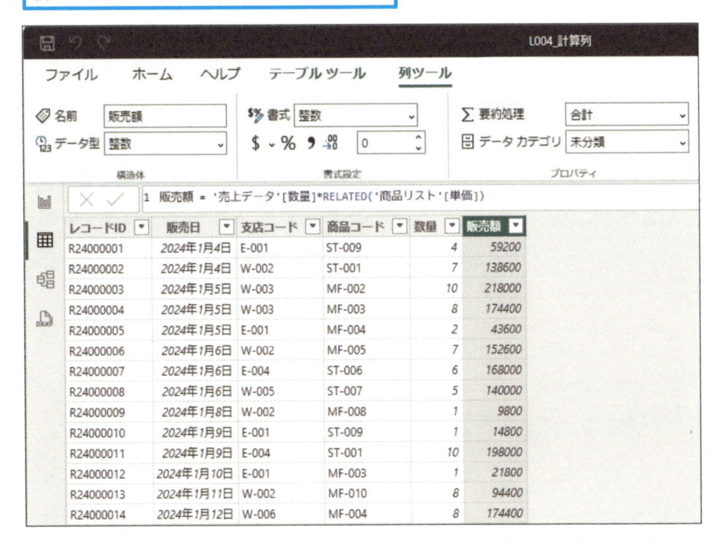

レコードID	販売日	支店コード	商品コード	数量	販売額
R24000001	2024年1月4日	E-001	ST-009	4	59200
R24000002	2024年1月4日	W-002	ST-001	7	138600
R24000003	2024年1月5日	W-003	MF-002	10	218000
R24000004	2024年1月5日	W-003	MF-003	8	174400
R24000005	2024年1月5日	E-001	MF-004	2	43600
R24000006	2024年1月6日	W-002	MF-005	7	152600
R24000007	2024年1月6日	E-004	ST-006	6	168000
R24000008	2024年1月6日	W-005	ST-007	5	140000
R24000009	2024年1月8日	W-002	MF-008	1	9800
R24000010	2024年1月9日	E-001	ST-009	1	14800
R24000011	2024年1月9日	E-004	ST-001	10	198000
R24000012	2024年1月10日	E-001	MF-003	1	21800
R24000013	2024年1月11日	W-002	MF-010	8	94400
R24000014	2024年1月12日	W-006	MF-004	8	174400

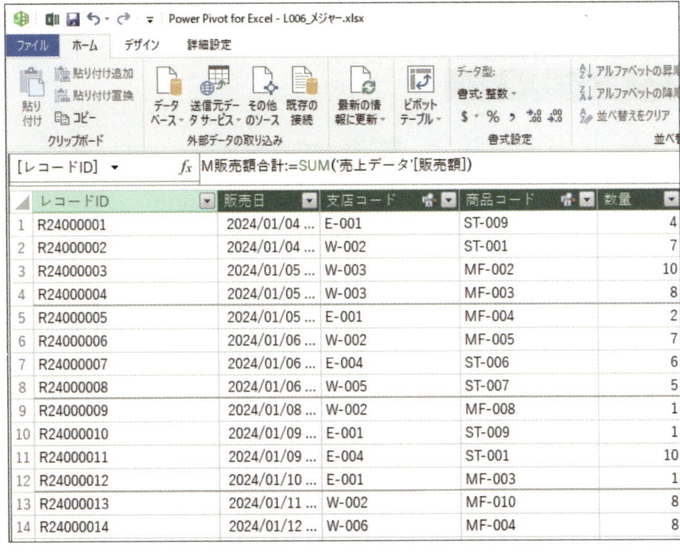

	レコードID	販売日	支店コード	商品コード	数量
1	R24000001	2024/01/04 ...	E-001	ST-009	4
2	R24000002	2024/01/04 ...	W-002	ST-001	7
3	R24000003	2024/01/05 ...	W-003	MF-002	10
4	R24000004	2024/01/05 ...	W-003	MF-003	8
5	R24000005	2024/01/05 ...	E-001	MF-004	2
6	R24000006	2024/01/06 ...	W-002	MF-005	7
7	R24000007	2024/01/06 ...	E-004	ST-006	6
8	R24000008	2024/01/06 ...	W-005	ST-007	5
9	R24000009	2024/01/08 ...	W-002	MF-008	1
10	R24000010	2024/01/09 ...	E-001	ST-009	1
11	R24000011	2024/01/09 ...	E-004	ST-001	10
12	R24000012	2024/01/10 ...	E-001	MF-003	1
13	R24000013	2024/01/11 ...	W-002	MF-010	8
14	R24000014	2024/01/12 ...	W-006	MF-004	8

用語解説
演算子

演算子とは、式で実行する計算の種類を表す記号のことです。足し算や引き算などの四則演算を行う算術演算子や、左辺と右辺を比較する比較演算子、条件を表す論理演算子などがあります。

用語解説
ビジュアル

Power BIでは「視覚化エフェクト」とも呼ばれるビジュアルを利用してデータを視覚化します。棒グラフ、円グラフ、折れ線グラフ、マップ、KPI、マトリクスなど多くの種類があり、読み取りたい情報に合わせて簡単に視覚化できます。

使いこなしのヒント
Power PivotでDAX関数を利用するには

Power Pivotにはビジュアルはありません。しかし、DAX関数で計算列やメジャーを作成し、ピボットテーブルやピボットグラフの値として利用できます。

03 データモデルを作成してみよう

データモデル

練習用ファイル L003_データモデル.xlsx

DAX関数を使うには、まずデータモデルを用意する必要があります。売上集計を行うためのデータモデルを作成しながら、データの取得方法やテーブルの構成、リレーションシップについて理解を深めましょう。

1 Power BIを使いデータを取得する

Power BI Desktopを起動しておく

1 ［空のレポート］をクリック

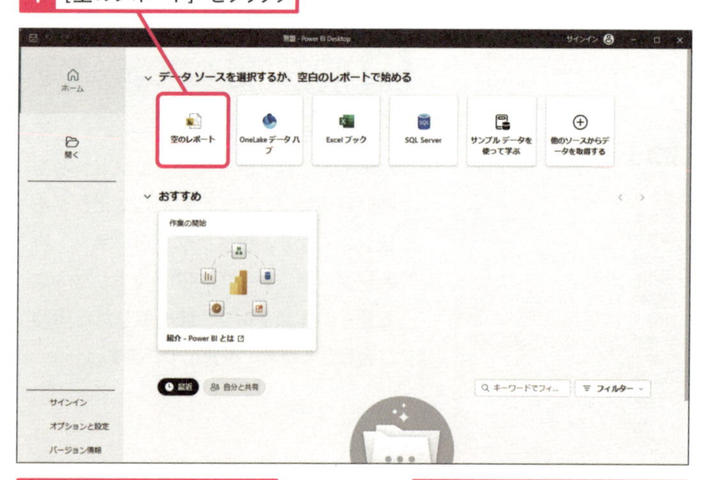

2 ［ホーム］タブをクリック

3 ［Excelブック］をクリック

キーワード

Power BI	P.215
Power Pivot	P.215
データモデル	P.217

使いこなしのヒント

Power BIとPower Pivotで何が違うの？

Power BIもPower Pivotも、データモデルを活用して大量のデータを素早く集計できることは同じですが、大きく異なるのはその見せ方です。Power BIでは多くの種類の「ビジュアル」から最もデータに適したものを選択し、可視化することができます。「フィルター」と呼ばれる条件設定や書式設定も詳細に行えるため、データから必要な情報を読み取りやすいです。Power Pivotは使い慣れたExcelでシンプルにデータを可視化でき、初めてデータモデルを使った分析をするときでも簡単に扱えます。

使いこなしのヒント

データモデルの作成はテーブルの取得から

練習用ファイルには、「売上データ」「店舗リスト」「商品リスト」がそれぞれのシートに記録されています。売上集計分析を行うため、3つのテーブルを取得してデータモデルを作成してみましょう。取得するデータにはExcelブックの他、CSVやSQLサーバーなどを指定することもできます。

● 取得するデータのファイルを選択する

［開く］ダイアログボックスが表示された

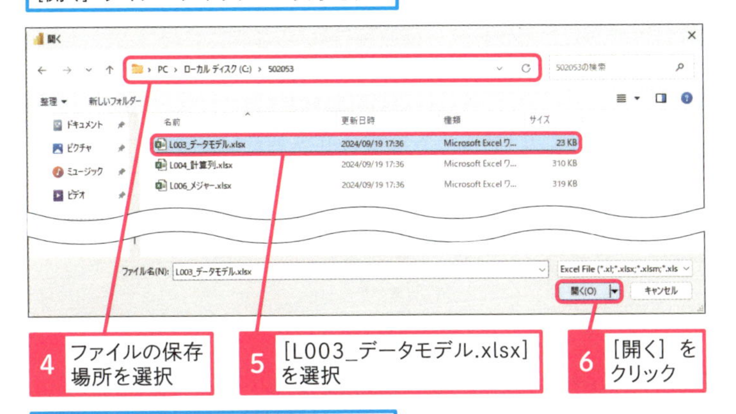

4 ファイルの保存場所を選択

5 ［L003_データモデル.xlsx］を選択

6 ［開く］をクリック

［ナビゲーター］ウィンドウが表示された

7 ［支店リスト］［商品リスト」［売上データ］にチェックを付ける

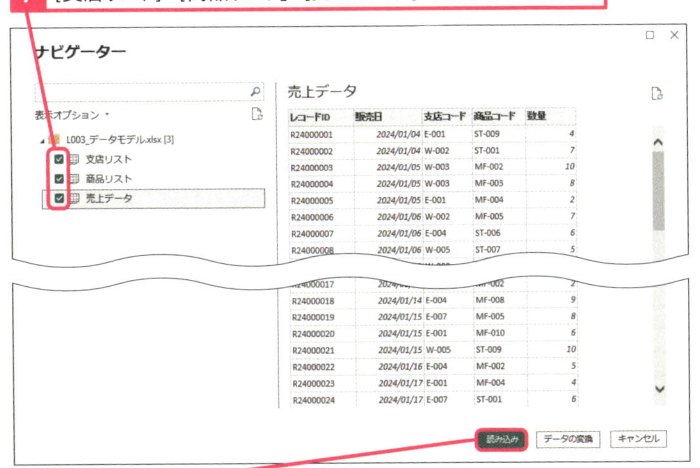

8 ［読み込み］をクリック

9 ［テーブルビュー］をクリック

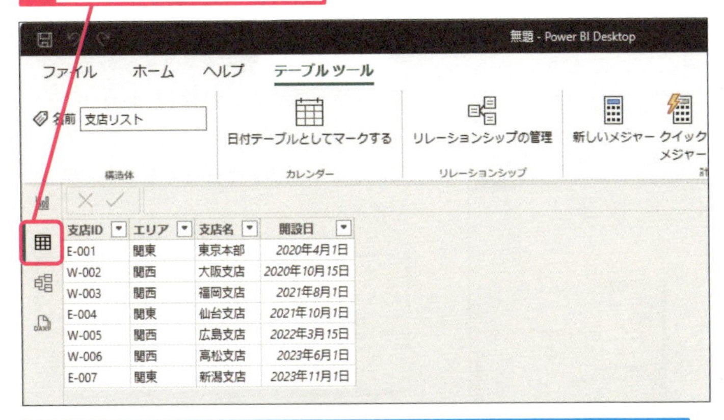

［データ］ウィンドウにある［支店リスト］［商品リスト」［売上データ］をクリックすると、それぞれのテーブルが表示される

使いこなしのヒント

データを編集しながら取得するには

Power BIの場合［ナビゲーター］ウィンドウで［変換］をクリックするとPower Queryが起動し、データを編集してから読み込むことができます。

［データの変換］をクリックするとPower Queryエディターが起動する

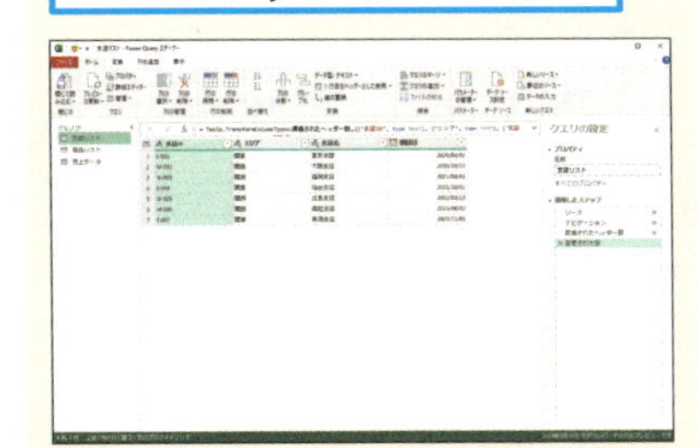

使いこなしのヒント

Power BIの主なビューの種類

データモデルを作成後、集計・分析をし、その結果を視覚的に表示するPower BIは、3つのビューを切り替えながら操作します。それぞれのビューとその役割を理解して使用しましょう。

ビュー	説明
レポートビュー	ビジュアルを作成するビュー。キャンバスに配置したビジュアルにフィールドを追加することで視覚化できます。キャンバスには複数のビジュアルを配置できます
テーブルビュー	取得したデータを表形式で表示するビュー。複数のテーブルがある場合は、画面右側の［データペイン］で切り替えができます。
モデルビュー	データモデルに含まれるテーブルの関係性を視覚的に確認できます。

2 Power Pivotでデータを取得する

1 [データ] タブをクリック

2 [データの取得] をクリック

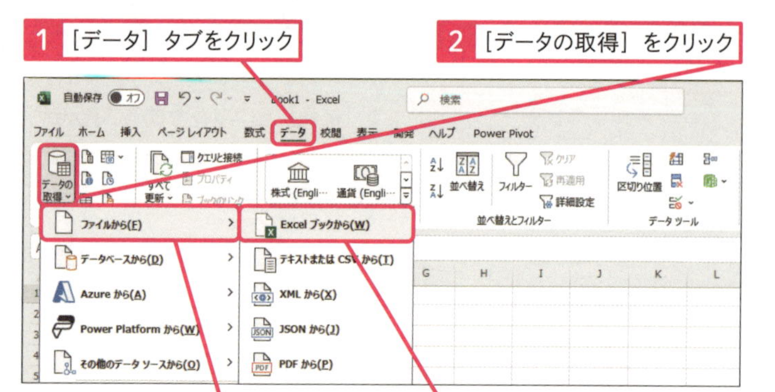

3 [ファイルから] をクリック

4 [Excelブックから] をクリックする

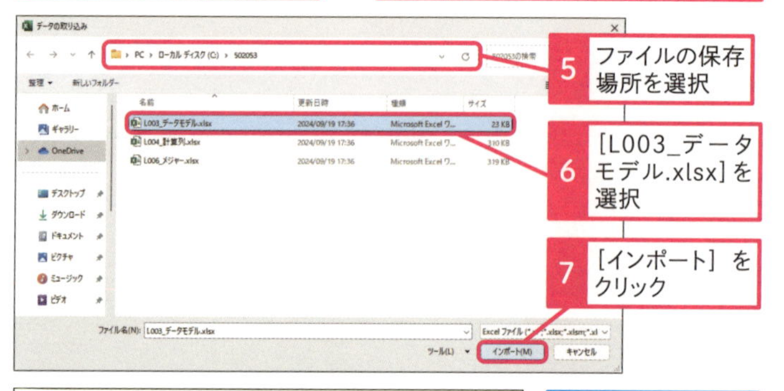

5 ファイルの保存場所を選択

6 [L003_データモデル.xlsx]を選択

7 [インポート] をクリック

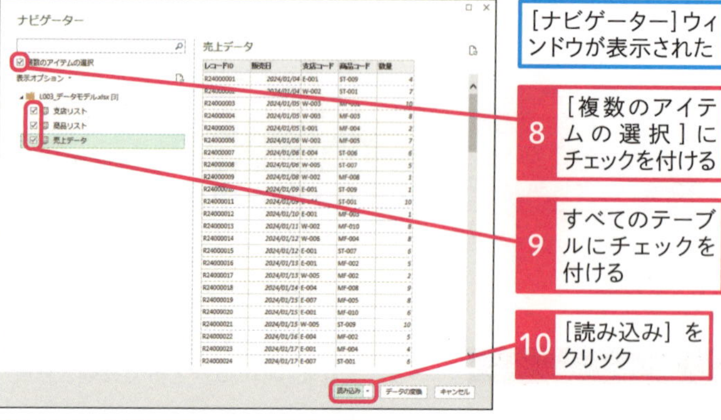

[ナビゲーター]ウィンドウが表示された

8 [複数のアイテムの選択]にチェックを付ける

9 すべてのテーブルにチェックを付ける

10 [読み込み] をクリック

[クエリと接続] 作業ウィンドウに取得したテーブル名が表示された

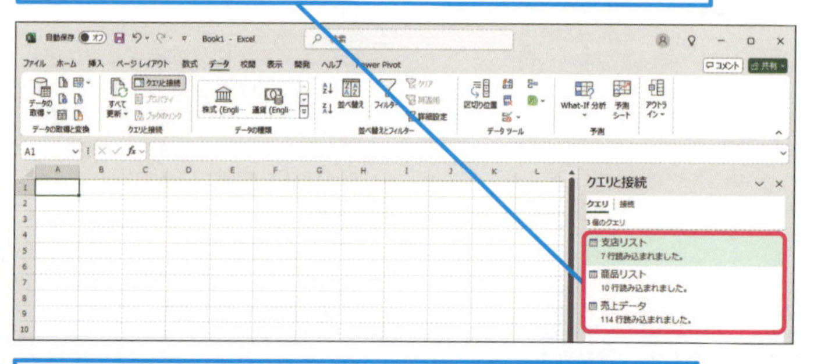

上のヒントを参考に、[Power Pivot for Excel] を起動しておく

使いこなしのヒント

データモデル内のデータを編集するには

Excelに取り込んだデータをデータモデルとして編集するためには、[Power Pivot for Excel] を利用します。下の手順を参考に起動しましょう。

1 [Power Pivot] タブをクリック

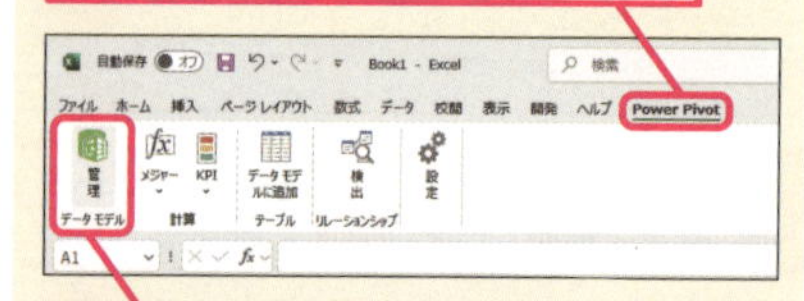

2 [管理] ボタンをクリック

[Power Pivot for Excel] が起動した

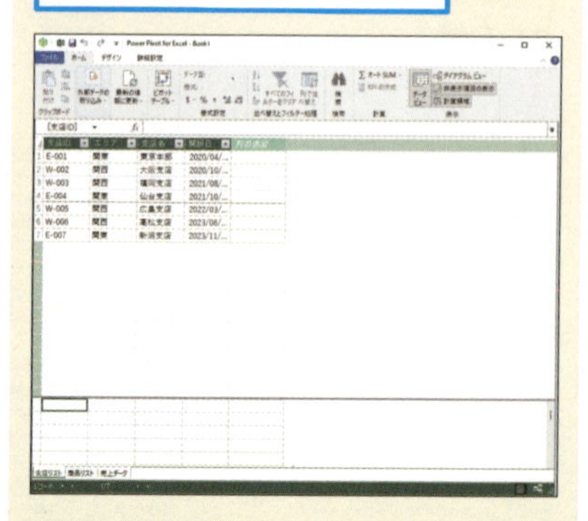

使いこなしのヒント

Power Pivotのビューの種類

Power Pivotでは2つのビューを使用します。[データビュー] では、取得したデータを表形式で表示できます。複数のテーブルがある場合は、画面下にある [タブ] で切り替えます。[ダイアグラムビュー] では、テーブルの関係性を視覚的に確認できます。

ビューは [データビュー] [ダイアグラムビュー] ボタンで切り替えられる

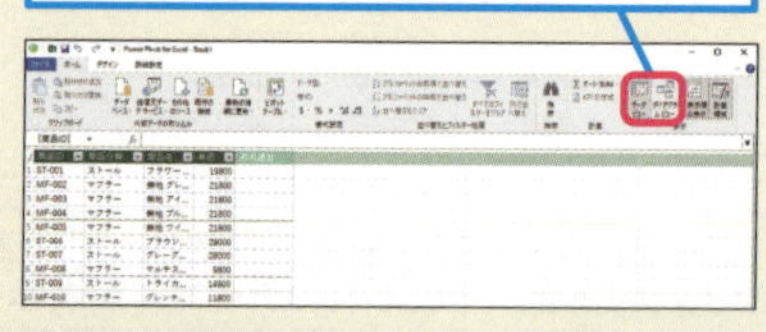

3 データモデルを構成する「テーブル」を理解しよう

読み込んだデータはテーブルビューで確認できます。テーブルの構成要素はDAX関数の構文を学ぶ際に重要です。意味と名称を覚えておきましょう。

● Power BI

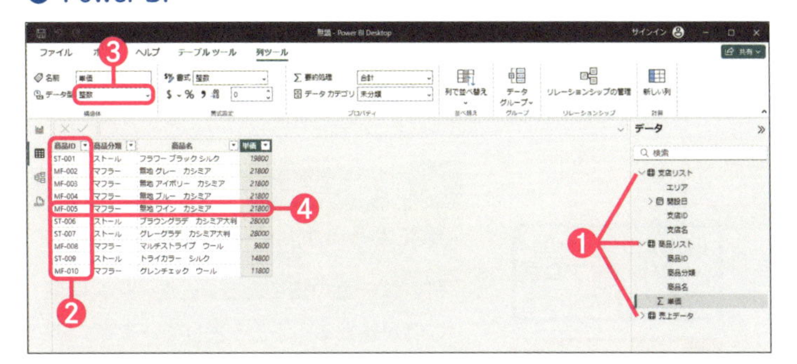

● Power Pivot

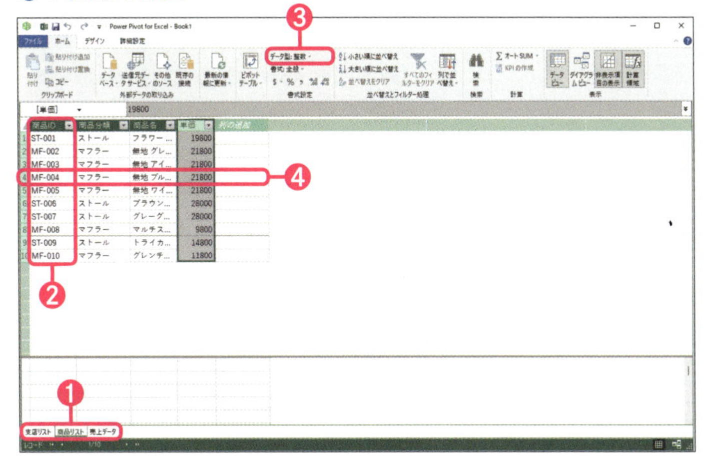

番号	用語	説明
❶	テーブル	一件のデータを一行として持つ、表形式のデータ。Excelから読み込んだテーブルは、元のシート名がテーブル名として自動的に設定されるが変更することも可能。
❷	列	同じ種類のデータが縦方向に並んだもの。DAX関数では列名を使って列を集計の値として指定する。
❸	データ型	列の値として保持するデータの種類で、列を選択時[列ツール]タブ-[構造体]グループで確認できる。[売上データ]テーブルでは、[レコードID][店舗コード][商品コード]各列はテキスト型、[販売日]列は日付型、[数量]列は整数型のデータが納められている。
❹	レコード	一件のデータを一行に並べたもの。時間の経過に伴いデータが増えていくときは、レコードが追加されることとなる。

使いこなしのヒント

データ型が間違っているときは

Power BIの場合、列を選択した状態で、[列ツール]-[構造体]グループ-[データ型]のリストから適切なものに変更できます。Power Pivotの場合、[ホーム]-[書式設定]グループのボタンを使って修正できます。

⚠ ここに注意

Power BI、Power Pivotともに、接続先は「絶対パス」で記述されています。ソースファイルの保存場所を変更したり、ファイル名を変えたりするとエラーが発生し、集計が正しく行われなくなりますので注意しましょう。

使いこなしのヒント

元データが更新されたときは

Power BI、Power Pivotいずれの場合も、取得元のブックに売上データが追加された場合、[ホーム]-[更新]ボタンをクリックして最新のデータを取得しなおします。

4 Power BIでリレーションシップを設定する

1 ［モデルビュー］をクリック

2 ［売上データ］テーブルをドラッグして中央に配置

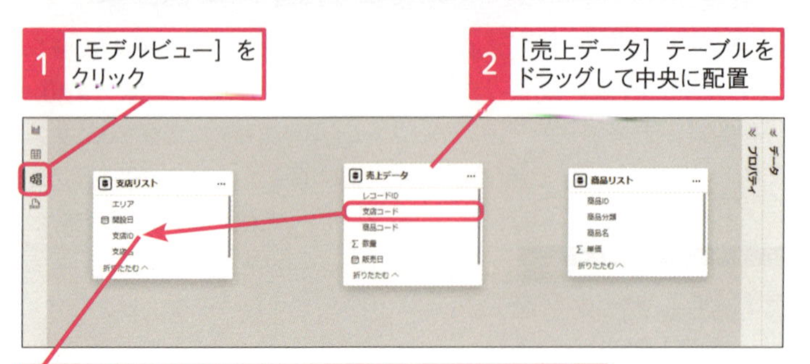

3 ［売上データ］テーブルの［支店コード］を［支店リスト］テーブルの［支店ID］上にドラッグ

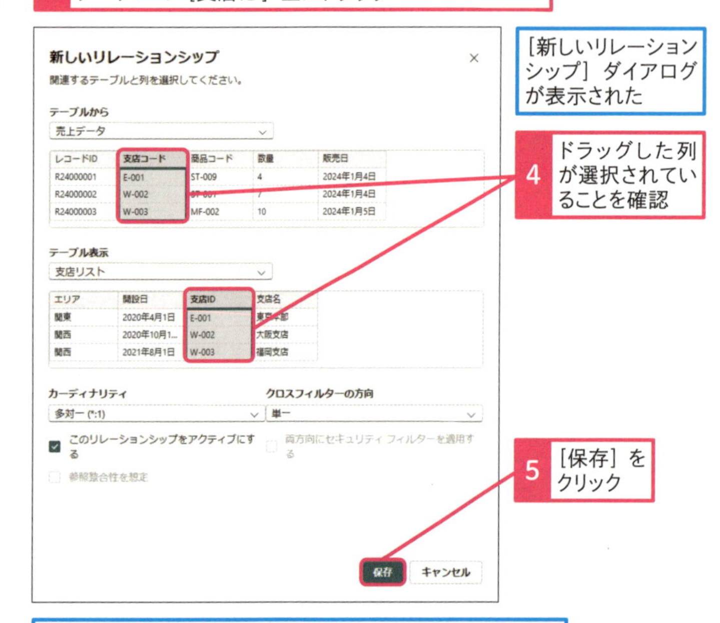

［新しいリレーションシップ］ダイアログが表示された

4 ドラッグした列が選択されていることを確認

5 ［保存］をクリック

リレーションシップが設定され、テーブル間が線で結ばれた

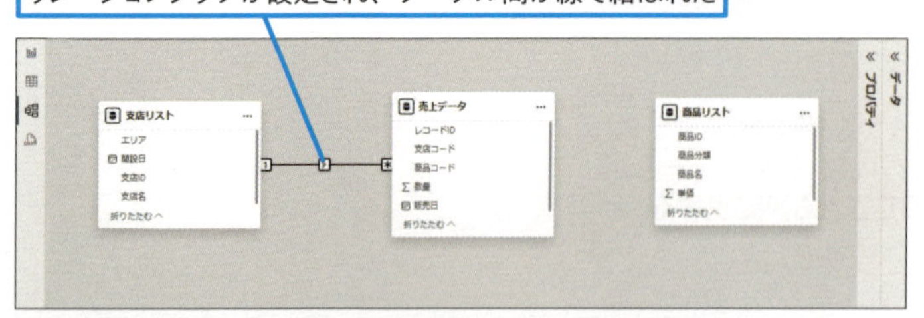

同様に［売上データ］テーブルの［商品コード］と［商品リスト］テーブルの［商品ID］にリレーションシップを設定しておく

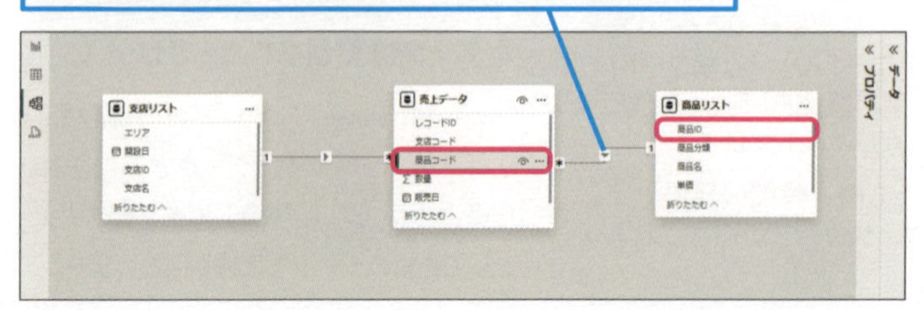

使いこなしのヒント

リレーションシップでテーブルを関連付ける

取得したテーブルは、それぞれのコードとIDをキーとして関連付けられます。リレーションシップを設定して、3つの表を1つのデータモデルとして結び付けましょう。

使いこなしのヒント

線にある「1」や「*」の意味は?

「1」は一意の値であることを、「*」は同じ値が複数あることを表しています。［支店リスト］［商品リスト］テーブルのキーとして利用した［支店ID］［商品ID］は、それぞれの値が一意のものです。それに対し、［売上データ］の［支店コード］［商品コード］には同じ値が何度も繰り返し使われています。リレーションシップはこの例のように「1対多」の関係で設定するのが基本的な使い方です。

使いこなしのヒント

何もしないのにリレーションシップが設定されていた?

2つのテーブルにある列の名前が同じ場合、リレーションシップが自動的に設定されることがあります。

使いこなしのヒント

リレーションシップの設定を誤った場合は?

テーブルを結ぶ線を右クリックし［削除］で取り消すことができます。

5 Power Pivotでリレーションシップを設定する

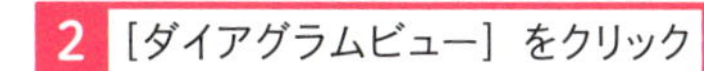

1 ［ホーム］タブをクリック

2 ［ダイアグラムビュー］をクリック

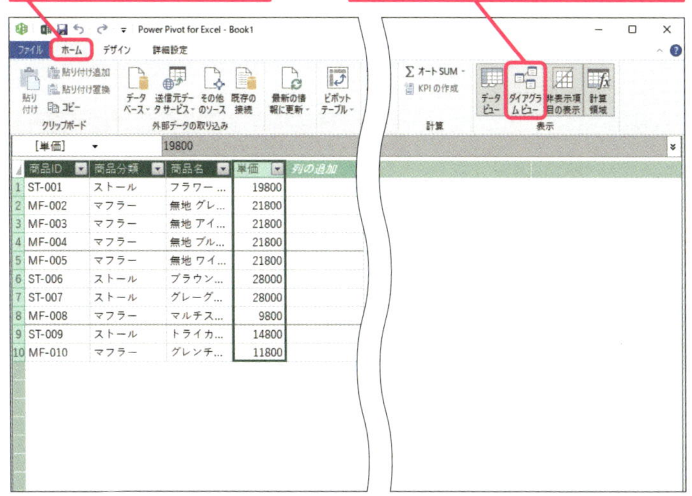

ビューが切り替わった

3 ［売上データ］テーブルが中央になるように配置

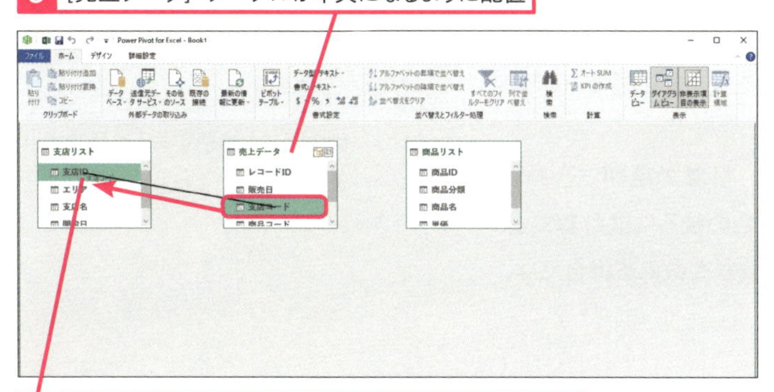

4 ［売上データ］テーブルの［支店コード］を［支店リスト］テーブルの［支店ID］上にドラッグ

テーブル間が線で結ばれた

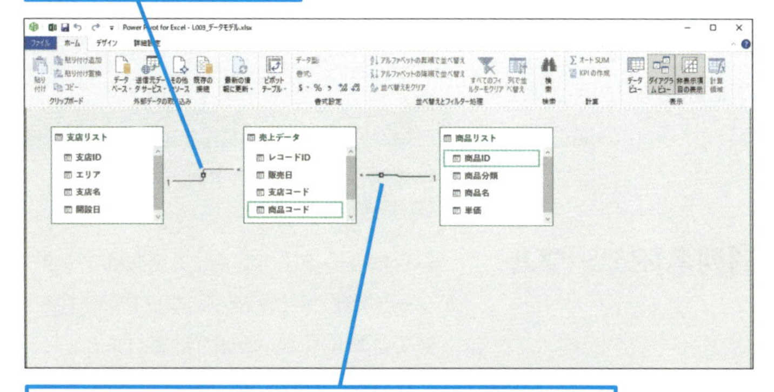

同様に［売上データ］テーブルの［商品コード］を［商品リスト］テーブルの［商品ID］にリレーションシップを設定しておく

使いこなしのヒント

テーブル内のフィールドが見えない場合は

フィールド数が多い場合スクロールバーが表示され、全体を一覧できないことがあります。枠を広げると目的のフィールドを見つけやすくなります。

端にマウスポインターを合わせドラッグするとフィールドの表示が広がる

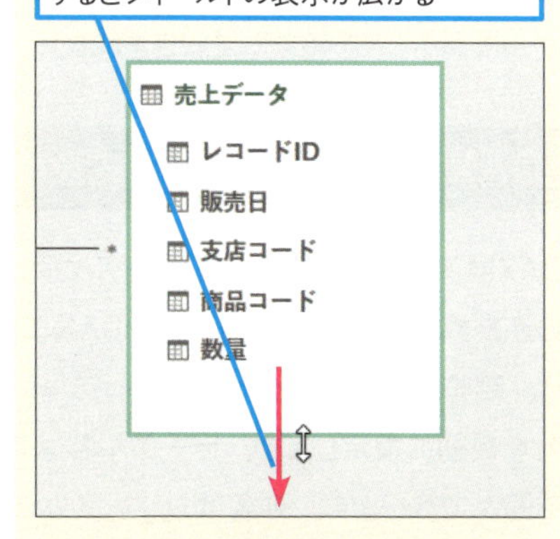

使いこなしのヒント

ワークシートからも設定できる

［データ］-［データモデル］ボタン-［リレーションシップ］で［リレーションシップの編集］ダイアログを開きます。［テーブル］に［売上データ］などのファクトテーブルを、［関連テーブル］に［支店リスト］などのマスタテーブルを指定することがポイントです。

04 テーブルに計算列を追加しよう

計算列

練習用ファイル L004_計算列.pbix ／ L004_計算列.xlsx

データモデル内のテーブルには集計に必要な列を追加できます。DAX関数を使って［販売額］列を作成してみましょう。販売額は［数量］に販売単価を掛けて求めますが、［単価］列は［商品リスト］テーブルにあることを確認しておきましょう。

DAXなら列を指定した式を作成できる

DAXはデータモデル内のテーブルや列を対象として式を作ることができます。実際に式を作る前にDAX式の構文を確認しておきましょう。列を追加する場合は列名、メジャーを作成する場合はメジャー名を最初に指定します。テーブル名は「'」(シングルコーテーション)で囲んで表します。列名は「[ ]」(角かっこ)で囲んで表します。テーブル名は同一テーブル内に列やメジャーを作成する場合には省略することができます。簡単な計算なら演算子を使って記述することもできます。
関数の場合も基本的な考え方は同じですが、計算の種類に合わせた関数名を「=」の後に記述します。関数名の後ろには計算対象となる引数を「()」で囲んで指定します。引数が複数ある場合には、「,」で区切ります。

列名 or メジャー名 = 'テーブル名'[列名]+'テーブル名'[列名]

列名 or メジャー名 = 関数名('テーブル名'[列名], 'テーブル名'[列名])

Power BIでもPower Pivotでも、DAX式の記述方法はほぼ同じですが、Power Pivotでは列名（メジャー名）と「=」の間に「:」を入れて区切る必要があります。

列名 or メジャー名 : = 'テーブル名'[列名]+'テーブル名'[列名]

キーワード

使いこなしのヒント

メジャーって何?

メジャーはDAX式を格納する入れ物です。メジャーの詳細についてはレッスン06で学びます。

使いこなしのヒント

Excelのワークシート関数と何が違う?

Excelのシート上で利用する関数はワークシート関数と呼ばれます。ワークシート関数ではセルやセル範囲を計算対象として式を作成しますが、DAX関数では列やテーブルが計算対象となります。

1 Power BIでテーブルに新たな列を追加する

テーブルビューで［売上データ］テーブルを表示しておく

1 ［テーブルツール］タブをクリック

2 ［新しい列］をクリック

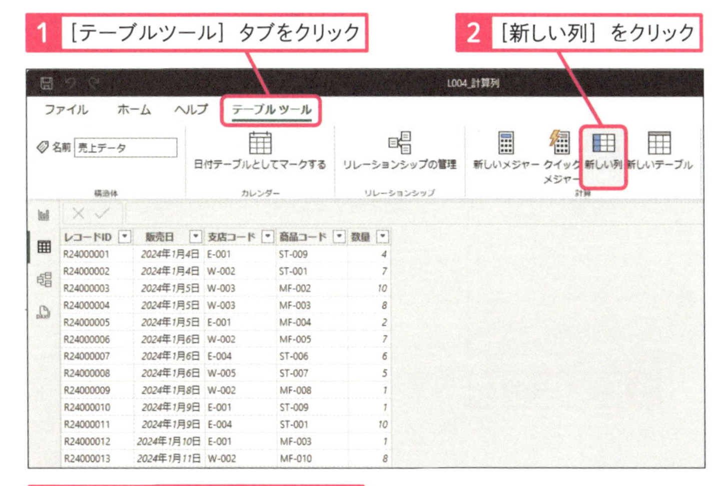

3 数式バーに「販売額='」と入力

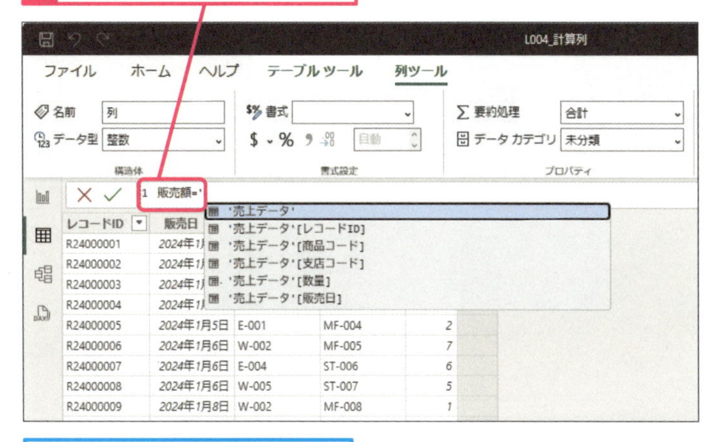

「'」を入力すると候補が表示された

4 ↓キーを押し［'売上データ'[数量]］を選択

5 Tabキーを押す

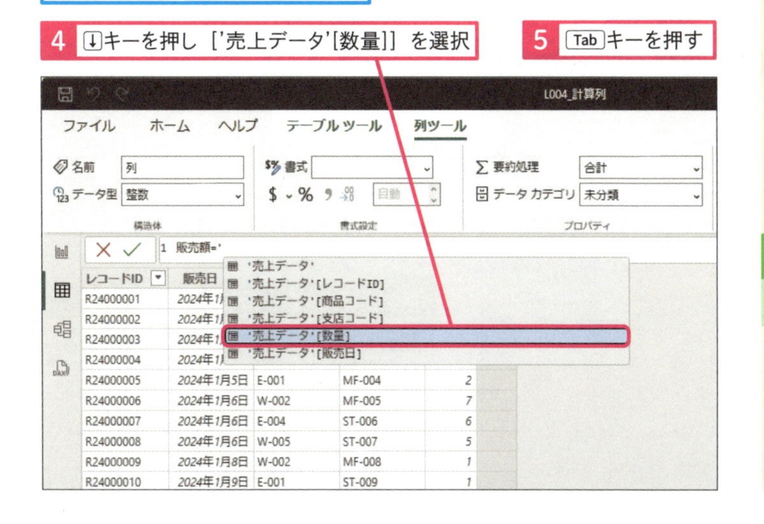

使いこなしのヒント

数式のオートコンプリート機能を活用しよう

DAX式を作成するときは、テーブルや列を参照するための記号や、関数名の最初の数文字を入力すると表示される、ドロップダウンリストを積極的に活用しましょう。入力ミスや参照できない列を指定するミスなどを防ぐことができます。ドロップダウンリストは、↓キーの上下で移動し、Tabキーで選択できます。

ここに注意

式を入力するときはテーブル名や列名など元々全角の文字列部を除き、すべて半角で入力しましょう。

使いこなしのヒント

間違った式を入力した場合は

式の入力を間違えたときは、対象の列を選択すると、数式バーに式が表示され修正できます。列を右クリックして［削除］し、新たに作り直す方法もあります。

● ［数量］列が引数に指定された

6 「*re」と入力

「re」を入力すると関数の候補が表示された

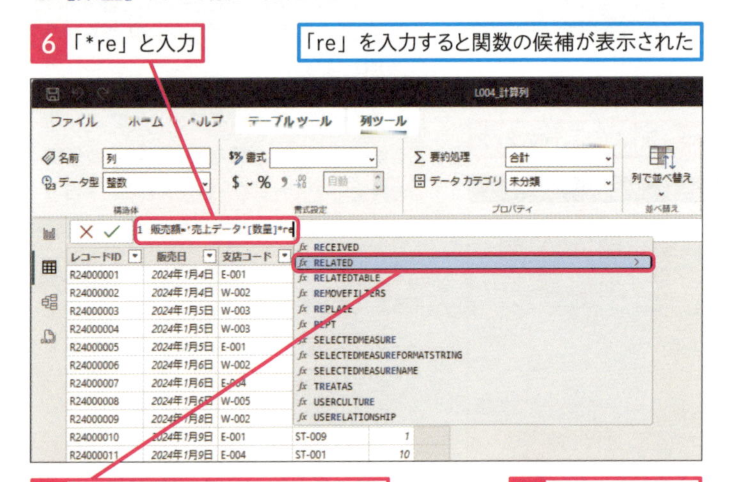

7 ↓キーを押し［RELATED］を選択

8 Tab キーを押す

「RELATED(」と入力された

9 「'」と入力

10 ↓キーを押し［'商品リスト'[単価]］を選択

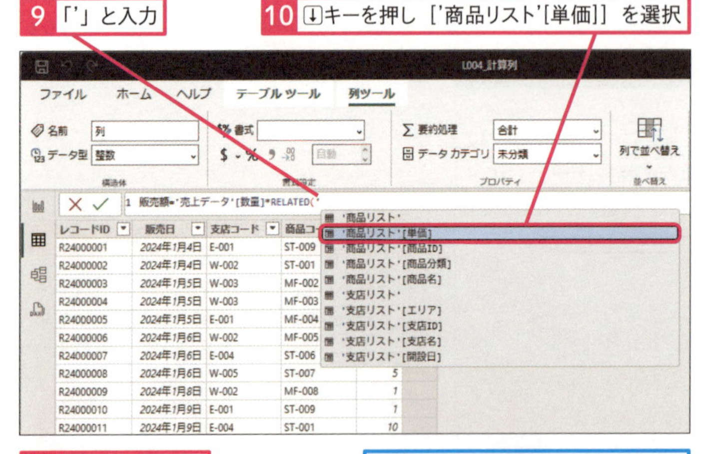

11 Tab キーを押す

「'商品リスト'[単価]」と入力された

12 「)」を入力

13 Enter キーを押す

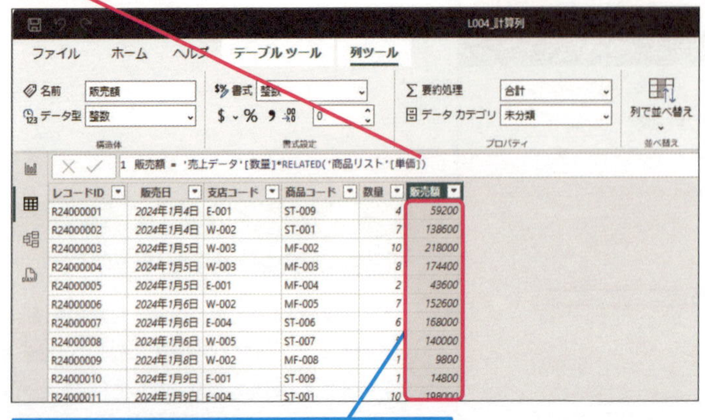

新たに列が作成され、すべての行に値が返った

使いこなしのヒント

他のテーブルの列を参照するには

「'」を入力しても、「商品リスト」以外のテーブルにある列が候補に表示されないのは、DAX式の中に他のテーブルの列を直接参照することができないからです。このため、他のテーブルにある列を呼び出すRELATED関数を使います。RELATED関数は第２章のレッスン10で学びます。

使いこなしのヒント

関数の候補が表示される

関数名の入力中はオートコンプリート機能が働き、その文字列で始まる関数がドロップダウンリストに表示されます。

2 Power Pivotで計算列を追加する

Power Pivot画面を表示しておく

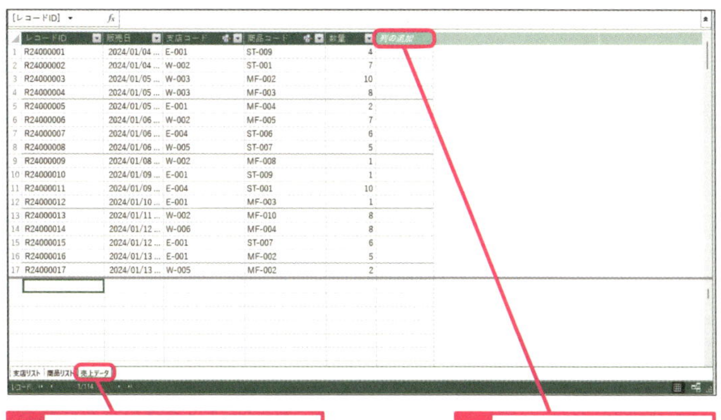

1 ［売上データ］タブをクリック

2 ［列の追加］をクリック

3 数式バーに「販売額:='」と入力

4 ↓キーを押し['売上データ'[数量]]を選択

5 Tab キーを押す

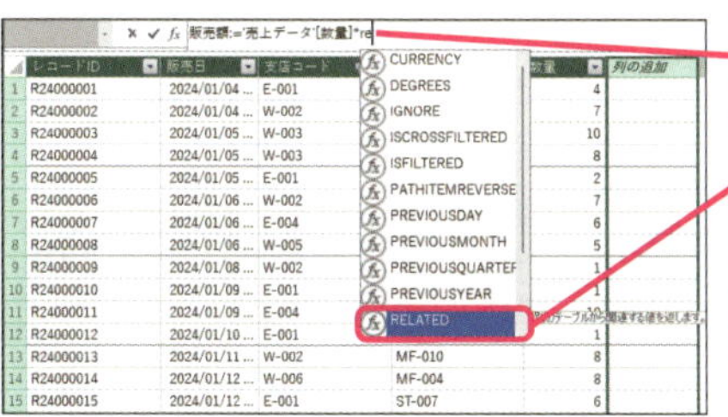

6 「*re」と入力

7 ↓キーを押し［RELATED］を選択

8 Tab キーを押す

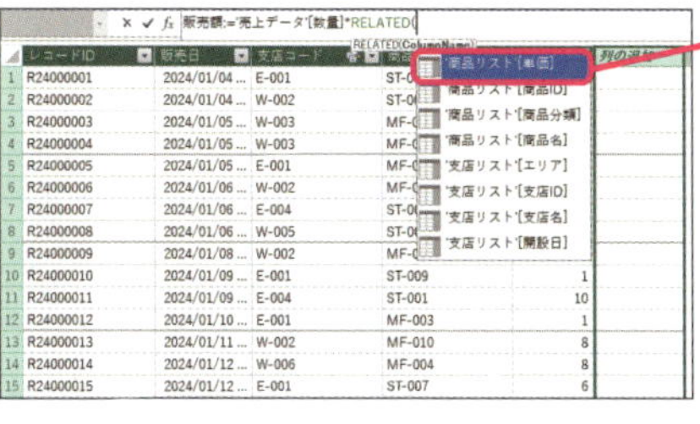

9 ↓キーを押し［'商品リスト'[単価]］を選択

10 Tab キーを押す

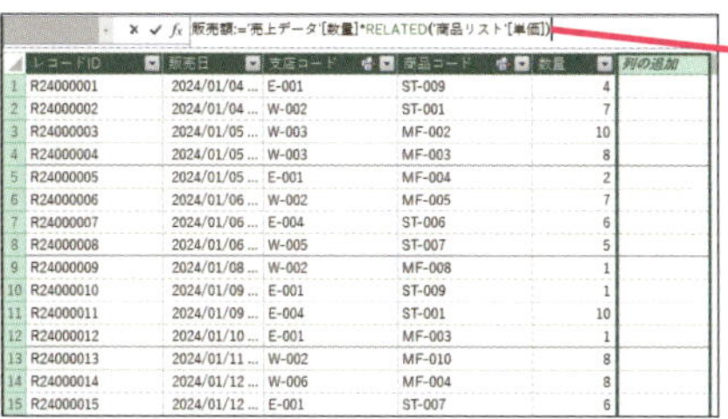

11 「)」を入力

12 Enter キーを押す

［販売額］列が作成される

使いこなしのヒント

Power Pivotでは［列の追加］を選択する

Power Pivotのデータビューでは、常に最終列に［列の追加］と表示された状態になっています。ここをクリックすることで新たな列を追加できます。

使いこなしのヒント

列を削除するには

不要な列を削除する際は、その列を選択した状態で［デザイン］-［削除］ボタンをクリックします。対象列の列名を右クリックし［列の削除］を利用することもできます。

使いこなしのヒント

Power Pivotでも各行に値が返る

計算列を作成すると、各行にはDAX式の計算結果が表示されます。

各行に［数量］×［単価］の結果が表示される

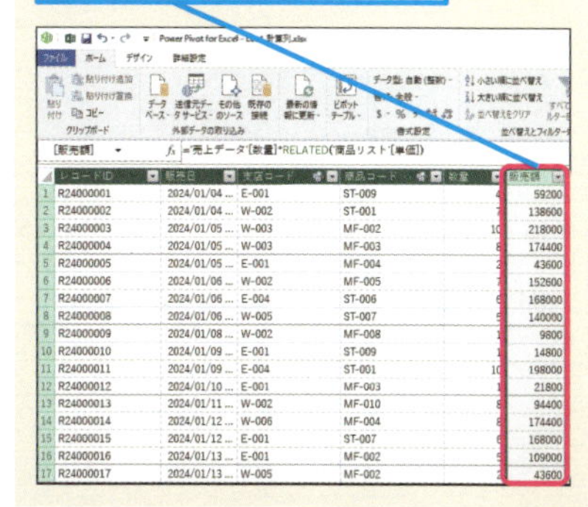

05 データモデルの列を使ってビジュアルを作成する

ビジュアル

練習用ファイル L005_ビジュアル.pbix

Power BIではデータモデルに含まれるテーブルの列を使って集計を行い、その結果を視覚化できます。レッスン04で作成した［販売額］列の合計をビジュアルに表示してみましょう。フィルターで一部のデータのみを抽出することもできます。

ビジュアルの種類と作成方法

Power BIではレポートビューを使って集計結果を視覚化できます。視覚化するためには「ビジュアル」を利用します。ビジュアルにはグラフや表、カードなど多くの種類があり、データに適した視覚化を行えます。さらに「フィルター」を利用して必要なデータだけに絞り込んだ結果を表示することもできます。ビジュアルの種類を選び、集計したいフィールドをドラッグするだけで簡単にビジュアルを作成できます。

ビジュアルはさまざまな種類が用意されており、［視覚化］ペインで挿入したいビジュアルを選択する

テーブル内のフィールドを［データ］ペインからドラッグして、ビジュアルに表示するデータを設定できる

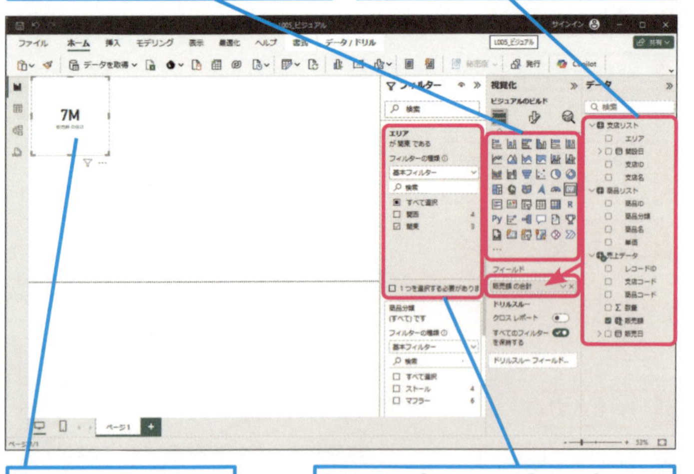

◆カード
ビジュアルの一つ。販売額や数量の合計など、単一の値を表示できる

［フィルター］ペインに［データ］ペインからフィールドをドラッグすることで、必要なデータのみを絞り込むことができる

キーワード

データモデル	P.217
テーブル	P.217
ビジュアル	P.217

使いこなしのヒント

Power Pivotに「ビジュアル」はないの？

「ビジュアル」はPower BI特有の機能です。Power Pivotでデータを可視化するには［ピボットグラフ］で棒グラフや折れ線グラフ、円グラフなどのグラフを描画する方法、［KPI］を利用する方法があります。

使いこなしのヒント

「レポートビュー」は複数のページを利用できる

レポートビューのキャンバスには、複数のビジュアルを配置できますが、さらに多くのデータを可視化したい、1つのデータモデルから多面的な視点でレポートを作成したい、といった場合には、ページを追加してビジュアルを配置できます。

［レポートビュー］をクリックして切り替える

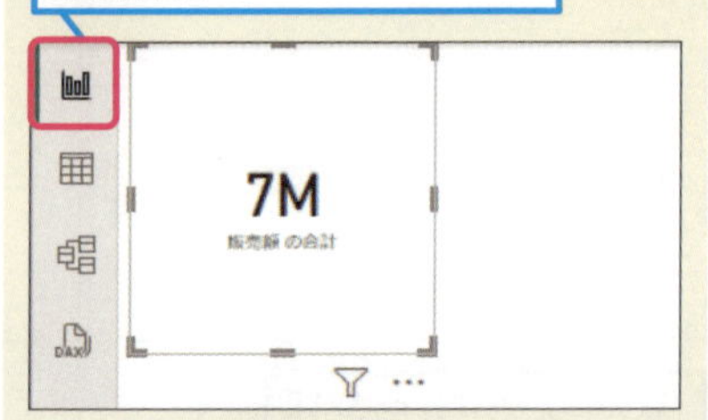

1 販売額の合計をカードに表示する

レポートビューで表示しておく

1 ［視覚化］ペインから［カード］をクリック

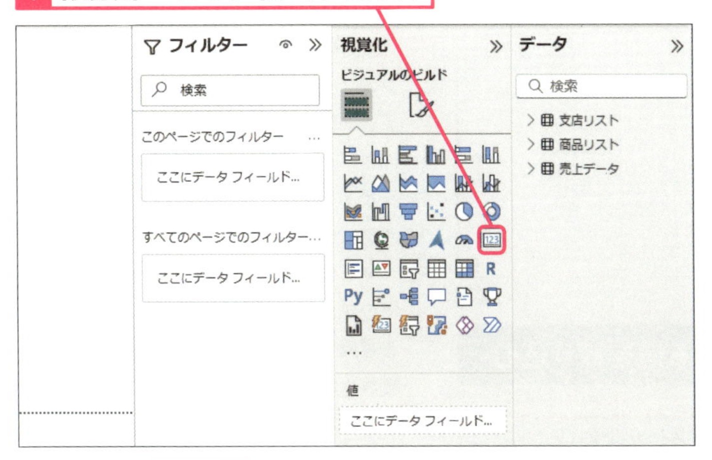

ビジュアルが追加された

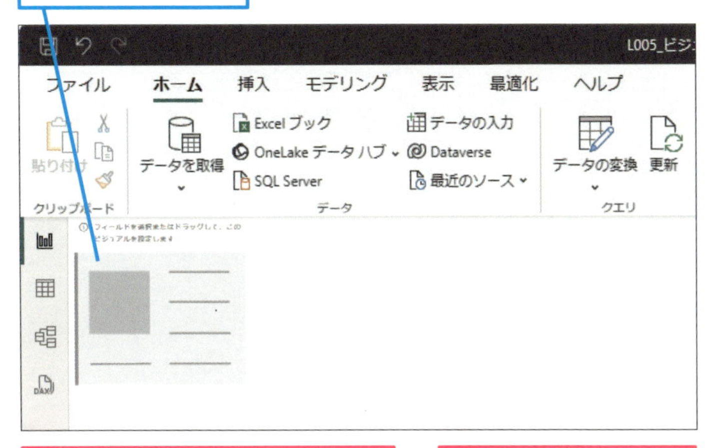

2 ［データ］ペインの［売上データ］の［V］をクリック

3 ［販売額］フィールドを［フィールド］にドラッグ

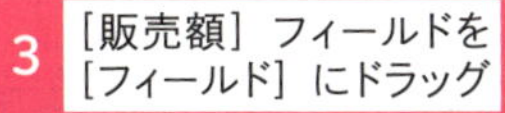

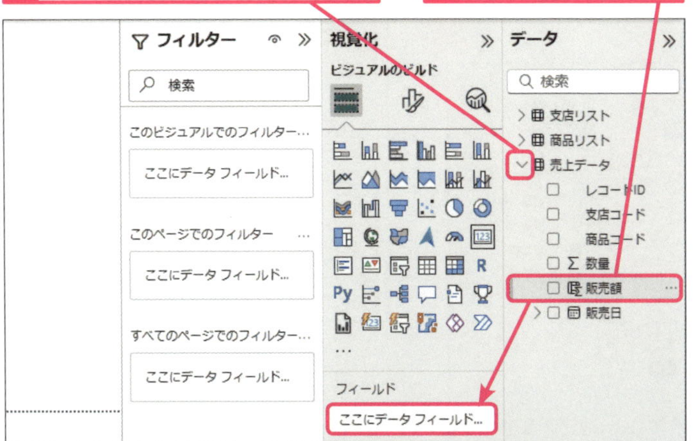

使いこなしのヒント

クリックするビジュアルの種類を間違えた場合は

対象のビジュアルを選択した状態で、もう一度［視覚化］ペインにあるボタンをクリックすると、ビジュアルの種類を変更できます。

使いこなしのヒント

ビジュアルのサイズを変更するには

ビジュアルを選択した状態で枠の四隅や辺の中点に表示されているハンドルをドラッグすることでサイズを調整できます。移動するときは、ビジュアル自体をドラッグしましょう。

使いこなしのヒント

表示される「M」とは?

ビジュアルでは大量のデータを集計するため、桁数の多い値を扱うことになります。視覚的に理解しやすくするため、ビジュアルの種類によって自動的に3桁ずつ切り上げて単位が付与されます。千＝K、百万＝Mとなります。

カードに「12M」と表示された

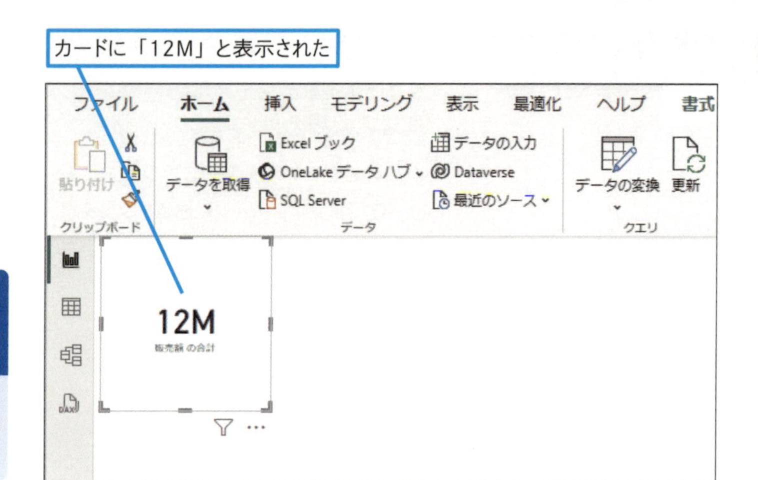

2 フィルターを利用して表示する値を絞り込む

1 [データ]ペインの[支店リスト]の[v]をクリック

2 [エリア]フィールドを[フィルター]ペインの[このページでのフィルター]にドラッグ

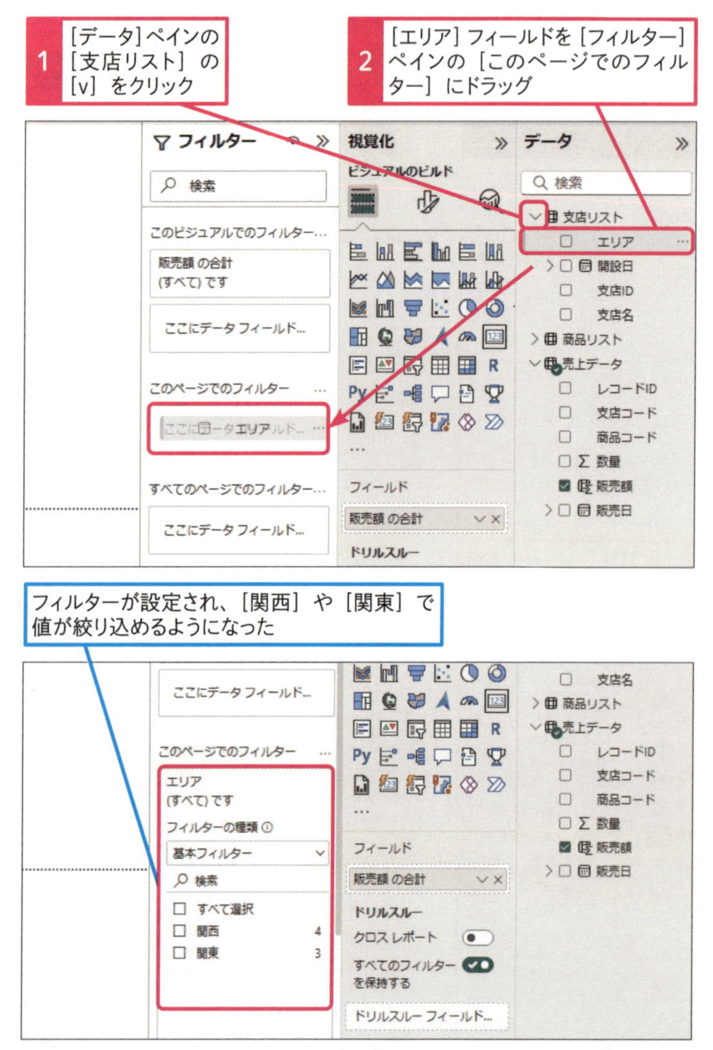

フィルターが設定され、[関西]や[関東]で値が絞り込めるようになった

使いこなしのヒント

「このページでのフィルター」とは?

レポートビューには、Excelのワークシートのように複数のページを持つことができます。また、1つのページには複数のビジュアルを配置することができます。「このページのフィルター」を使うと、表示されているページ内すべてのビジュアルに対して同じフィルターを設定できます。複数ページがある場合「すべてのページでのフィルター」を使うと、全てのページに同じフィルターを利用できます。「このビジュアルでのフィルター」は、対象のフィルターを選択しているときだけ表示されますが、複数のビジュアルがページ内にある場合、選択したビジュアル以外には利用できないフィルターを設定できます。

ページ全体に適用されるフィルターを設定できる

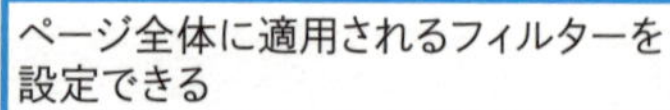

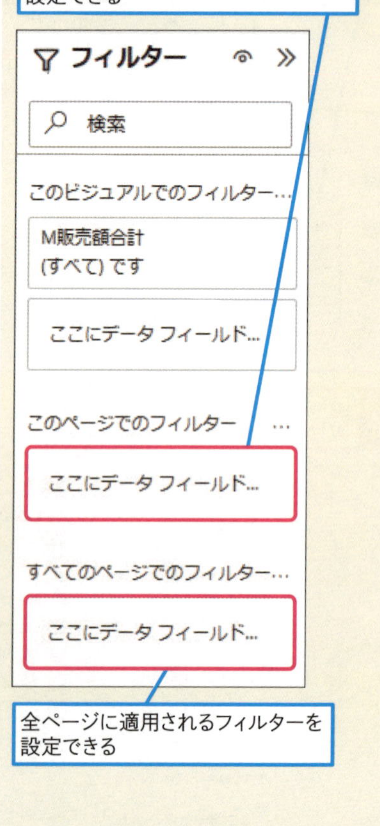

全ページに適用されるフィルターを設定できる

3 ［関西］にのみチェックを付ける

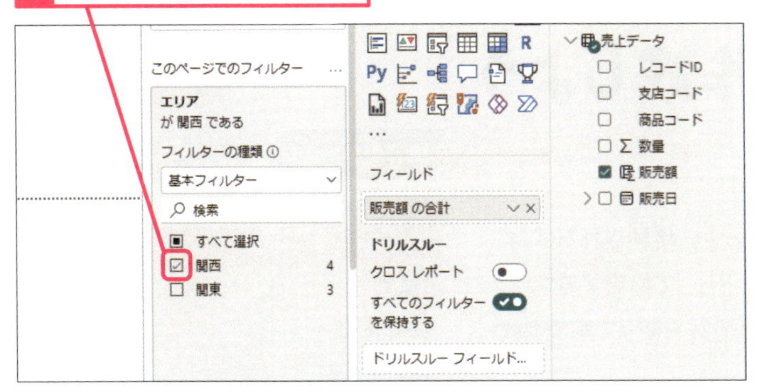

カード内の値が［関西］エリアのみの集計結果になった

4 ［関西］のチェックを外す

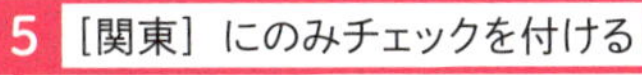
5 ［関東］にのみチェックを付ける

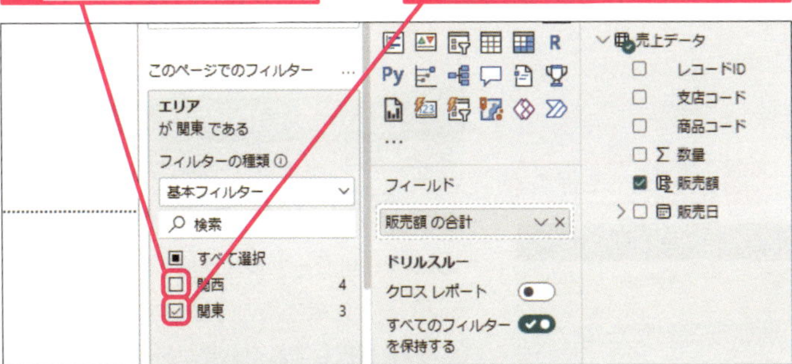

カード内の値が［関東］エリアのみの集計結果になった

使いこなしのヒント

フィルターを削除するには

設定したフィルターを今後利用しないのであれば、削除ができます。対象のフィルターの枠内にマウスポインターを移動するとボタンが表示されます。

［フィルターの削除］をクリックする

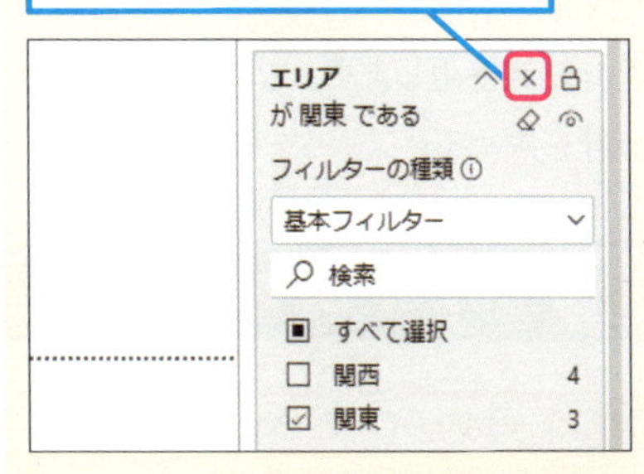

使いこなしのヒント

フィールドを追加してさらに絞り込むこともできる

さらに絞り込んだ結果を表示したい場合には、フィールドを追加できます。［エリア］［商品分類］のフィールドをフィルターとして利用すれば、［関東］の［ストール］の売上だけを抽出した集計結果を表示できます。

例えば［商品分類］フィールドをフィルターに追加することで、商品分類とエリアで販売額を絞り込める

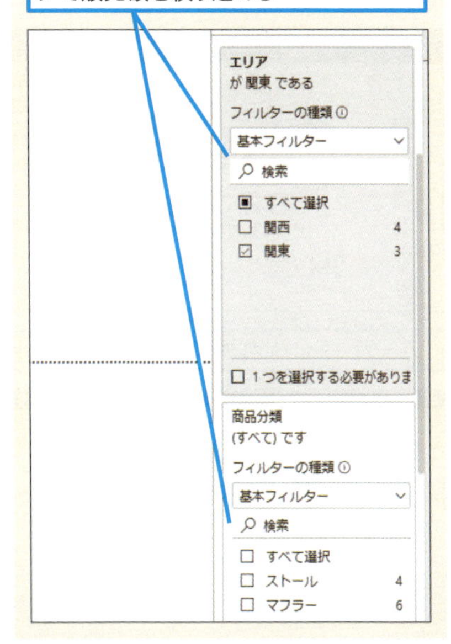

06 DAX関数の本領発揮！メジャーを作成しよう

メジャー

練習用ファイル　L006_メジャー.pbix / L006_メジャー.xlsx

メジャーはDAX式を格納する入れ物です。その中に格納された式は、ビジュアルやピボットテーブルなどにフィールドとして指定することで集計結果を返します。このレッスンではSUM関数を使って販売額の合計を求めるメジャーを作成します。

1 Power BIでメジャーを作成する

1 ［データ］ペインで［売上データ］テーブルを選択

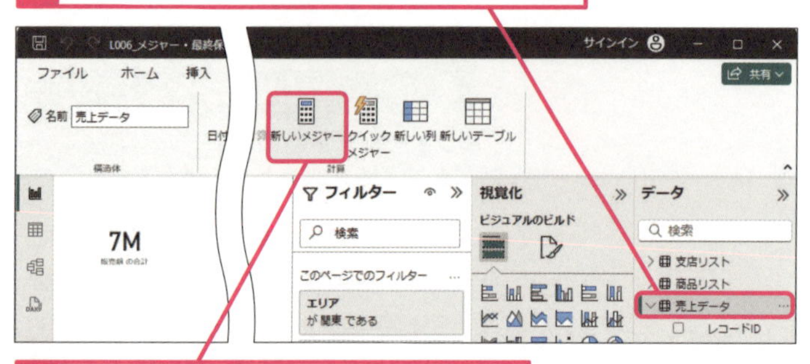

2 ［ホーム］タブ-［新しいメジャー］をクリック

数式バーが表示された

3 「M販売額合計 = SUM('売上データ'[販売額])」と入力

4 Enter キーを押す

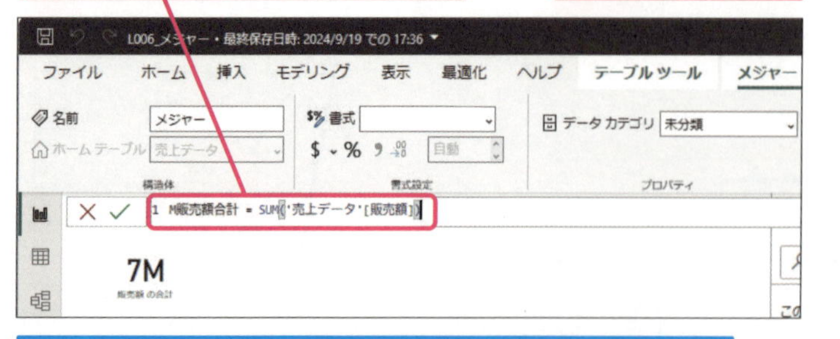

［データ］ペインに作成した［M販売額合計］メジャーが表示された

キーワード

使いこなしのヒント
Power BIでのメジャーの作り方

Power BIでは［新しいメジャー］ボタンをクリックして数式バーを表示させて作成します。メジャーを選択すると［メジャーツール］タブが表示され、名前の変更や書式設定を行えるようになります。

使いこなしのヒント
［データ］ペインで選択中のテーブルにメジャーが作成される

メジャーはテーブルに追加されるため、メジャーを作成するときは対象となるテーブルを選択しておく必要があります。

使いこなしのヒント
メジャーは分かりやすい名前にしよう

メジャーはビジュアル作成時に利用したり、他のDAX式に参照したりできます。分かりやすい名前にすることで管理が楽になります。

2 Power BIのメジャーに書式を設定する

1 [データ]ペインで[M販売額合計]を選択

2 [メジャーツール] タブをクリック

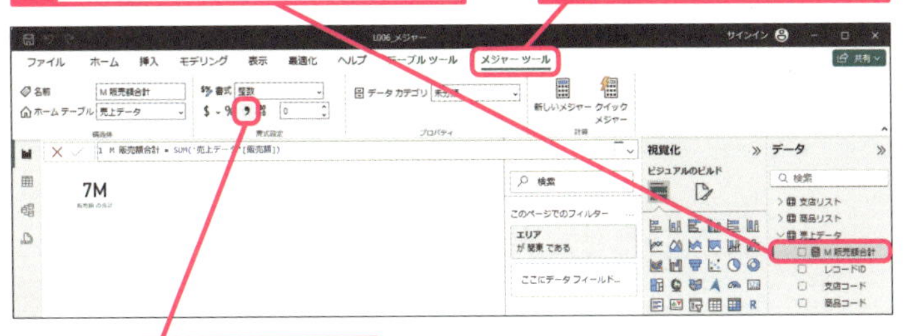

3 [コンマ区切り] をクリック

[M販売額合計] の集計結果をビジュアルに表示する

レッスン05を参考に、レポートにカードを追加しておく

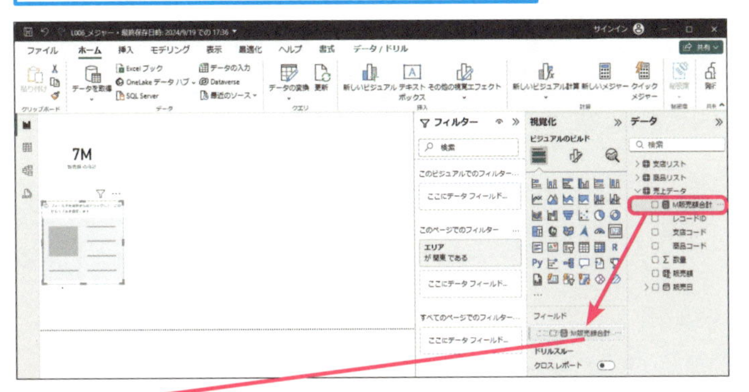

4 [M販売額合計] を [フィールド] にドラッグ

5 [ビジュアルの書式設定]をクリック

6 [吹き出しの値] の [表示単位] を[なし] に変更

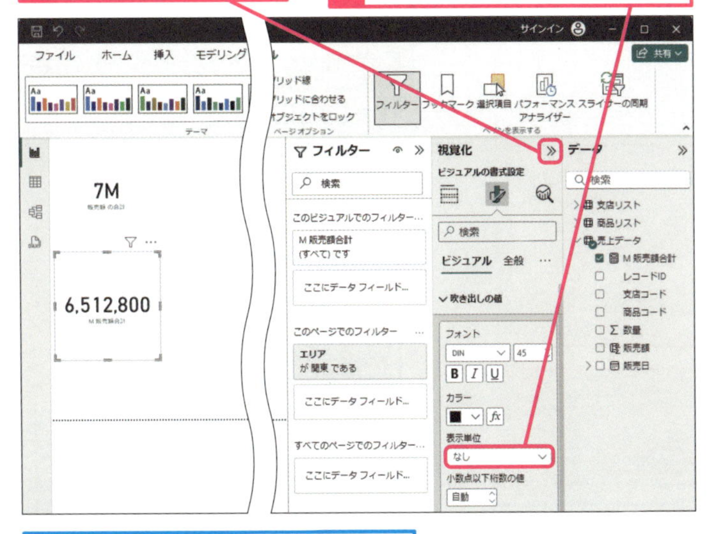

販売額の合計がコンマ区切りで表示された

使いこなしのヒント
ここまでの結果を保存するには

[ファイル] - [名前を付けて保存] で、作成したレポートをpbix形式で保存することができます。

使いこなしのヒント
メジャーには書式設定もできる

メジャーには数値、通貨、パーセンテージなどの書式を設定できます。ビジュアルでの見せ方をあらかじめ決めておけるので積極的に活用しましょう。また、視覚的に判断しやすくするため、初期状態のビジュアルでは大きな値は桁数を切り上げて表示します。表示単位を変更することでコンマ区切りでの表示に切り替わります。

使いこなしのヒント
[通貨] の書式設定を行う際の注意点

書式を [通貨] とすると、初期値は「$」となるため、「¥」を付けて表示するためには [¥日本語] への切り替えが必要です。

[通貨]は初期状態では「$」になるため、通貨記号で [¥日本語] を選択する

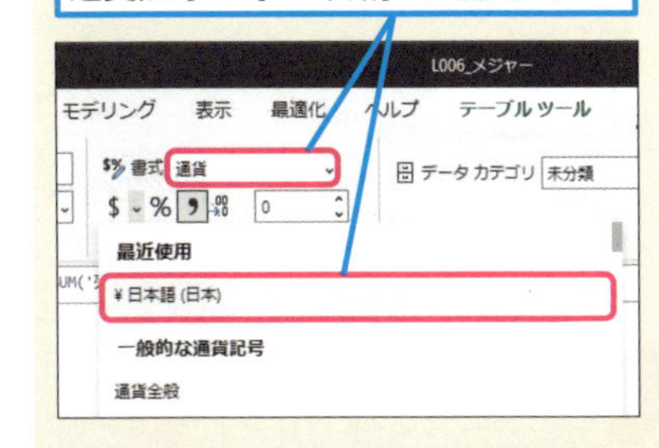

3 Power Pivotでメジャーを作成する

1 ［Power Pivot］タブをクリック

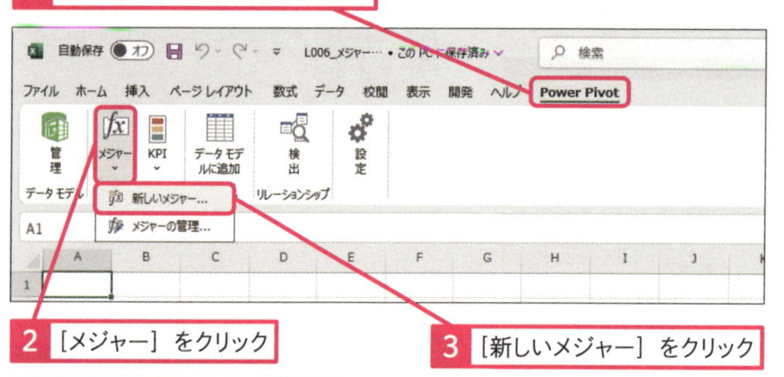

2 ［メジャー］をクリック

3 ［新しいメジャー］をクリック

［メジャー］ダイアログボックスが表示された

4 ［テーブル名］で［売上データ］を選択

5 ［メジャー名］に「M販売額合計」と入力

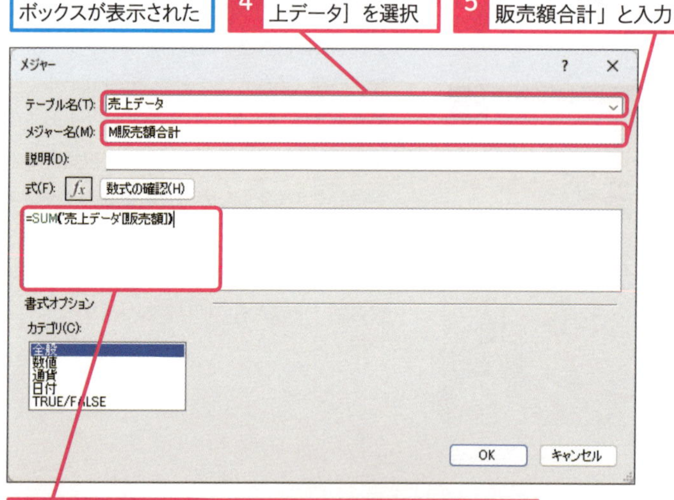

6 ［式］の欄に「=SUM('売上データ'[販売額])」と入力

7 ［カテゴリ］で［数値］を選択

8 ［書式］で［整数］を選択

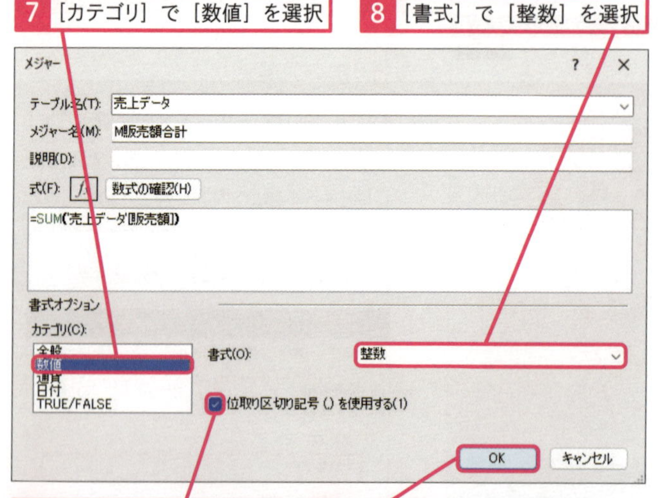

9 ［位取り区切り記号を使用する］にチェックを付ける

10 ［OK］をクリック

［M販売額合計］メジャーが作成される

使いこなしのヒント

Power Pivot画面からもメジャーを作成できる

Power Pivot画面内に直接メジャーを記述して作成することもできます。［データビュー］の下にある空白セルの領域は［計算領域］と呼ばれるメジャーを格納する場所です。空白のセルを選択して、数式バーに「メジャー名： = DAX式」と記述することでメジャーを作成できます。メジャー名と=の間に「:」（コロン）を入力することを忘れないようにしましょう。

1 計算領域のセルを選択

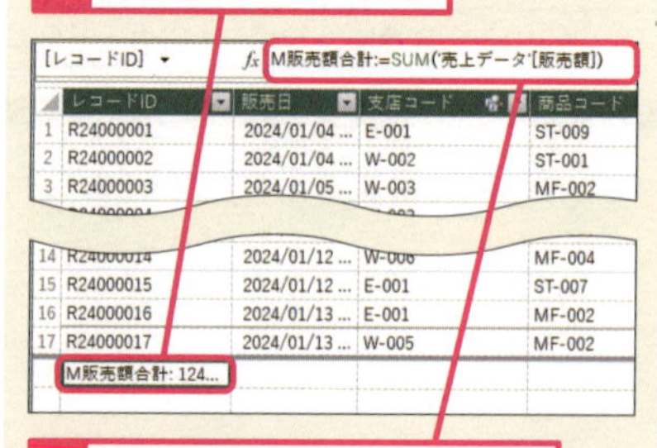

	レコードID	販売日	支店コード	商品コード
1	R24000001	2024/01/04 ...	E-001	ST-009
2	R24000002	2024/01/04 ...	W-002	ST-001
3	R24000003	2024/01/05 ...	W-003	MF-002
14	R24000014	2024/01/12 ...	W-006	MF-004
15	R24000015	2024/01/12 ...	E-001	ST-007
16	R24000016	2024/01/13 ...	E-001	MF-002
17	R24000017	2024/01/13 ...	W-005	MF-002

2 「M販売額合計:= SUM('売上データ'[販売額])」と入力

3 Enter キーを押す

使いこなしのヒント

作成したメジャーはどこで確認できる？

［新しいメジャー］ダイアログで作成したメジャーも、Power Pivot画面の計算領域に表示されます。

計算領域に作成したメジャーが表示される

15	R24000015	2024/
16	R24000016	2024/
17	R24000017	2024/
	M販売額合計: 12,405,200	

4 メジャーを使いピボットテーブルで集計する

Excelウィンドウを表示しておく

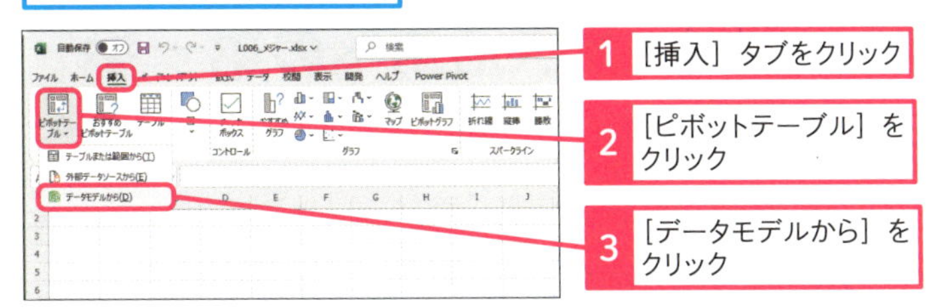

1 ［挿入］タブをクリック

2 ［ピボットテーブル］をクリック

3 ［データモデルから］をクリック

［データモデルからのピボットテーブル］ダイアログボックスが表示された

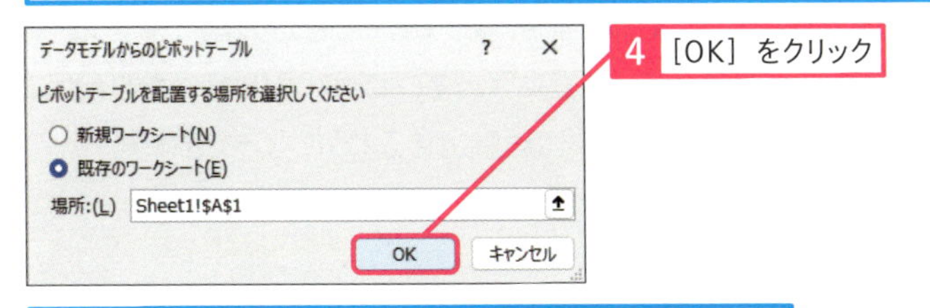

4 ［OK］をクリック

［ピボットテーブルのフィールド］作業ウィンドウが表示された

5 ［売上データ］テーブル内の［M販売額合計］を「値」ボックスに追加

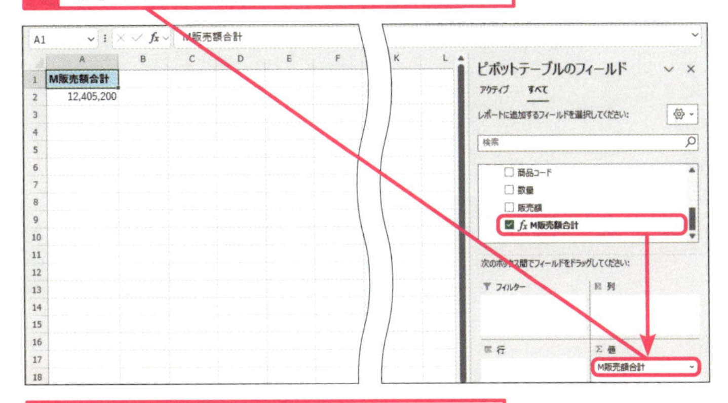

6 ［支店リスト］テーブルの［エリア］フィールドを［行］ボックスに追加

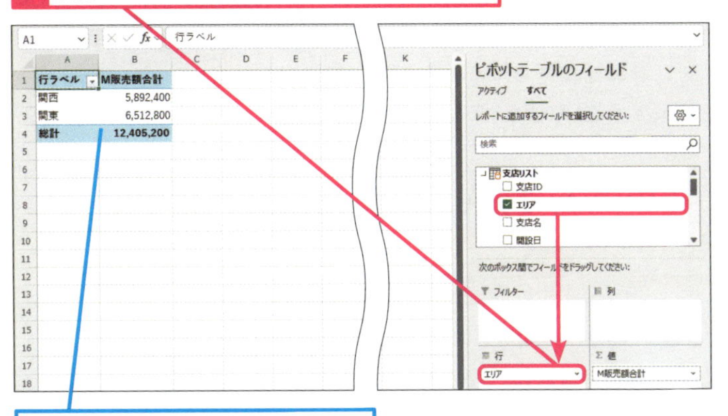

エリアごとの販売額合計が求められた

用語解説

ピボットテーブル

ピボットテーブルとはExcelワークシート上で利用できる集計表のことで、大量のデータを元に、一瞬でクロス集計を行うことや、必要なデータのみ抽出した集計結果を求めることができます。

使いこなしのヒント

Excelでのメジャーの活用方法って?

Excelではメジャーをピボットテーブルやピボットグラフの値を集計するために利用できます。いずれの場合も作成時にフィールドリストに表示されるため、他の列と同様、適切なボックスにドラッグすることで結果を求められます。

使いこなしのヒント

メジャーには「fx」と表示される

フィールドリストのメジャーには、メジャー名の前に「fx」という記号が表示されるので簡単に判別できます。

この章のまとめ

データモデルを理解することがDAX活用への第一歩

この章ではDAX関数の使い方の基礎や、DAX関数を利用するデータモデルについて、またその集計結果を見る方法について学びました。データモデルにあるデータはDAX式を使って集計し、ビジュアルやピボットテーブルで必要なものだけ取り出して見ることができます。DAX関数はExcelワークシートで使う関数と異なり、計算対象となるものが直接的に見えないことも多いので、自分が扱っているデータモデルがどのような構成になっているかを意識しておくことが大切です。繰り返し使うことによって、ぼんやりしていたDAXの世界が徐々に理解できるようになってきます。

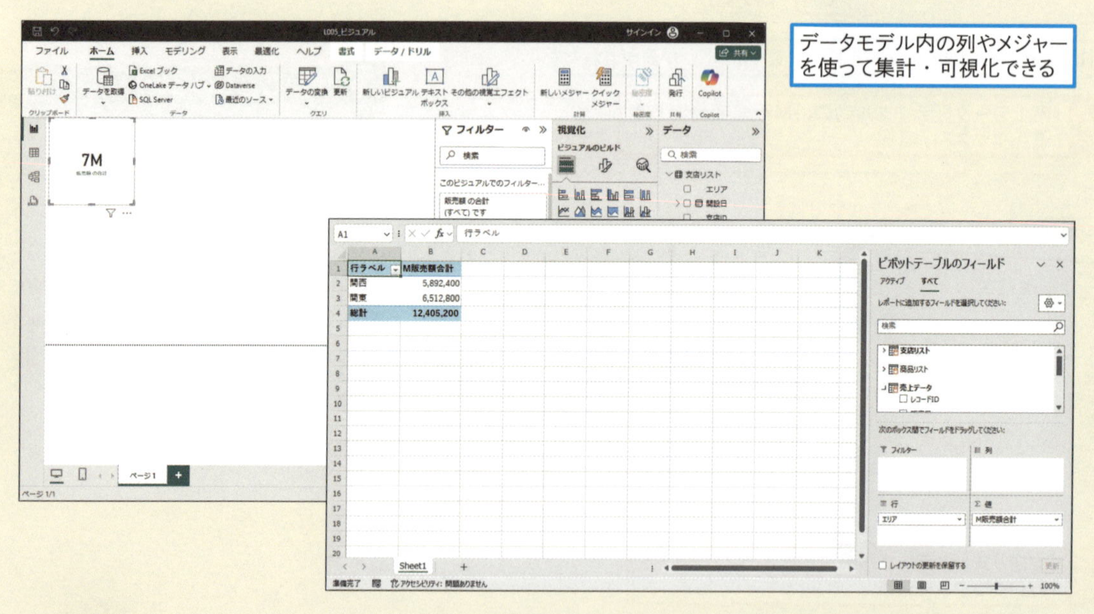

Excelのワークシート関数だと、計算結果はセルに表示されるけど、DAX関数はメジャーや計算列を作成するときに使うところが大きな違いだね。

それに作ったメジャーや計算列は、さらにビジュアルやピボットテーブルに使うってところもポイントだね。

使い方も使う目的も「Excelのワークシート関数とは別物」ってことを分かってくれてよかった！　最初は少し難しく感じるかもしれないけど、どんどん使って慣れていこう。

基本編

第2章

よく使われる関数を使って DAXへの理解を深めよう

ワークシート関数と同じように、DAX関数にもよく使われる関数があります。この章ではそれらの関数を使って、少しずつDAX関数の使い方に慣れていきます。DAX式では計算対象が列やテーブルになることを意識しておきましょう。

レッスン

07 Introduction この章で学ぶこと DAX関数に少しずつ慣れよう

DAX関数はExcelワークシート関数のように、さまざまな関数が多数用意されています。最初からすべて覚えるのは大変です。まずはよく使われるものから覚えましょう。ここではこの章でどんな関数を学ぶのか紹介します。

Excelワークシート関数と似た働きの関数がある

よく使うものっていうと、どんな関数があるんですか？

基本中の基本のものでいうと、SUM関数やSUMX関数なんかが良く使われるね。

SUM関数は列の合計を求める

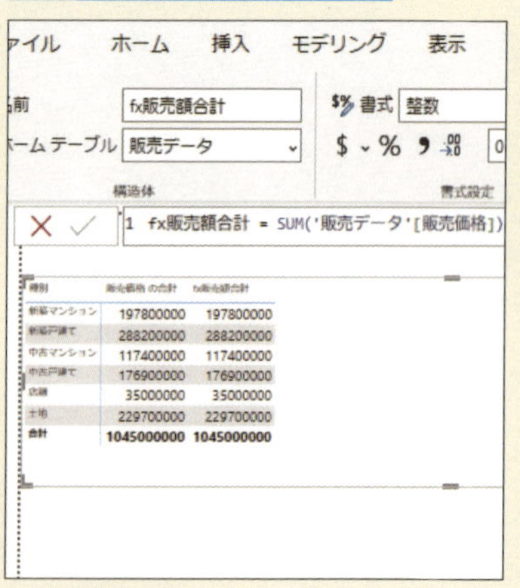

SUMX関数は列の値を使って行ごとに計算した結果を合計する

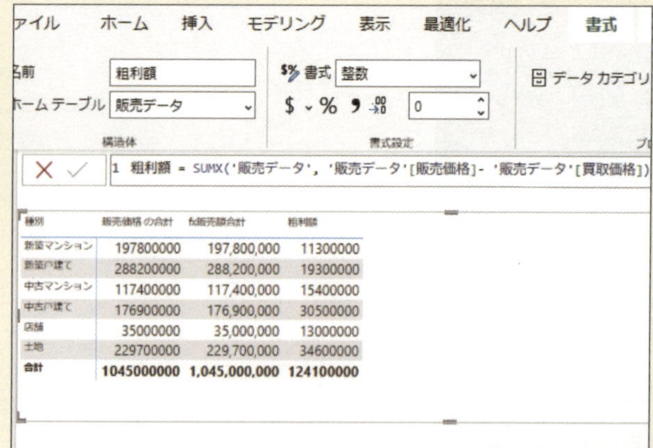

SUM関数はワークシートで使うSUM関数に似てそうだけど、SUMXの「X」ってなんだろう？

いいところに気付いたね！　DAX関数には、SUMX関数のように関数名の最後にXが付く関数が複数あって、これらは「イテレータ関数」と呼ばれるよ。これについてはレッスン09で詳しく説明するね。

基本編 第2章 よく使われる関数を使ってDAXへの理解を深めよう

DAXならではのフィルター関数

そして、最もよく使われるDAX関数にして、最初につまづきがちなのがCALCULATE関数。これを使うと、式の中で指定した条件でフィルターでき、条件を満たす行だけを使った集計結果を求めることができるんです！

関数でフィルター!?そんなことまでできるんですか！

CALCULATE関数は、式の中にフィルターを指定し、条件を満たす行だけを使った集計結果を求める

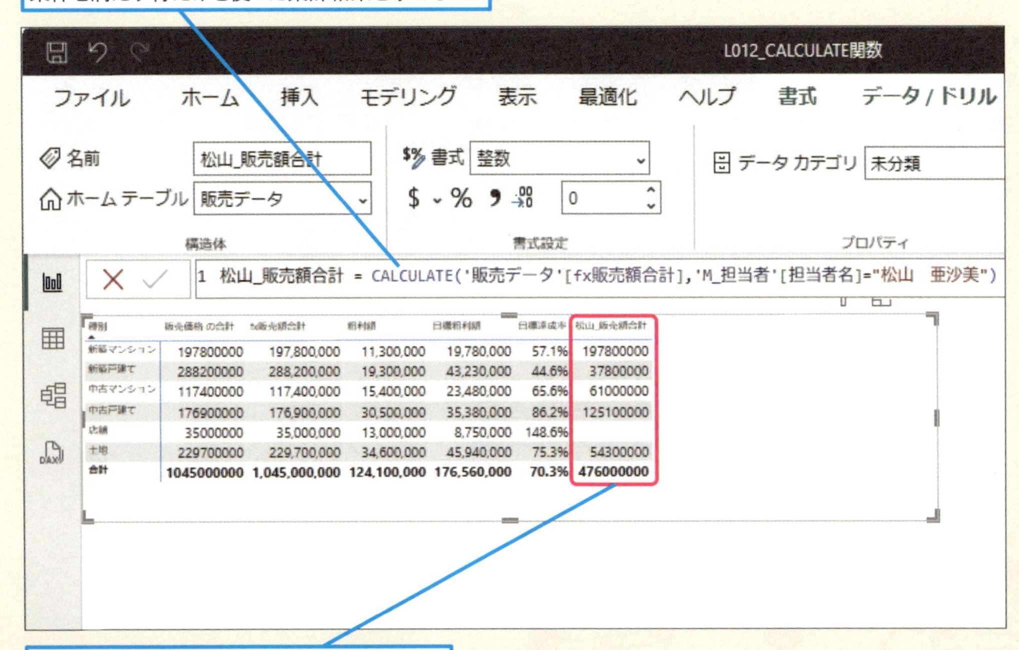

種別	販売価格 の合計	fx販売額合計	粗利額	目標粗利額	目標達成率	松山_販売額合計
新築マンション	197800000	197,800,000	11,300,000	19,780,000	57.1%	197800000
新築戸建て	288200000	288,200,000	19,300,000	43,230,000	44.6%	37800000
中古マンション	117400000	117,400,000	15,400,000	23,480,000	65.6%	61000000
中古戸建て	176900000	176,900,000	30,500,000	35,380,000	86.2%	125100000
店舗	35000000	35,000,000	13,000,000	8,750,000	148.6%	
土地	229700000	229,700,000	34,600,000	45,940,000	75.3%	54300000
合計	**1045000000**	**1,045,000,000**	**124,100,000**	**176,560,000**	**70.3%**	**476000000**

この例では販売額を担当者「松山 亜沙美」でフィルターしている

特定の店舗や担当者だけの売上なんかを求めたいときに役立ちそうですね。

この他にもRELATED関数やDIVIDE関数なども解説するよ！ まずはよく使われるものから少しずつ覚えて、慣れていきましょう。

レッスン

08 列の合計を求めるには

SUM関数

SUM関数は列の合計を求める関数です。このレッスンでは、［24年4月販売データ］テーブルの［販売価格］列を合計するメジャーを作成し、ビジュアルやピボットテーブルで担当者ごとの販売価格の合計を求めます。

集計関数　対応アプリ Power BI Power Pivot

列の合計を求める

```
=SUM(ColumnName)
```

SUM関数は、テーブル内の列の合計を求める関数です。引数には必ず1つの列の列名を指定します。引数として指定された列全体の合計だけでなく、ビジュアルやピボットテーブルで指定したフィルターに基づいて、一部の行の値だけを取り出した合計を求めることもできます。

引数

ColumnName　合計を求める列名を指定する

キーワード

使いこなしのヒント

この練習用ファイルのデータモデルについて

この練習用ファイルには、［販売データ］の他に［M_エリア］［M_種別］［M_担当者］という3つのテーブルがあり、それぞれのコードで［販売データ］テーブルとリレーションシップが設定されています。

練習用ファイル ▸ L008_SUM関数.pbix ／ L008_SUM関数.xlsx

使用例 ［販売データ］テーブルの［販売価格］列を合計する

```
=SUM('販売データ'[販売価格])
```

ポイント

ColumnName	合計を求める列の列名である、［販売価格］を指定する

● Power BIの場合

1 ［データ］ペインで［販売データ］を選択

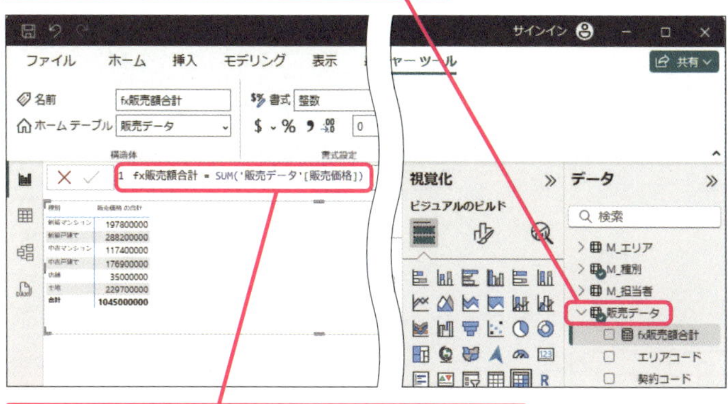

2 上記式の「fx販売額合計」というメジャーを作成

3 ページ内のビジュアルを選択

4 ［値］に［fx販売額合計］を追加

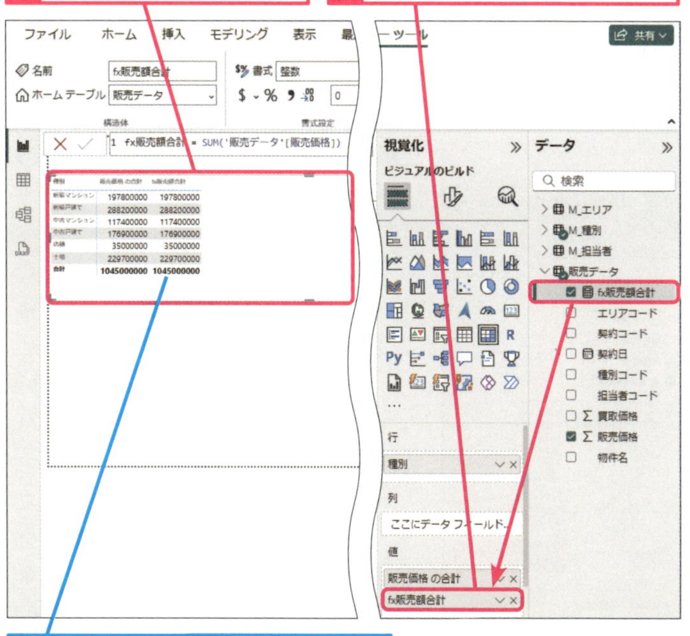

各［種別］の販売額の合計が表示された

使いこなしのヒント

データモデルを確認するには

Power BIでは、［テーブルビュー］や［モデルビュー］に画面表示を切り替えることでデータモデルを確認できます。Power Pivotの場合は、［Power Pivot］タブの［管理］ボタンからPower Pivot画面を開き、［データビュー］と［ダイアグラムビュー］で確認します。

使いこなしのヒント

既に作られているビジュアル・ピボットテーブルは?

Power BIのレポートビューには、［マトリックス］のビジュアルが作成されています。［マトリックス］を使うと、Excelのピボットテーブルのようにクロス集計表を作成できます。Power Pivotではピボットテーブルが作成されており、それぞれ種別ごとの［販売価格］を集計しています。

● Power Pivotの場合

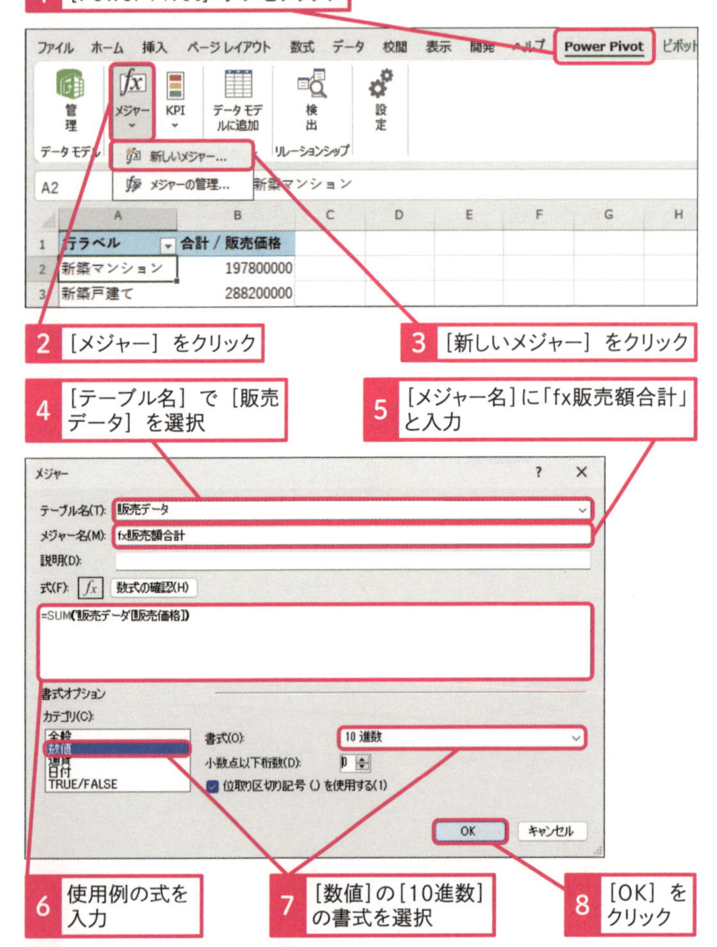

9 [値] ボックスに [fx販売額合計] をドラッグして追加

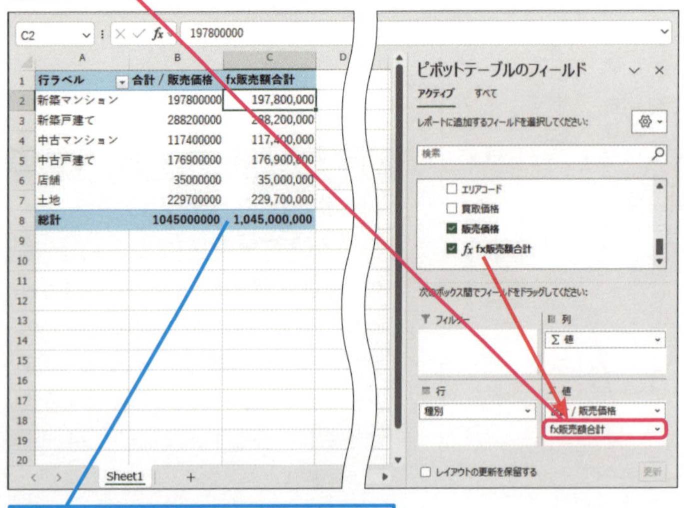

使いこなしのヒント

「外部データ接続が無効になっています」が表示されたら?

Excelファイルを開いた直後に「外部データ接続が無効になっています」というメッセージが画面上部に表示されることがあります。これはPower Pivotがクエリを使って別ファイルにあるデータを取得しているためです。[コンテンツの有効化] ボタンをクリックして接続を有効にしてください。

使いこなしのヒント

ドラッグしていないのにメジャーが値に追加される?

Power Pivotでは、対象となるピボットテーブルを選択した状態でメジャーを作成すると、自動的に値にメジャーが追加されピボットテーブルで集計結果が表示されることがあります。自動的にメジャーが追加されない場合は、フィールドリストから作成した [fx販売額合計] を [値] ボックスにドラッグして追加しましょう。

使いこなしのヒント

このメジャーに設定されている書式は?

練習用ファイルの [完成] フォルダーには、各レッスンの手順実行後のファイルを格納しています。手順実行後のファイルについて、Power BIでは [メジャーツール] タブを使って「整数」「3桁区切りのコンマ」の書式が設定されています。Power Pivotでは、[メジャー] ダイアログボックスで「カテゴリ：数値 (Number)」「10進数」「小数点以下桁数：0」「位取り区切り記号を使用する:有効」の書式を設定しています。以降、原則としてこの書式を利用します。

スキルアップ

自動的に作成される「暗黙のメジャー」とは?

ビジュアルやピボットテーブルでは、[値] ボックスに列を追加するだけで自動的に集計が行われます。これは見えないところで自動的に「暗黙のメジャー」が作成されているからです。Power Pivotでは簡単に「暗黙のメジャー」を表示することができるので、確認してみましょう。「暗黙のメジャー」は直接編集することはできません。[値フィールドの設定]を使って集計方法を変更すると、それに適した関数を利用したメジャーが追加されます。

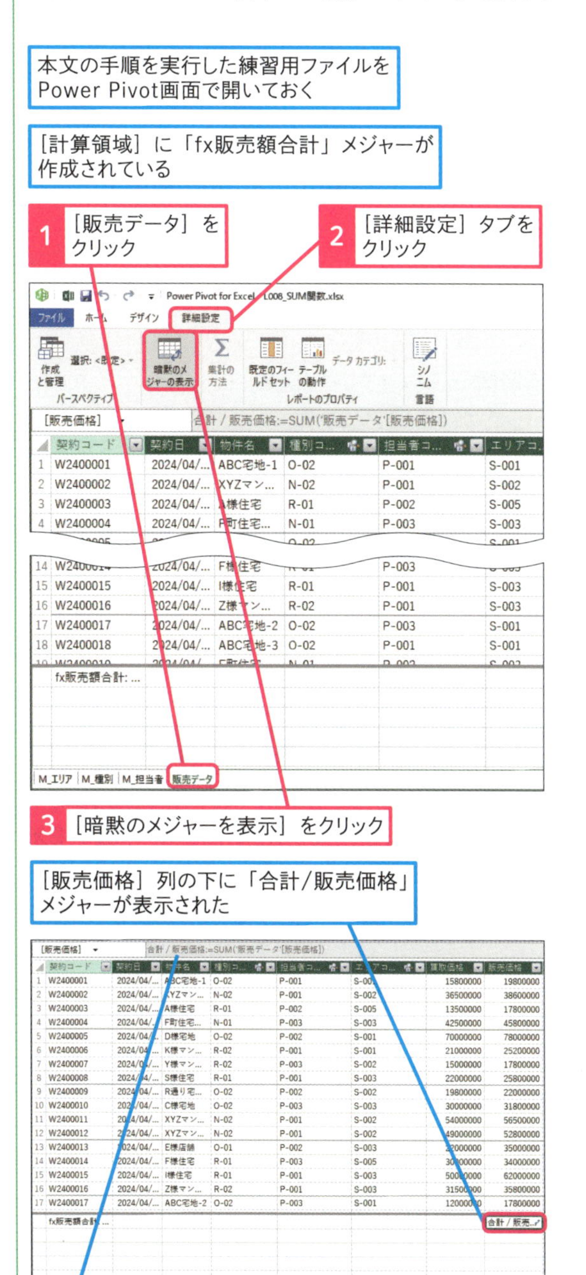

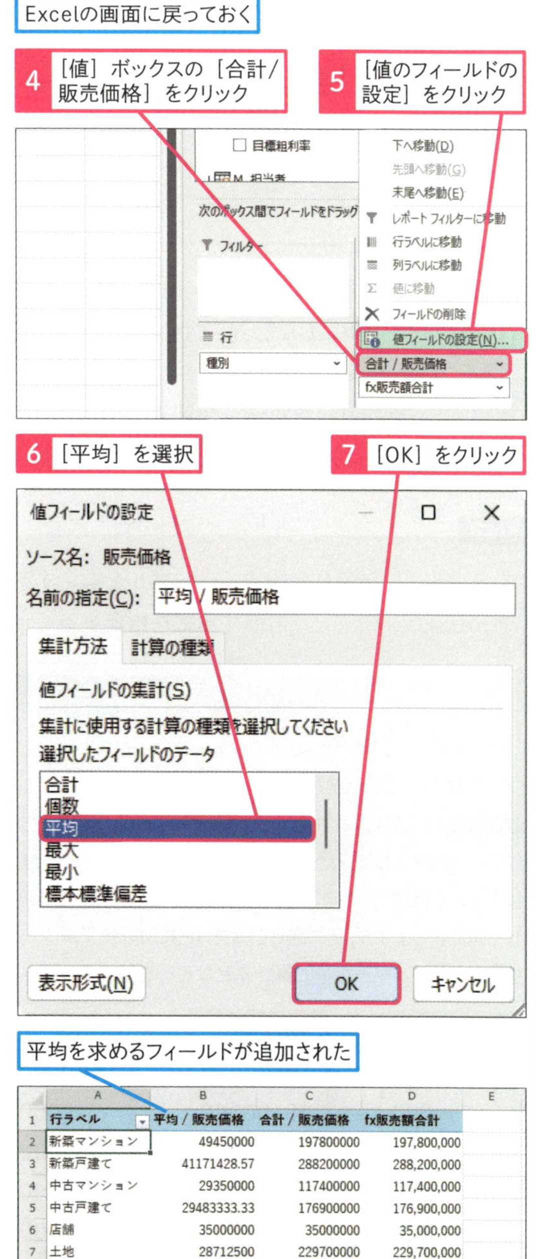

レッスン

09 行ごとの計算結果の合計を求めるには

SUMX関数

SUMX関数はもっともよく使われるDAX関数です。列の値を使って行ごとに計算した結果の合計を求めます。このレッスンでは、[販売データ] テーブルの [販売価格] 列と [買取価格] 列の差を行ごとに計算した合計を求めます。

集計関数　対応アプリ Power BI Power Pivot

行ごとに計算した結果を合計する

=SUMX(テーブル, Expression)

SUMX関数は1つ目の引数で指定した [テーブル] の各行ごとに、引数 [Expression] で指定した計算を行い、その結果を合計する関数です。テーブル名を指定するときは「'」(シングルクォーテーション)、列を指定するときは「[]」(角かっこ) で囲むことを忘れないようにしましょう。2つ目の引数には列を参照したさまざまな計算式を指定できます。

引数

テーブル	計算に使用するテーブルを指定する
Expression	行ごとに計算する式を指定する

キーワード

イテレータ関数	P.216
ビジュアル	P.217
ピボットテーブル	P.218

スキルアップ

「行ごとに計算する」とは?

DAX関数には、SUMX関数のように関数名の最後にXが付く関数が複数あります。これらは「イテレータ関数」と呼ばれ、引数に [テーブル] として指定したテーブルを基に、[Expression] で指定された計算を1行ずつ実行します。その後、関数名で表される集計をしますが、その際ビジュアルやピボットテーブルで指定したフィルターを基に集計元となる行を抽出しながら集計します。このレッスンの例では、[販売データ] テーブルを元に1行ずつ [販売価格] - [買取価格] の結果を求めた後、ビジュアルやピボットテーブルの行として指定した [種別] のアイテムごとに行を抽出して、その結果を合計しています。集計結果を表示するまでの流れを理解することは、DAX関数を活用するポイントになるのでここでしっかり確認しておきましょう。

買取価格		販売価格		
15800000		19800000		4000000
36500000		38600000		2100000
13500000	−	17800000	=	4300000
42500000		45800000		3300000
70000000		78000000		8000000
⋮		⋮		⋮

各行の粗利額 ([買取価格] - [販売価格] の結果) を合計した結果が求められる

練習用ファイル ▶ L009_SUMX関数.pbix ／ L009_SUMX関数.xlsx

使用例 ［販売データ］テーブルの［販売価格］と［買取価格］の差の合計を求める

```
=SUMX('販売データ', '販売データ'[販売価格]-'販売データ'[買取価格])
```

ポイント

テーブル　行ごとに計算するためのテーブルの名前、［販売データ］を指定する

Expression　テーブル内の行ごとに計算される式を指定する

● Power BIの場合

1 ［販売データ］テーブルに上記式の「粗利額」というメジャーを作成

2 ビジュアルを選択し、［粗利額］を［値］に追加

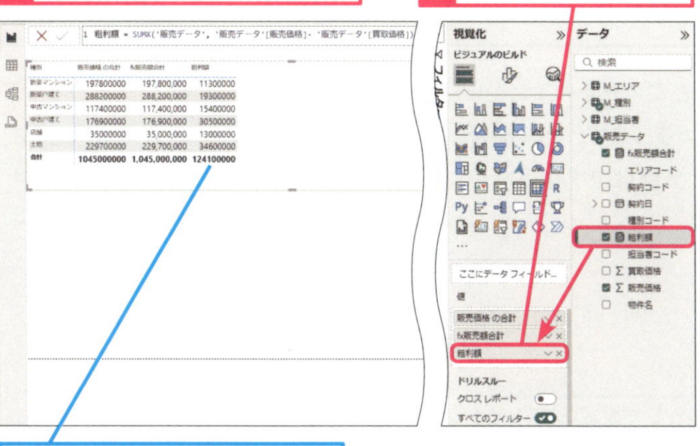

［粗利額］の集計結果が表示された

● Power Pivotの場合

1 ［販売データ］テーブルに上記式の「粗利額」というメジャーを作成

2 フィールドリスト内の［粗利額］を［値］ボックスに追加

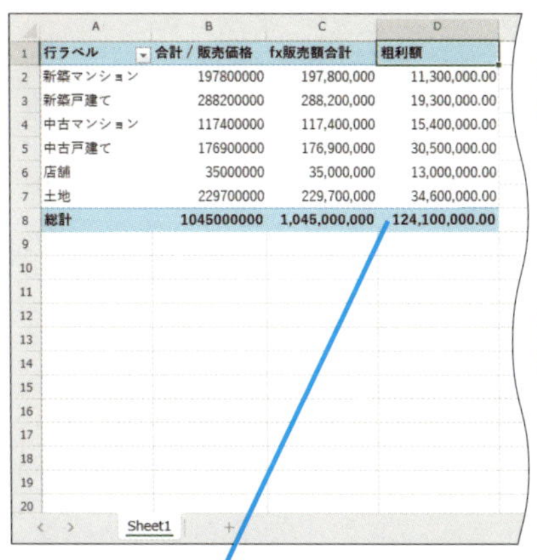

行ラベル	合計 / 販売価格	fx販売額合計	粗利額
新築マンション	197800000	197,800,000	11,300,000.00
新築戸建て	288200000	288,200,000	19,300,000.00
中古マンション	117400000	117,400,000	15,400,000.00
中古戸建て	176900000	176,900,000	30,500,000.00
店舗	35000000	35,000,000	13,000,000.00
土地	229700000	229,700,000	34,600,000.00
総計	1045000000	1,045,000,000	124,100,000.00

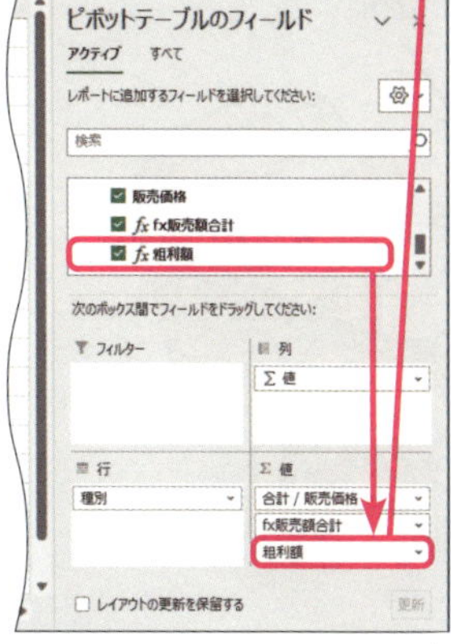

［粗利額］が値に追加され集計結果が表示された

使いこなしのヒント

［販売価格］-［買取価格］で「粗利額」を求められる

売価から原価を引いたものが「粗利」です。この練習用ファイルでは、［販売価格］テーブルに取引ごとの売価と原価が「販売価格」「買取価格」として入力されています。その差を求めることで「粗利額」を計算します。

使いこなしのヒント

間違ってメジャーを作成したときは？

もし間違ってメジャーを作成してしまった場合には削除できます。Power Pivotでは［データ］ペインのメジャーを右クリックし［モデルから削除］を選択します。Power Pivotでは［ピボットテーブルのフィールド］に表示されているメジャーを右クリックし「メジャーの削除」を選択します。

使いこなしのヒント

正しい式になっているか確認しよう

Power Pivotでは［メジャー］ダイアログで、メジャー作成を完了する前に［数式の確認］ボタンをクリックして式にエラーが無いか確認できます。Power BIではボタンからの確認はできませんが、記述された式の下に赤い波線を表示して誤りがあることを教えてくれます。

レッスン

10 別のテーブルの列を参照するには

RELATED関数

RELATED関数を使うと、別のテーブルにある列を参照できます。このレッスンでは、SUMX関数の引数として［販売価格］と、［M_種別］テーブルにある種別ごとの［目標粗利率］列を掛けた式を指定し、実際の粗利と比較するためのメジャーを作成します。

リレーションシップ関数　　対応アプリ Power BI Power Pivot

別のテーブルにある指定の列の値を返す

=RELATED(ColumnName)

データモデルには複数のテーブルを持つことができるので、別のテーブルにある列との計算が必要になることがあります。その場合、ただテーブル名を付けて列名を記述しても参照はできないため、RELATED関数を使って呼び出します。

引数

| ColumnName　参照する列名を指定する

リレーションシップが設定されている
テーブル間で列を参照できる

キーワード

ファクトテーブル	P.218
マスタテーブル	P.218
リレーションシップ	P.218

使いこなしのヒント

テーブル名［M_種別］の先頭にある「M」とは?

テーブルには「マスタ」と「ファクト」の2種類のテーブルがあります。［M_種別］や［M_担当者］のように、一意の値を持つテーブルを「マスタテーブル」と呼びます。データモデルは1つの「ファクトテーブル」と複数の「マスタテーブル」で構成されることが多いです。この練習用ファイルでは、マスタテーブルを見分けやすくするためにテーブル名の前に「M_」を付けて区別しています。

練習用ファイル ▸ L010_RELATED関数.pbix ／ L010_RELATED関数.xlsx

使用例 ［販売価格］と［M_種別］テーブルの［目標粗利率］を掛けてその合計を求める

=SUMX('販売データ','販売データ'[販売価格]*RELATED('M_種別'[目標粗利率]))

ポイント

ColumnName　SUMX関数の式で使用する、［目標粗利率］列をテーブル名とともに指定する

● Power BIの場合

1 ［データ］ペインで［販売データ］を選択

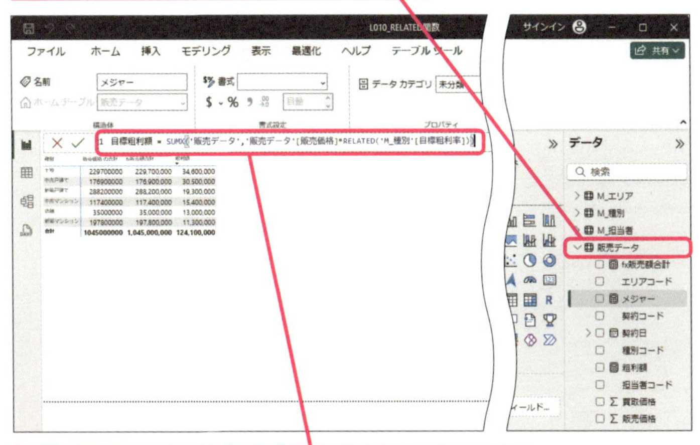

2 上記式の「目標粗利額」というメジャーを新規作成

3 ページ内のビジュアルを選択

4 ［値］に［目標粗利額］を追加

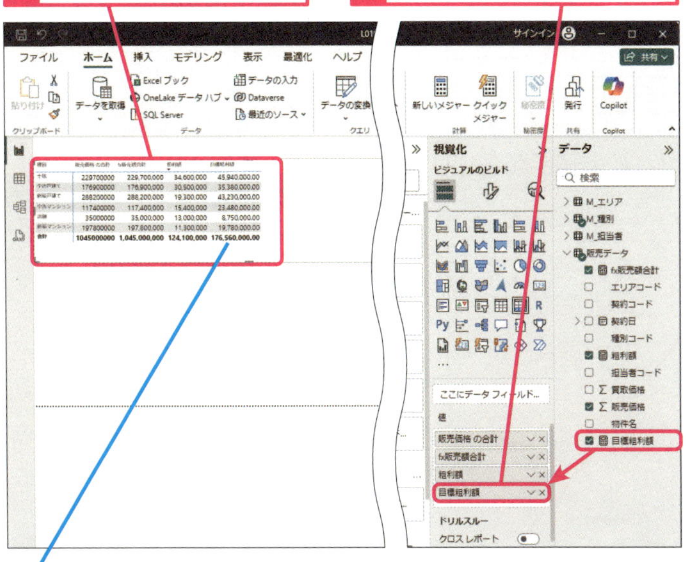

各［種別］の目標粗利額が表示された

使いこなしのヒント

リレーションシップが設定されていないと使えない

RELATED関数ではリレーションシップの設定されているテーブル間で列を参照させることができます。エラーになる場合には、テーブル間のリレーションシップが正しく設定されているか確認しましょう。

使いこなしのヒント

メジャー名はなんでも良いの?

メジャー名は同じデータモデル内の他のメジャーや列と同じ名前を付けることはできません。また一部利用できない記号などがあります。ビジュアルやピボットテーブルでも表示されるので、分かりやすい名前を付けて管理しましょう。

● Power Pivotの場合

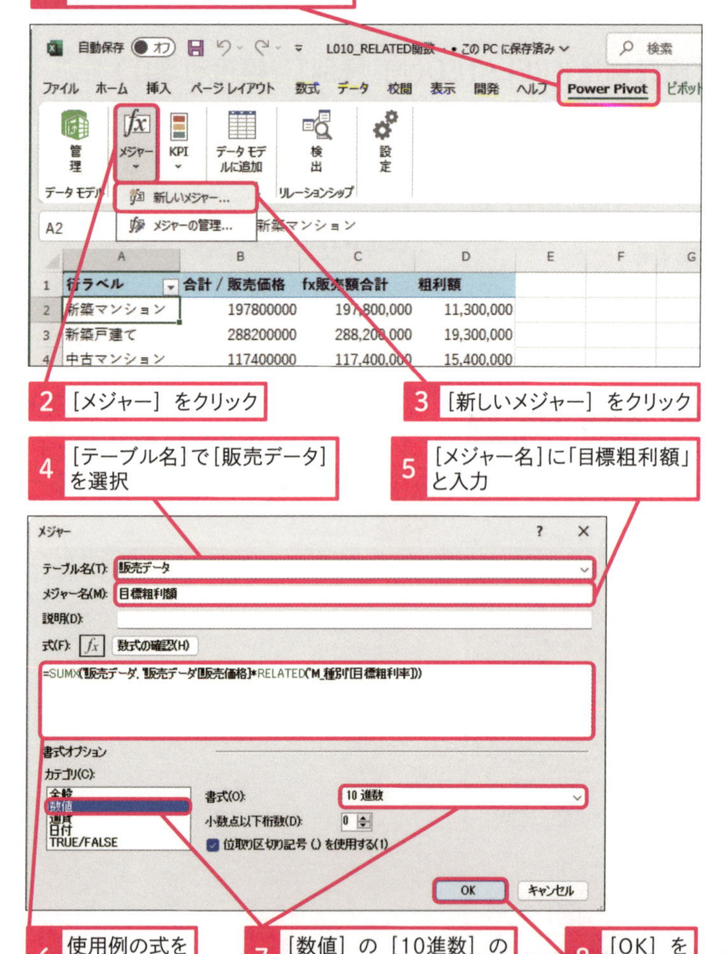

9 [値] ボックスに [fx販売額合計] をドラッグして追加

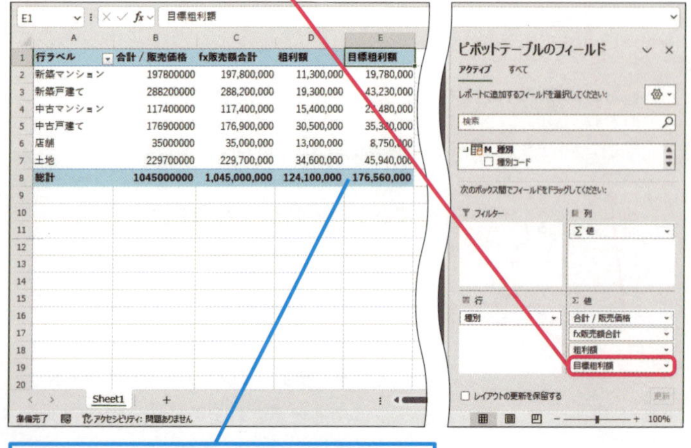

使いこなしのヒント

素早くメジャーを追加するには

Power BIもPower Pivotも、それぞれテーブル名を右クリックすることでメジャーを追加できます。素早く作成できることに加え、メジャーを設置するテーブルを間違いなく指定できることもメリットです。

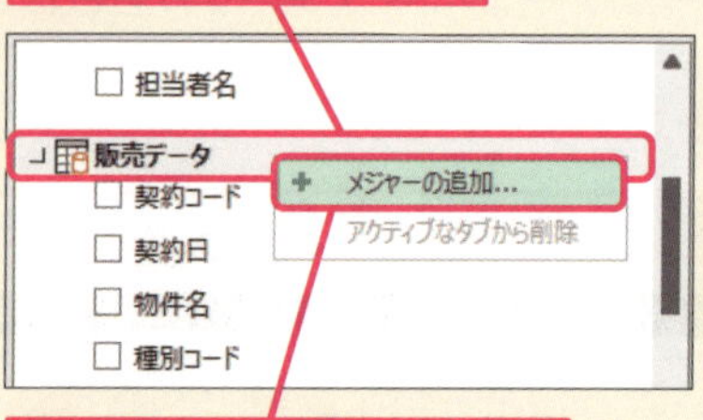

使いこなしのヒント

[ピボットテーブルのフィールド] に表示されないテーブルがある

[ピボットテーブルのフィールド] では、表示されるフィールドを [アクティブ] [すべて] に切り替えることができます。データモデル内で利用されていないテーブルは [アクティブ] では表示されなくなることがあるので、必要なテーブルが見つからないときは [すべて] に切り替えてみましょう。

スキルアップ

「別のテーブル」とは?

メジャーを作成する場合、引数としてテーブルを指定する場面と、メジャーを置く場所としてテーブルを指定する場面があります。この2つは明確に意味合いが異なります。SUMX関数などの1つ目の引数として指定するテーブルは、そのテーブルを基に1行ずつ計算を行うために使用されます。この場合、誤ったテーブルを指定すると正しい結果が返りません。それに対しメジャーを置く場所としてのテーブルは、データモデル内のどのテーブルを指定しても問題ありません。RELATED関数が参照する「別のテーブルの列」というのは、イテレータ関数の場合、1つ目の引数として指定したテーブル以外のテーブルにある列を指しています。混乱しやすいポイントですので注意しましょう。

［販売データ］テーブル
メジャーが置かれているテーブル

契約コード	契約日	物件名	種別コード	担当者コード	エリアコード	買取価格	販売価格
W2400001	2024年4月2日	ABC宅地-1	O-02	P-001	S-001	15800000	19800000
W2400002	2024年4月2日	XYZマンション101	N-02	P-001	S-002	36500000	38600000
W2400003	2024年4月3日	A様住宅	R-01	P-002	S-005	13500000	17800000
W2400004	2024年4月5日	F町住宅３号棟	N-01	P-003	S-003	42500000	45800000
W2400005	2024年4月6日	D様宅地	O-02	P-002	S-001	70000000	78000000
W2400006	2024年4月7日	K様マンション301	R-02	P-001	S-001	21000000	25200000
W2400007	2024年4月7日	Y様マンション105	R-02	P-003	S-002	15000000	17800000
W2400008	2024年4月9日	S様住宅	R-01	P-001	S-003	22000000	25800000
W2400009	2024年4月9日	R通り宅地-1	O-02	P-002	S-002	19800000	22000000
W2400010	2024年4月10日	C様宅地	O-02	P-003	S-003	30000000	31800000
W2400011	2024年4月11日	XYZマンション203	N-02	P-001	S-002	54000000	56500000
W2400012	2024年4月12日	XYZマンション302	N-02	P-001	S-002	49000000	52800000
W2400013	2024年4月12日	E様店舗	O-01	P-002	S-003	22000000	35000000
W2400014	2024年4月15日	F様住宅	R-01	P-003	S-005	30000000	34000000
W2400015	2024年4月15日	I様住宅	R-01	P-001	S-003	50000000	62000000

［販売データ］テーブルの［販売価格］×［M_種別］テーブルの［目標達成率］の計算を行う

' 販売データ '[販売価格] * RELATED ('M_ 種別 '[目標粗利率]))

［M_種別］テーブル

種別コード	種別	目標粗利率
N-01	新築戸建て	0.15
N-02	新築マンション	0.1
R-01	中古戸建て	0.2
R-02	中古マンション	0.2
O-01	店舗	0.25
O-02	土地	0.2

レッスン

11 DIVIDE関数で割合を求める

DIVIDE関数

DIVIDE関数は除算して商を求める関数です。引数に分子と分母になる列や定数などを指定することで、割り算の結果を求められます。このレッスンでは、［粗利額］を［目標粗利額］で割ることで目標粗利額の達成率を求めます。

数学三角関数 対応アプリ Power BI Power Pivot

除算を実行して商を求める

=DIVIDE(Numerator, Denominator, [AlternateResult])

割り算の式は演算子「/」（スラッシュ）を使うことでも記述できます。違いは、分母となる除数に「0」が入った場合の処理です。「/」を使った式の場合、分母が「0」だとエラーになりますが、DIVIDE関数ならあらかじめ引数［AlternateResult］に指定した値を返すことができます。

引数

Numerator	割られる数を指定する。列や定数、数式を使用できる
Denominator	除数。割る数を指定する。列や定数、数式を使用できる
AlternateResult	除数が0の場合に表示する値を指定できる。省略可。省略された場合は空白が返る

キーワード

引数	P.217
書式	P.216
メジャー	P.218

使いこなしのヒント
メジャーは引数としても利用できる

このメジャーでは、これまでのレッスンで作成したメジャーをDIVIDE関数の引数として指定しました。ワークシート関数のネストと同じように、参照されたメジャーが先に計算されます。メジャーを参照して式を作ることはよくあるので、分かりやすいメジャー名を付けるように心掛けましょう。

使いこなしのヒント
引数の区切りに「/」を入れないように注意

DIVIDE関数を使うときにありがちな間違いに、２つの引数を区切るコンマを「/」にしてしまうことがあります。除算をするというイメージがあるとやってしまいがちな間違いですが、あくまで引数の区切りになるので「,」を入力しましょう。

練習用ファイル ▸ L011_DIVIDE関数.pbix ／ L011_DIVIDE関数.xlsx

使用例 メジャー［粗利額］をメジャー［目標粗利額］で割る

=DIVIDE('販売データ'[粗利額], '販売データ'[目標粗利額])

ポイント

Numerator	分子になる［粗利額］列を指定する
Denominator	分母になる［目標粗利額］列を指定する
AlternateResult	目標粗利額が0または空白となるケースが無いため省略

● Power BIの場合

1 ［販売データ］テーブルに上記式の「目標達成率」というメジャーを作成

2 ビジュアルを選択し、［目標達成率］を［値］に追加

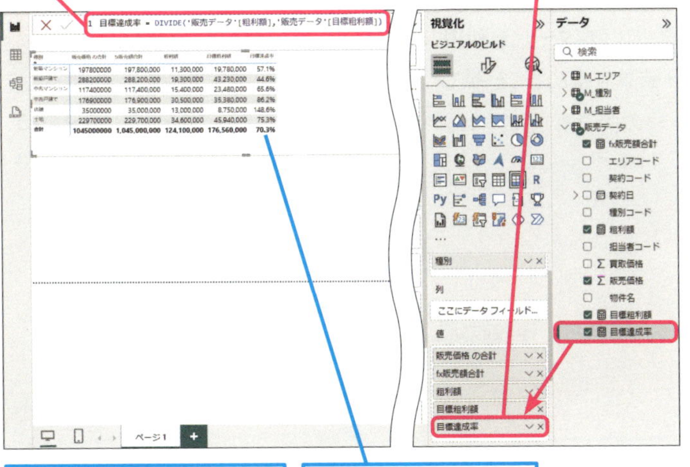

右のヒントを参考にメジャーの書式を設定しておく

種別ごとの目標達成率が表示された

● Power Pivotの場合

1 ［販売データ］テーブルに上記式の「目標達成率」というメジャーを作成

2 フィールドリスト内の［目標達成率］を［値］ボックスに追加

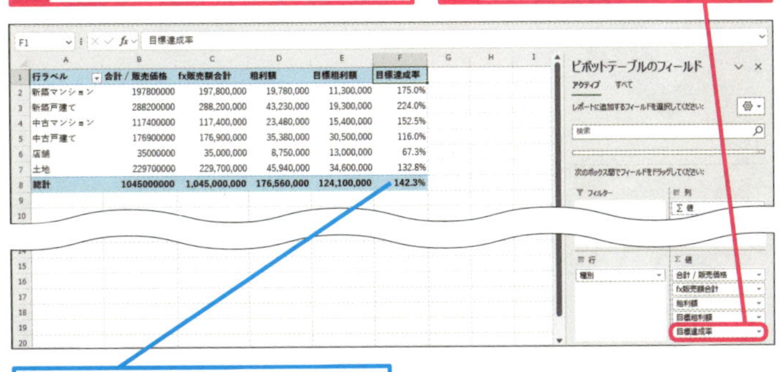

種別ごとの目標達成率が表示された

使いこなしのヒント

このメジャーの書式設定は?

このメジャーでは割合を求めているため、パーセンテージの書式設定にしましょう。［完成］フォルダーの手順実行後のファイルは、Power BIでは「パーセンテージ」「小数点以下の表示桁数：1」です。Power Pivotでは「カテゴリ：数値（Number）」「パーセンテージ」「小数点以下桁数:1」としています。

● Power BIの場合

1 ［書式］を［パーセンテージ］に設定

2 桁数に「1」と入力

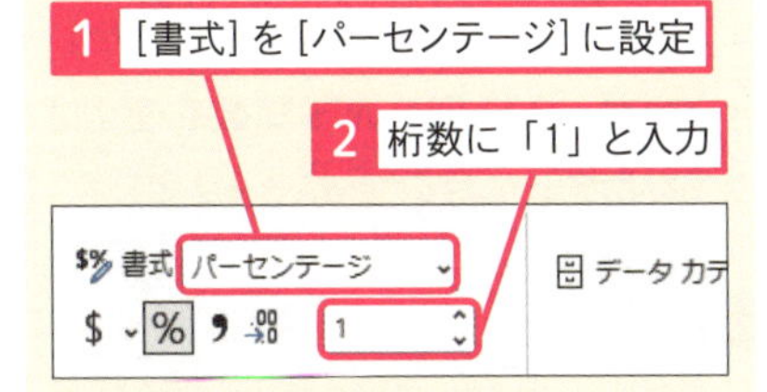

● Power Pivotの場合

1 ［数値］の［パーセンテージ］を選択

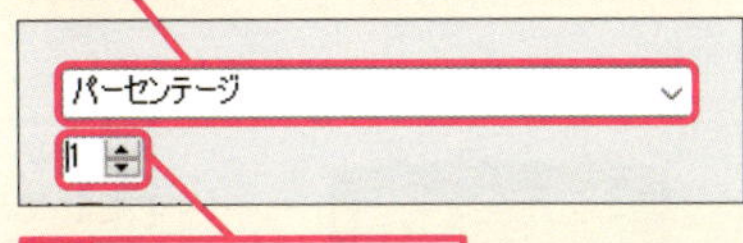

2 桁数に「1」と入力

使いこなしのヒント

ピボットテーブルのフィールドを見やすくする

Power Pivotの［ピボットテーブルのフィールド］でフィールドの数が多くなるとスクロールをしないと全体が見えなくなり操作性が悪くなります。そんなときは［設定］ボタンから「フィールドセクションを左、エリアセクションを右」を選択するとレイアウトが変更され、全体が見やすくなります。

レッスン

12 フィルターの条件を指定して集計するには

CALCULATE関数

CALCULATE関数を使うと式の中にフィルターを指定し、条件を満たす行だけを使った集計結果を求めることができます。このレッスンでは、「担当者=松山　亜沙美」のレコードだけを取り出して販売額の合計を求めるメジャーを作成します。

フィルター関数　　対応アプリ Power BI Power Pivot

式の結果にフィルターを指定する

=CALCULATE(Expression, [Filter1],…)

Power BIのレポートやピボットテーブルでは、「フィルター」を利用することで一部のデータだけを取り出した集計結果を求めることができますが、CALCULATE関数を使えばメジャーの中で事前にフィルターを指定しておくことができます。

引数

Expression	計算する式を指定する
Filter	設定する抽出条件を指定する。省略可。複数設定も可

一部のデータだけを取り出して集計できる

使いこなしのヒント

式の中に文字列を使用する場合は

このレッスンの例のように、式の中で文字列を使用する場合は、文字列を「"」（ダブルクォーテーション）」で囲みます

練習用ファイル ▸ L012_CALCULATE関数.pbix ／ L012_CALCULATE関数.xlsx

使用例 ［担当者］が「松山　亜沙美」の［fx販売価格合計］を抽出する

=CALCULATE('販売データ'[fx販売額合計],'M_担当者'[担当者名]="松山　亜沙美")

ポイント

- **Expression** 計算させるメジャー［fx販売額合計］をテーブル名とともに指定する
- **Filter** 集計結果の抽出条件を、列名 'M_担当者'[担当者名]と、条件となる値の"松山　亜沙美"を等号でつないで指定する

● Power BIの場合

1 ［データ］ペインで［販売データ］を選択

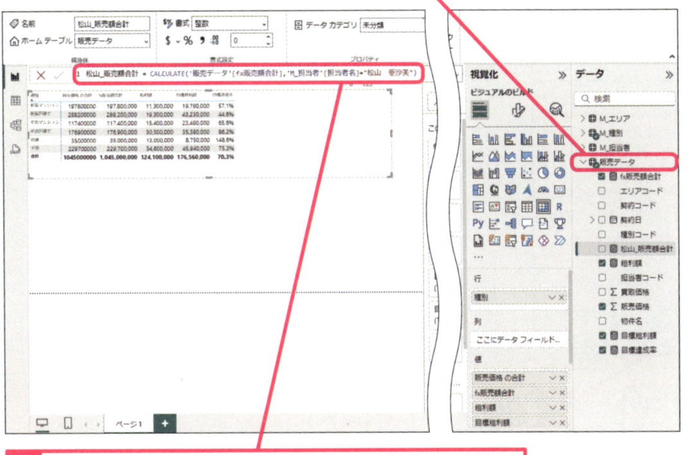

2 上記式の「松山_販売額合計」というメジャーを作成

3 ページ内のビジュアルを選択

4 ［値］に［松山_販売額合計］を追加

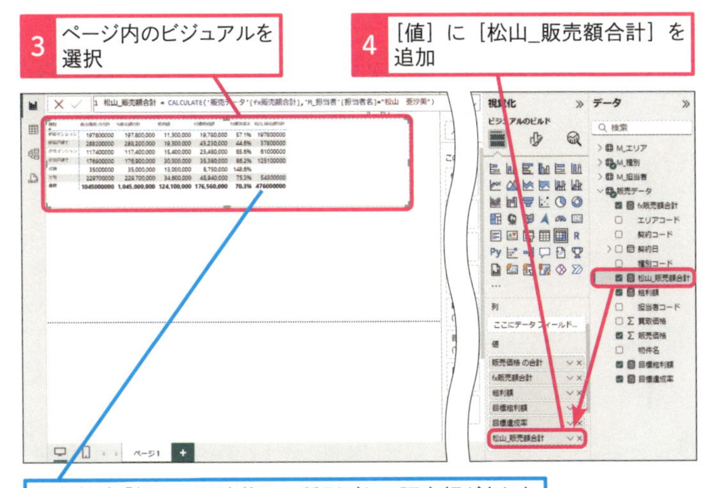

担当者が「松山　亜沙美」の種別ごとの販売額がされた

使いこなしのヒント

第2引数にはどんな式を指定できるの？

CALCULATE関数は計算する条件を2つ目の引数として指定しますが、最初に覚えたいのが比較演算子を使った条件指定です。計算対象となる列の値に対し、「等しい」「等しくない」「より大きい」「より小さい」などの条件を指定し、その条件を満たす行のみを抽出して集計できます。また、FILTER関数やALL関数といったフィルター関数と呼ばれる関数を使って指定することもできます。

● Power Pivotの場合

1 ［Power Pivot］タブをクリック

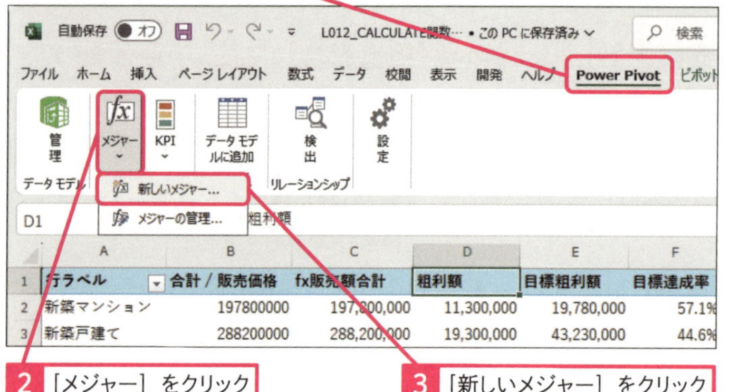

2 ［メジャー］をクリック

3 ［新しいメジャー］をクリック

4 ［テーブル名］で［販売データ］を選択

5 ［メジャー名］に「松山_販売額合計」と入力

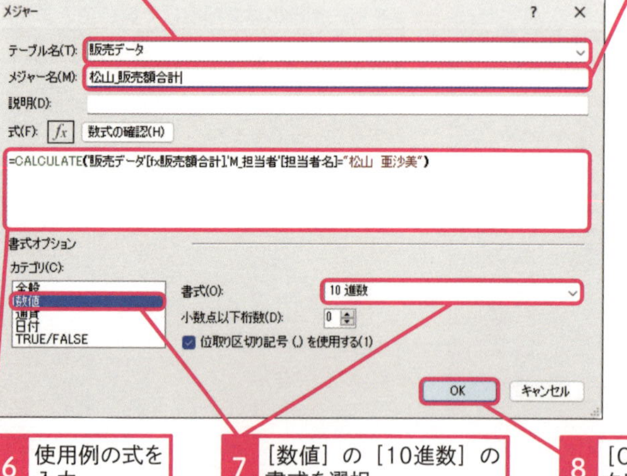

6 使用例の式を入力

7 ［数値］の［10進数］の書式を選択

8 ［OK］をクリック

9 ［値］ボックスに［fx販売額合計］をドラッグして追加

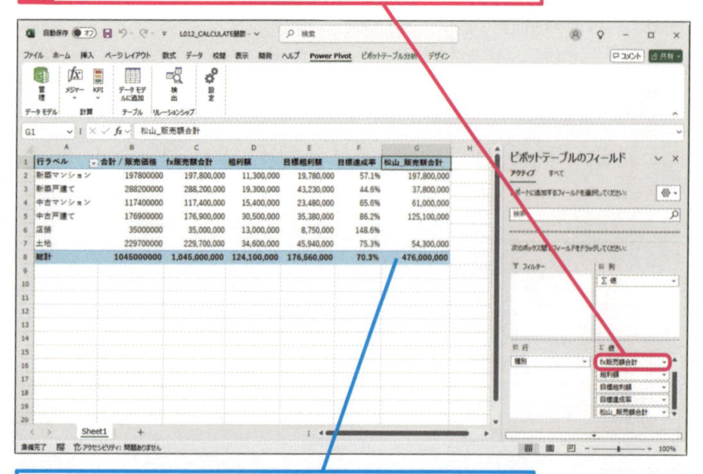

担当者が「松山　亜沙美」の種別ごとの販売額がされた

使いこなしのヒント

フィールドリストのメジャーにチェックを付けて値に追加する

Power BIでは［データ］ペインに、Power Pivotでは［ピボットテーブルのフィールド］に、作成したメジャーがフィールドとして並びます。メジャー名の前にあるチェックボックスをオンにすることで値フィールドに追加することもできます。チェックを外せば、値から削除することができます。

使いこなしのヒント

作成したメジャーの一部を修正する場合

Power BIでは、［データ］ペインから修正したいメジャーを選択し、数式バーに表示される数式を直接修正することができます。Power Pivotでは、［Power Pivot］タブ-［メジャー］ボタンで［メジャーの管理］へ進み、対象のメジャーを選択して［編集］で［メジャー］ダイアログを開いて修正できます。

スキルアップ

CALCULATE関数はビジュアルやピボットテーブルのフィルターより強力

SUM関数やSUMX関数などで求められる結果は、ビジュアルのフィルターやピボットテーブルの行（アイテム）などによって対象となる行が抽出されて集計されました。しかしCALCULATE関数を使用してフィルターを設定すると、それに矛盾するビジュアルやピボットテーブルのフィルターは無視されてしまいます。例えば、ビジュアルのフィルターに担当者を追加し「真田　涼介」のみ抽出すると、表のほとんどは「真田　涼介」のデータのみ抽出した集計結果に変わりますが、［松山_販売額合計］は結果が変わりません。ピボットテーブルでも同じです。CALCULATE関数のフィルターは、そこで設定した列を含まない場合には追加して働きますが、同じ列がビジュアルやピボットテーブルのフィルターとして機能する場合には、それを上書きする強力なフィルターです。

● Power BIの場合

1 ビジュアルを選択

2 ［M_担当者］の［担当者名］を［フィルター］ペインの［このビジュアルでのフィルター］にドラッグ

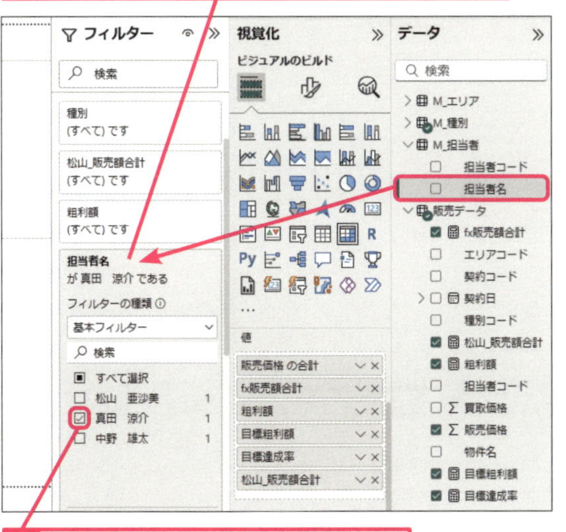

3 「真田　涼介」のみにチェックを付ける

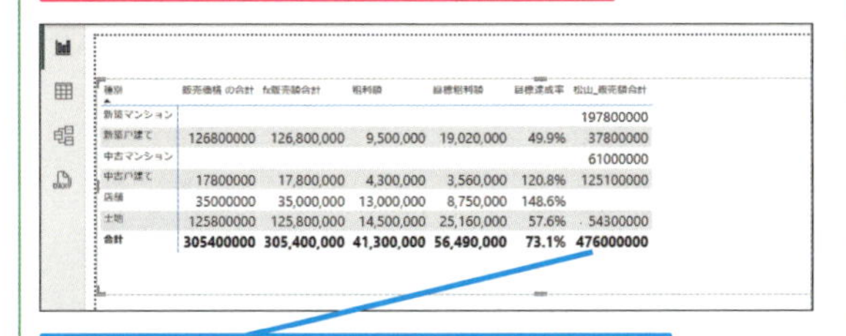

［松山_販売額合計］の集計結果は変わらない

● Power Pivotの場合

1 ［M_担当者］の［担当者名］を［フィルター］ボックスにドラッグ

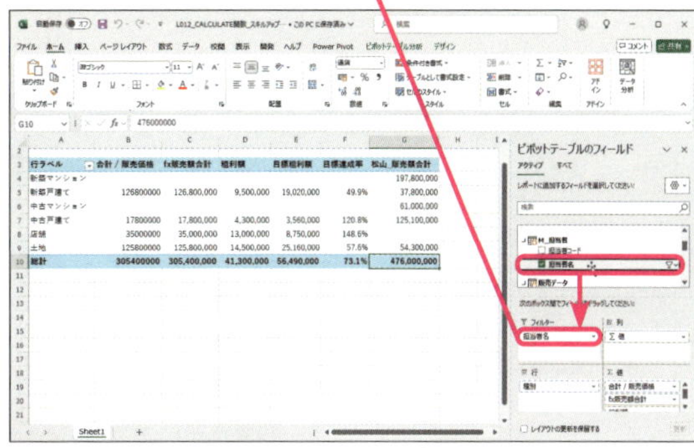

2 セルB1に作成されたフィルターを開き、「真田　涼介」のみにチェックを付ける

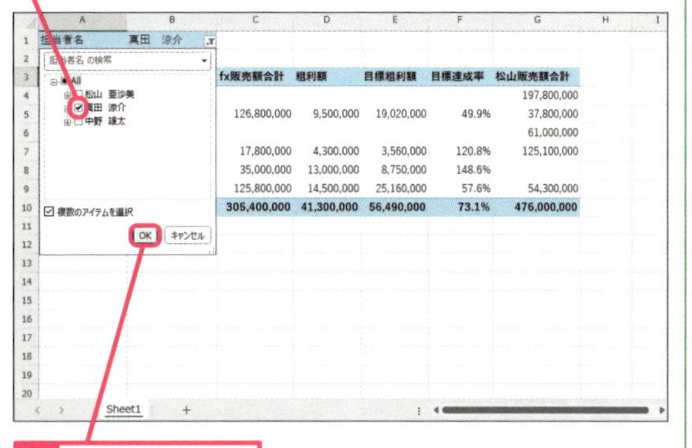

3 ［OK］をクリック

［松山_販売額合計］の集計結果は変わらない

この章のまとめ

「行ごとに計算」の意味を理解しよう

徐々にDAX関数とメジャーに慣れてきたでしょうか。Excelワークシート関数と異なり、DAX関数は列を対象とした式を作ること、またその集計結果がビジュアルやピボットテーブルの中で動的に変化することがポイントです。特にイテレータ関数をはじめとするメジャーの中では、行ごとに計算された結果がさらに集計されている、という感覚を持つことが重要になります。テーブルと列の様子、そして行ごとにどんな計算をしているか、頭の中でいつもイメージしながらメジャーを作成しましょう。

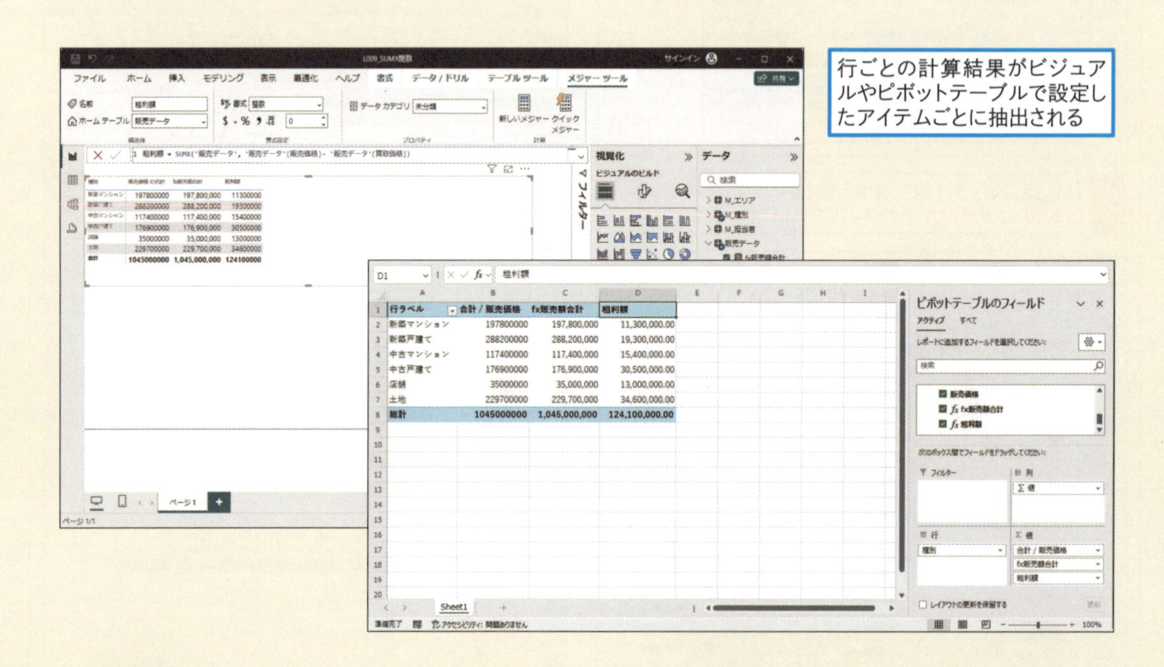

行ごとの計算結果がビジュアルやピボットテーブルで設定したアイテムごとに抽出される

「行ごとに計算」されて、さらにピボットテーブルやビジュアルに設定されたフィールドでフィルターされる、ってところが難しいですね。

「これってどうやったら求められるんだっけ?」ってなりそうです……。

結構混乱するよね。でも、Excelのワークシート上で計算や集計に必要な列をすべて用意するよりもDAX関数を使ったほうがずっと効率的。どんどん使っていこう!

基本編

第3章

日付テーブルの使い方を覚えよう

データモデルには「日付テーブル」と呼ばれる特殊なテーブルを作成できます。日付テーブルは時系列の集計を行う場合に重要な役割を果たしています。この章では、日付テーブルの役割と、作り方や使い方を学びます。

レッスン

13 Introduction この章で学ぶこと 日付テーブルって何?

Power BIやPower Pivotで大量のデータを時系列で期間ごとに集計する際には「日付テーブル」と呼ばれる特別なテーブルをデータモデルに追加する必要があります。この後のレッスンでより詳しく解説していきますが、まずは日付テーブルとは何か、なぜ必要なのか押さえておきましょう。

時系列のデータ分析に必須のテーブル

日付テーブルって初めて聞きました。名前の通り、日付のデータがまとめられた表ってことですか?

その通り。集計する可能性のある期間の連続したすべての日付を一意に持っているテーブルで、Power BIやPower Pivotで時系列の分析をするときには欠かせないものなんです!

日付テーブル
集計する可能性のある期間のすべての日付を持っている必要がある。
Power BIやPower Pivotの機能で作ることができる

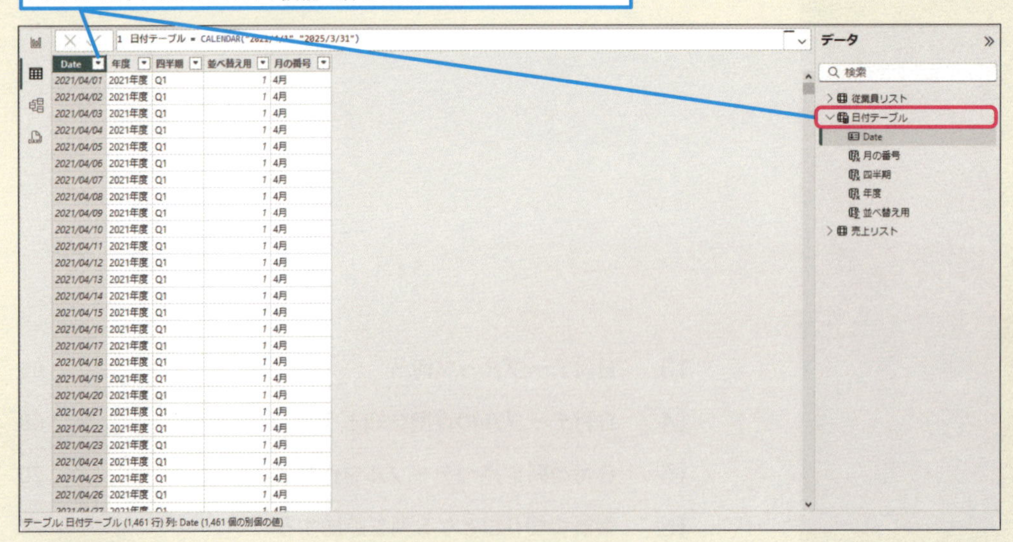

先生がいうんだから重要なのは理解できるけど、これまでこういうテーブルを使うようなケースがなかったから、いまいちピンとこないなあ。

日付テーブルが無い場合の集計表

じゃあ、よりイメージしやすいように、日付テーブルが無かった場合にどうなるか見てみよう！

各月ごとの売上を見たい場合、行に設定するフィールドが無いため、集計できない

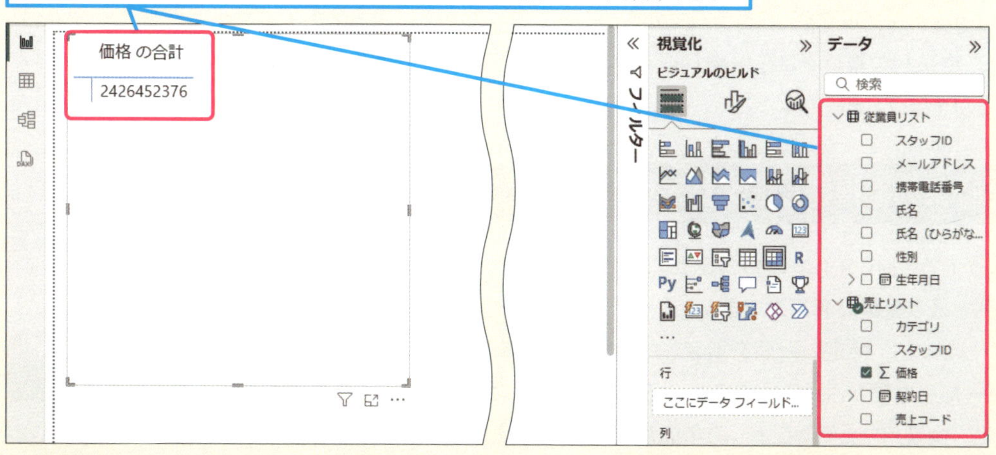

確かに、そもそも日付のフィールドが無いと、集計のしようがないですよね。

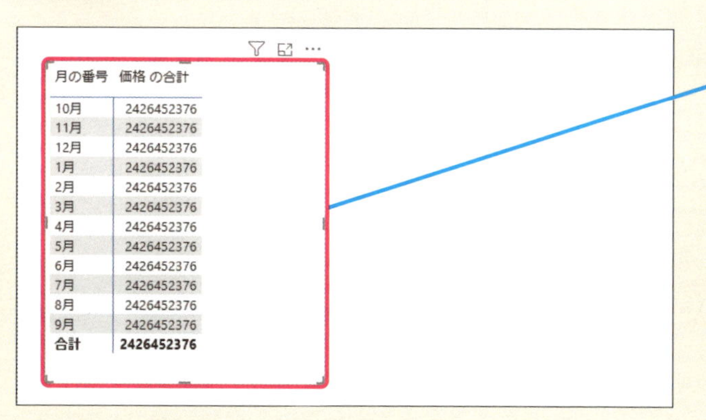

月の番号	価格 の合計
10月	2426452376
11月	2426452376
12月	2426452376
1月	2426452376
2月	2426452376
3月	2426452376
4月	2426452376
5月	2426452376
6月	2426452376
7月	2426452376
8月	2426452376
9月	2426452376
合計	**2426452376**

会社の期の始まりである4月から月が順番に並ぶようにしたいときに、うまく並ばない

日付テーブルで日付のフィールドの並ぶ順番も変えられるってこと？なんだか奥が深そうです。

直近1ヶ月とか、それほど長くない期間のデータを扱う場合は、あまり必要ないかもしれないけど、長期間の大量のデータを扱うとき、さらに［四半期］［年度］などを基準にして、データを分析するときに、日付テーブルは威力を発揮するよ。

レッスン

14 日付テーブルの役割を知ろう

日付テーブルの役割

練習用ファイル L014_日付テーブルの役割.pbix ／ L014_日付テーブルの役割.xlsx

日付テーブルとは、集計したい期間の毎日の日付を列として持つ、カレンダーのようなテーブルです。日付テーブルをデータモデルの中に持つことで、時系列の集計を自在に操れるようになります。どんなことができるかを確認しましょう。

相対的に時系列を指定した集計ができる

日付テーブルがあることでタイムインテリジェンス関数と呼ばれる相対的な時系列を扱う関数の利用ができます。タイムインテリジェンス関数を使いこなすと、特定の期間を指定した累計や、対象期間に対してその一部の期間が占める比率を求めることが簡単にできるようになります。練習用ファイルでは、前年同期の集計結果を求めるメジャーを作成し、スライサーで年度を切り替えることで該当年と前年の集計結果を求められるようにしています。

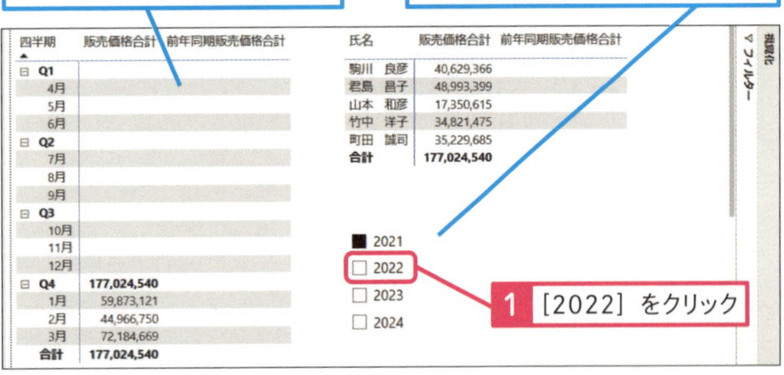

四半期	販売価格合計	前年同期販売価格合計
Q1		
4月		
5月		
6月		
Q2		
7月		
8月		
9月		
Q3		
10月		
11月		
12月		
Q4	177,024,540	
1月	59,873,121	
2月	44,966,750	
3月	72,184,669	
合計	177,024,540	

氏名	販売価格合計	前年同期販売価格合計
駒川 良彦	40,629,366	
君島 昌子	48,993,399	
山本 和彦	17,350,615	
竹中 洋子	34,821,475	
町田 誠司	35,229,685	
合計	177,024,540	

集計表が2022年度のデータに切り替わった。［前年同期販売価格合計］も切り替わる

四半期	販売価格合計	前年同期販売価格合計
Q1	262,632,985	
4月	123,133,629	
5月	76,851,846	
6月	62,647,510	
Q2	168,117,821	
7月	63,516,592	
8月	44,387,319	
9月	60,213,910	
Q3	201,985,002	
10月	55,245,135	
11月	57,684,329	
12月	89,055,538	
Q4	210,225,321	177,024,540
1月	63,531,213	59,873,121
2月	47,473,791	44,966,750
3月	99,220,317	72,184,669
合計	842,961,129	177,024,540

氏名	販売価格合計	前年同期販売価格合計
駒川 良彦	282,156,921	40,629,366
君島 昌子	130,979,174	48,993,399
山本 和彦	57,054,239	17,350,615
竹中 洋子	216,979,451	34,821,475
町田 誠司	155,791,344	35,229,685
合計	842,961,129	177,024,540

2021
2022
2023
2024

視覚化 フィルター

キーワード

スライサー P.217
タイムインテリジェンス関数 P.217
日付テーブル P.217

使いこなしのヒント

日付テーブルに必要な列は？

日付テーブルも、他のテーブル同様ユーザーが必要な列を追加することができます。一般的には、年や年度、月や四半期など、集計の切り口となるフィールドを列として追加します。

用語解説

スライサー

スライサーとは、ビジュアルやピボットテーブルをフィルターするためのアイテムをレポートやシート上に配置するためのツールです。ビジュアルもピボットテーブルも、［フィルター］領域を使って集計結果を切り替えられますが、スライサーなら視覚的にも分かりやすいので、データを年度で切り替える場合などによく使われています。

データの無いアイテムも表示できる

マトリックスのビジュアルや、ピボットテーブルでは、値の無いアイテムを表示することはできません。例えば練習用ファイルのデータには、2021年の日付を持つレコードは無いので、本来であれば2021年度4月や5月のアイテムを表内の行としても表示できませんが、日付テーブルには2021年4月の日付を作成できるので、表の形を整えることができます。

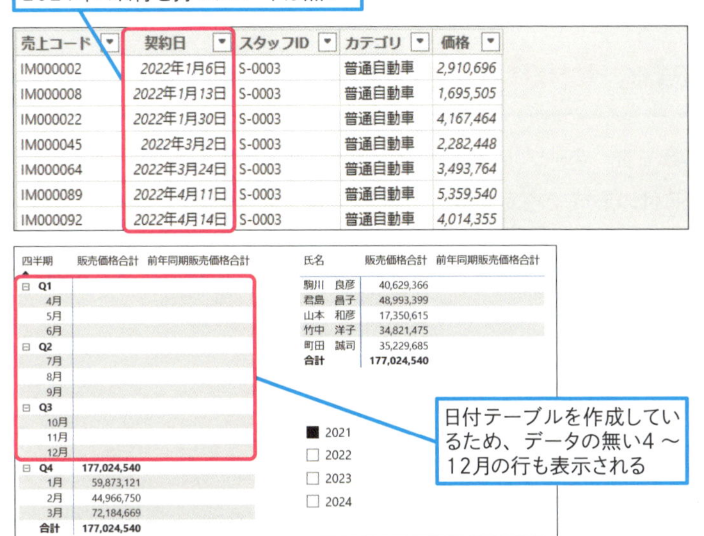

売上コード	契約日	スタッフID	カテゴリ	価格
IM000002	2022年1月6日	S-0003	普通自動車	2,910,696
IM000008	2022年1月13日	S-0003	普通自動車	1,695,505
IM000022	2022年1月30日	S-0003	普通自動車	4,167,464
IM000045	2022年3月2日	S-0003	普通自動車	2,282,448
IM000064	2022年3月24日	S-0003	普通自動車	3,493,764
IM000089	2022年4月11日	S-0003	普通自動車	5,359,540
IM000092	2022年4月14日	S-0003	普通自動車	4,014,355

四半期	販売価格合計	前年同期販売価格合計
Q1		
4月		
5月		
6月		
Q2		
7月		
8月		
9月		
Q3		
10月		
11月		
12月		
Q4	177,024,540	
1月	59,873,121	
2月	44,966,750	
3月	72,184,669	
合計	177,024,540	

氏名	販売価格合計	前年同期販売価格合計
駒川 良彦	40,629,366	
君島 昌子	48,993,399	
山本 和彦	17,350,615	
竹中 洋子	34,821,475	
町田 誠司	35,229,685	
合計	177,024,540	

列を自在に並べ替えできる

日付の値を基に月を年初から並べようとしても、1月や10月から並んでしまうことがあります。日付テーブルの中に「並べ替え用」の列を作成することで、年初から月を並べ替えて集計に利用できます。合わせて四半期の設定も可能です。

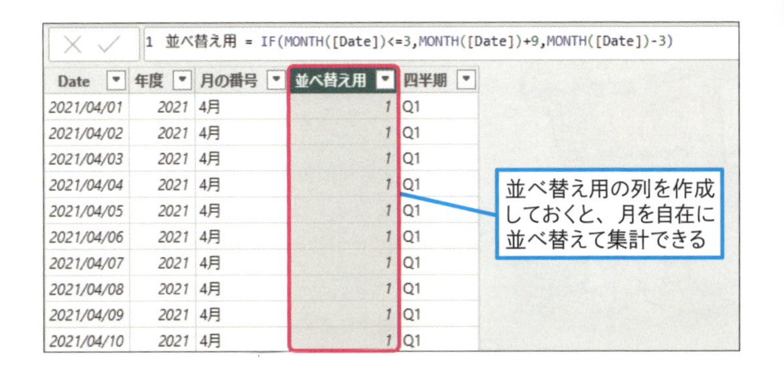

Date	年度	月の番号	並べ替え用	四半期
2021/04/01	2021	4月	1	Q1
2021/04/02	2021	4月	1	Q1
2021/04/03	2021	4月	1	Q1
2021/04/04	2021	4月	1	Q1
2021/04/05	2021	4月	1	Q1
2021/04/06	2021	4月	1	Q1
2021/04/07	2021	4月	1	Q1
2021/04/08	2021	4月	1	Q1
2021/04/09	2021	4月	1	Q1
2021/04/10	2021	4月	1	Q1

使いこなしのヒント

**Power BIで
スライサーを設置するには**

Power BIでは、スライサーもビジュアルとして追加できます。追加したビジュアルのフィールドに、フィルターとして使用したいフィールドを設定します。この練習用ファイルでは［年度］を指定し､スライサー設定の［オプション］で「バーティカルリスト」を選択しています。

使いこなしのヒント

**Power Pivotで
スライサーを設置するには**

［ピボットテーブル分析］タブの［スライサーの挿入］ボタンから、フィルターとして使用するフィールドを選択して追加できます。1つのスライサーで複数のピボットテーブルをフィルターする場合、スライサーを右クリックして［レポートの接続］へ進むと、ブック内の他のピボットテーブルやピボットグラフを追加できます。

レッスン
15 日付の列を持つテーブルを作成しよう

日付テーブルの作成

練習用ファイル L015_日付テーブル作成.pbix／L015_日付テーブル作成.xlsx

日付テーブルの役割を理解したら、次は実際に日付テーブルを作成してみましょう。Power BIではCALENDAR関数を使って、Power PivotではPower Pivot画面の機能を使って作成します。

日付と時刻関数 対応アプリ Power BI Power Pivot

連続する日付を［Date］列として持つテーブルを作成する

```
=CALENDAR(StartDate, EndDate)
```

CALENAR関数はPower BIで利用できる関数です。テーブル内に連続した日付を持つ列を作成します。引数を日付の形式で指定するときは「"」（ダブルクォーテーション）で囲むことを忘れないようにしましょう。開始日、終了日として指定した日付も列の値に含まれます。

引数

StartDate	連続する日付の最初の日を指定する
EndDate	連続する日付の最後の日を指定する

キーワード

テーブル P.217
日付テーブル P.217
レコード P.218

ここに注意

日付テーブルがその機能を発揮するためには、日付の列があること、日付テーブルとしてマークされていること、正しくリレーションシップの設定がされていることが必要です。日付列はカレンダーテーブルを作成すると自動的に作られます。日付テーブルのマークはレッスン18で詳しくご紹介します。

練習用ファイル ▸ L015_日付テーブル作成.pbix

使用例 「2021年4月1日」から「2025年3月31日」までの値を持つ列を作成する

```
日付テーブル=CALENDAR("2021/4/1", "2025/3/31")
```

ポイント

StartDate	集計するレコードの、最初の日付を含む年度の年初日を指定する
EndDate	集計するレコードの、最後の日付を含む年度の末日を指定する

1 Power BIで日付テーブルを作成する

[テーブルビュー] で表示しておく

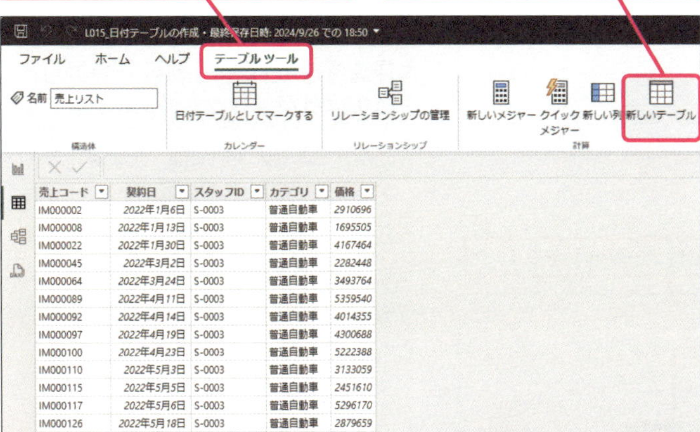

3 数式バーに上記の式を入力

4 Enter キーを押す

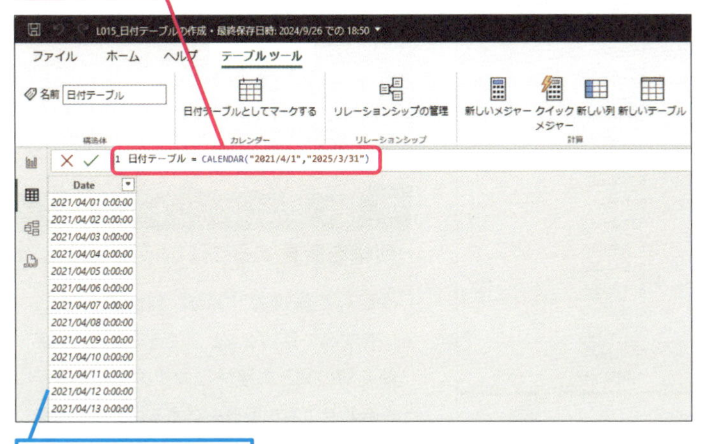

[Date] 列が作成された

使いこなしのヒント

開始日と終了日はどうやって決めたらいいの？

このデータモデルでは［売上リスト］にあるデータを集計します。最も古いレコードは、2022年1月のものですが、4月が期首となる会社の場合、2022年1月は2021年4月1日からの年度として集計する必要があります。最も新しいレコードは2024年8月のものですが、その年度は2025年3月31日に終わります。そのため、2021年4月1日から2025年3月31日までの日付列を作成します。

使いこなしのヒント

次の年度のデータが追加されたときはどうしたら良いの？

日が進んで2025年4月以降のデータが追加された場合には、終了日を変更して1年分の日付を追加します。Power BIでは、日付テーブルの［Date］列を選択して数式バーのCALENDAR関数の終了日を変更します。Power Pivotは次のページの手順にある方法で範囲を変更します。

[Date] 列を選択し、式内の終了日を変更する

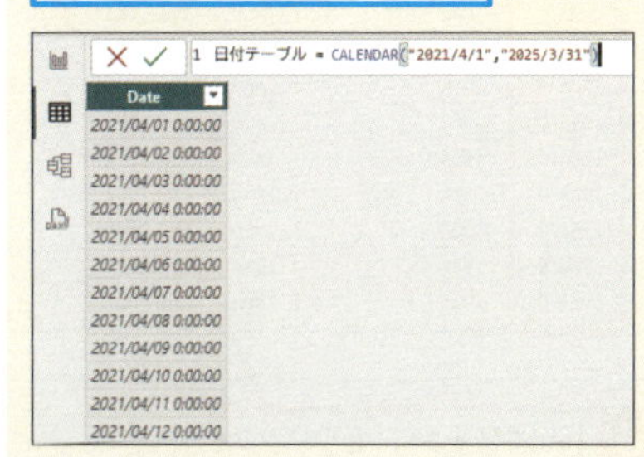

2 Power Pivotで日付テーブルを作成する

Power Pivot画面を表示しておく

1 ［デザイン］タブをクリック

2 ［日付テーブル］をクリック

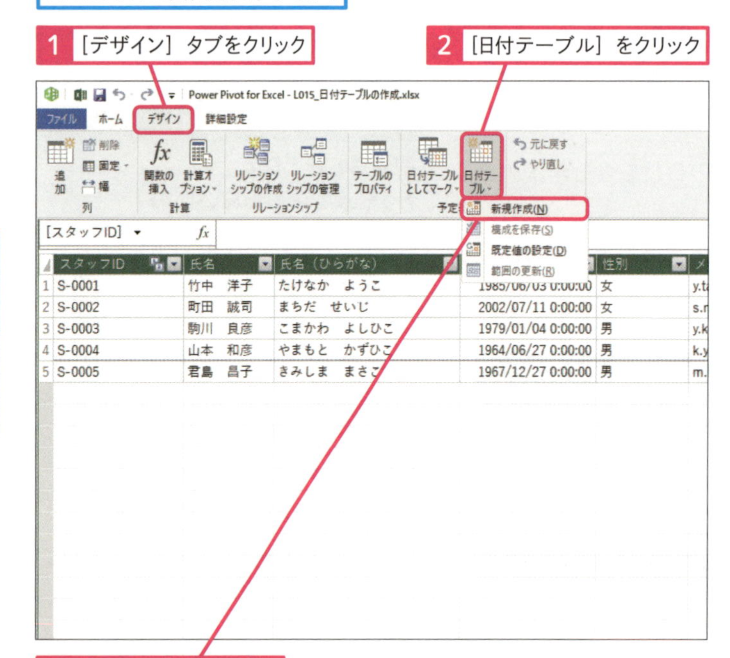

3 ［新規作成］をクリック

日付テーブルが作成された

4 ［Date］列があることを確認

5 ［日付テーブル］をクリック

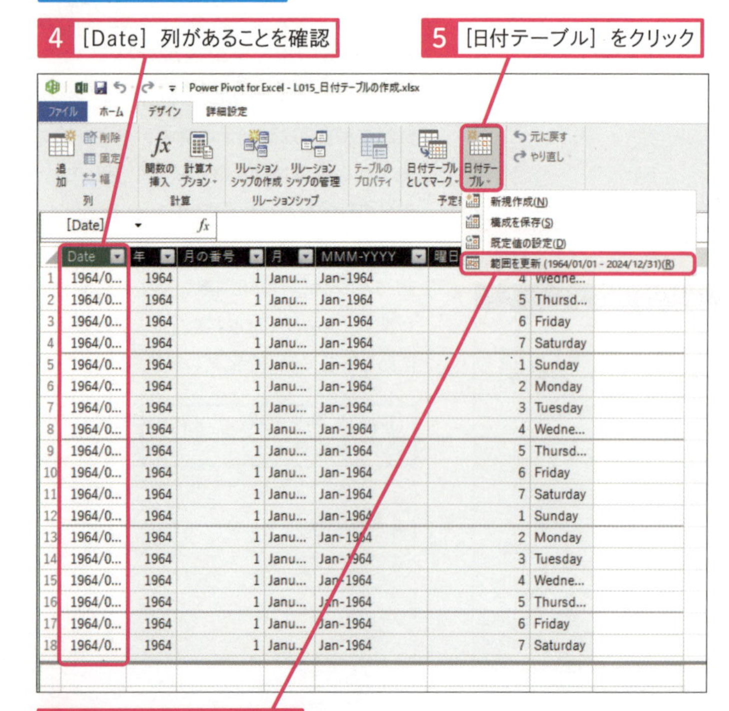

6 ［範囲を更新］をクリック

使いこなしのヒント

Power Pivotで［予定表］ではなく［Calendar］テーブルが追加された

Excelの更新状況などにより英語表記になることがありますが、機能に違いは無いのでそのまま利用して問題ありません。テーブル名は任意のものに変更しても大丈夫です。

使いこなしのヒント

作成直後の［Date］列の［開始日］が「1964/1/1」になるのはなぜ？

このデータモデル内には［従業員リスト］テーブルがあり、各従業員の生年月日の値を持っています。その列の値を参照し、最も古い値である「1964/6/27」の年頭からの列を自動的に作成してしまうからです。

使いこなしのヒント

列幅を変更するには

作成した直後の［Date］列は幅が狭く、値をすべて見切ることができません。列名部で隣の列との境界にマウスポインターを合わせて右にドラッグすることで列幅を広げられます。

● 開始日と終了日を変更する

[日付テーブルの範囲] ダイアログボックスが表示された

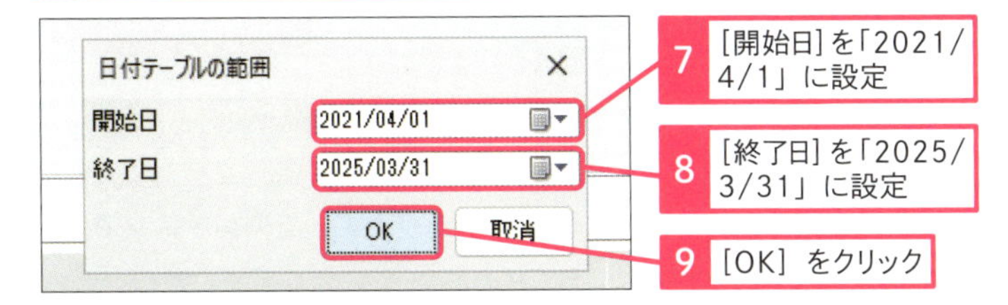

7 [開始日]を「2021/4/1」に設定

8 [終了日]を「2025/3/31」に設定

9 [OK] をクリック

開始日と終了日が変更された

10 [年] 列をクリック

11 Shift キーを押しながら [曜日] 列をクリック

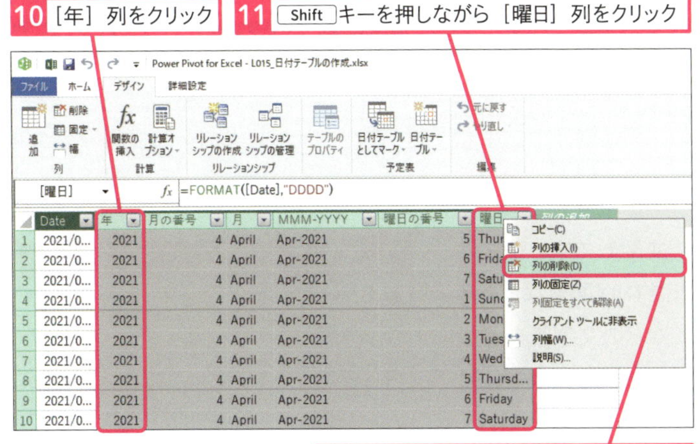

12 右クリックし、[列の削除] をクリック

確認画面が表示された

13 [はい] をクリック

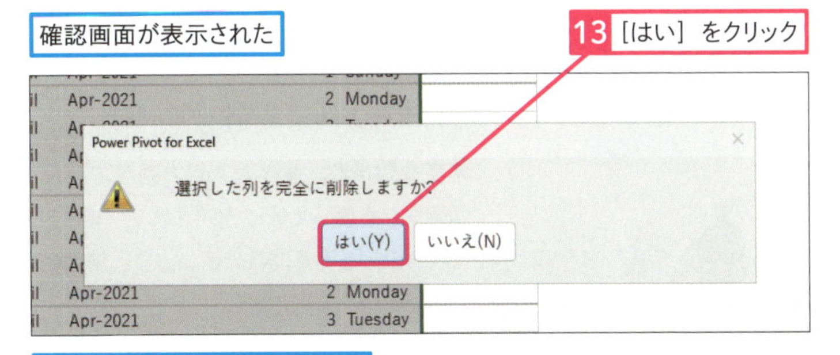

[年] ～ [曜日] 列が削除された

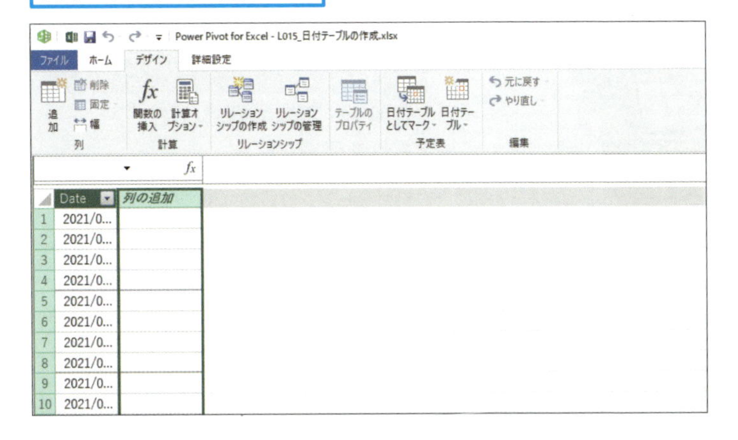

使いこなしのヒント

矢印キーやアイコンから日付を変更できる

日付テーブルの範囲を変更する際は、キーボードから直接数値を入力する方法の他、カーソルキー（矢印キー）の上下で指定する方法や、カレンダーボタンからカレンダーを開いて選択する方法があります。

使いこなしのヒント

日付テーブルはExcelでも作成できる

この章では、Power BIやPower Pivotの中で日付テーブルを作成する方法を紹介していますが、他のテーブルと同じようにExcelワークシートなどで作成したテーブルを読み込んで作成することもできます。

使いこなしのヒント

[年] ～ [曜日] 列を削除する理由って?

列名の領域が黒く表示される[年]～[曜日]列は、Power Pivotで日付テーブルを作成すると自動的に作られる列です。そのまま使うことも可能ですが、英語表記の値であるなど日本語環境では使いにくいものも多く、このレッスンでは一度すべて削除してから操作しています。

レッスン

16 集計の切り口となる列を追加する

列の追加

時系列で集計を行う場合、年や年度、四半期や月を示す列を作成する必要があります。このレッスンでは、MONTH関数を使って日付テーブルに「月の名前」を示す列を作成し、月ごとの集計が分かりやすく表示されるようにしていきましょう。

基本編 第3章 日付テーブルの使い方を覚えよう

日付と時刻関数 対応アプリ Power BI Power Pivot

月を1から12の数値として返す

=MONTH(日付)

MONTH関数はシリアル値から月の値を取り出す関数です。他には年の値を取り出すYEAR関数、日の値を取り出すDAY関数などもあります。また、取り出した値に「年」や「月」などの文字列を追加する場合、「&」(アンパサンド)で文字列をつなぎ、文字列自体は「"」(ダブルクォーテーション)で囲みます。

引数

| 日付 日付を入力、または日付の入力された列を指定する

日付から月の値を取り出せる

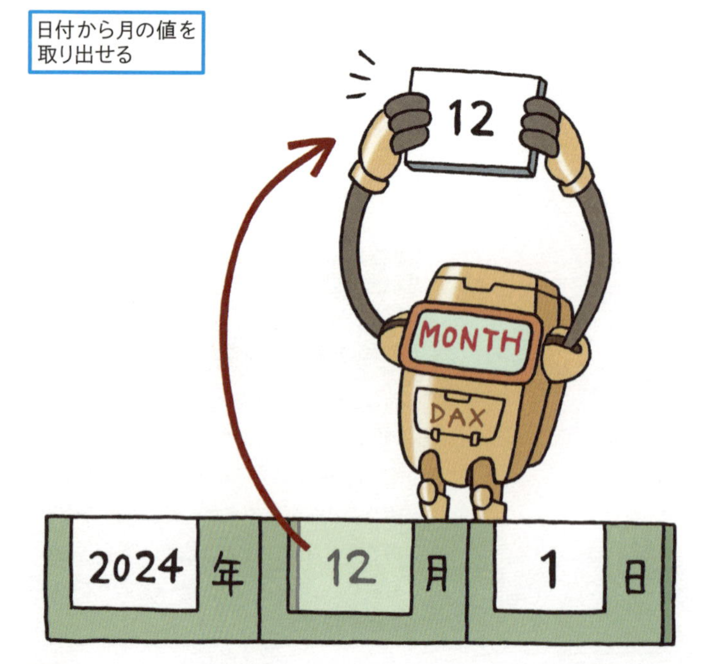

キーワード

&	P.215
データ型	P.217
日付テーブル	P.217

使いこなしのヒント

練習用ファイルの日付テーブルにある他の列は?

年度や四半期、並べ替え用の列などがIF関数などを使って既に作成されています。これらの列を作る関数の使い方は、第5章や第6章で紹介予定です。

時短ワザ

日付テーブルの最終行で日付を確認したい

日付テーブルは行数が多くなるため、スクロールで最終行を確認するのは大変です。どこかの列の値を選択した状態で、Ctrlキーを押しながら↓キーで最終行を確認できます。戻るときはCtrl+↑キーで戻りましょう。

練習用ファイル ▸ L016_列の追加.pbix

使用例 [Date] 列の日付から取り出した月の値に「月」をつなげて表示する

月の番号=MONTH([Date])&"月"

ポイント

日付　[Date] 列の日付の値を基に [月の番号] 列を作成するため [Date] 列を指定する

● Power BIの場合

[テーブルビュー] で [日付テーブル] を表示しておく

1 [テーブルツール] タブをクリック

2 [新しい列] をクリック

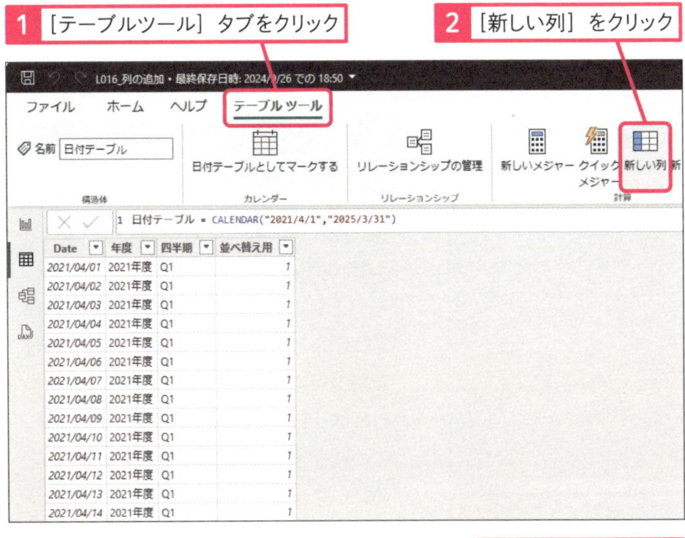

3 数式バーに上記の式を入力

4 Enter キーを押す

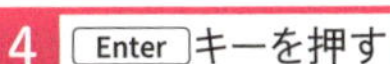

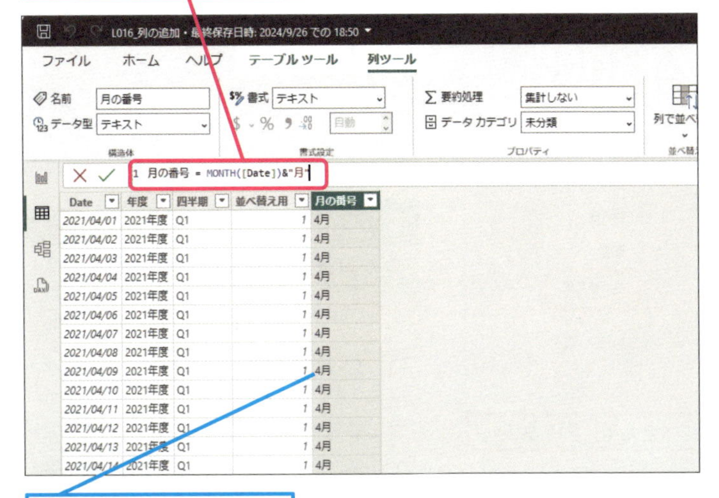

[月の番号] 列が追加された

スキルアップ

Power Pivotで「月の番号」列を作成するには

Power Pivotの日付テーブルに [月の番号] 列を追加しましょう。月の値の後ろに「月」が付くことで、見やすいピボットテーブルになります。

1 [列の追加] をダブルクリック

四半期	並べ替え用	列の追加
Q1	1	
Q1	1	
Q1	1	

2 「月の番号」と入力

四半期	並べ替え用	月の番号
Q1	1	
Q1	1	
Q1	1	

3 数式バーに「 = MONTH([Date])& "月"」と入力

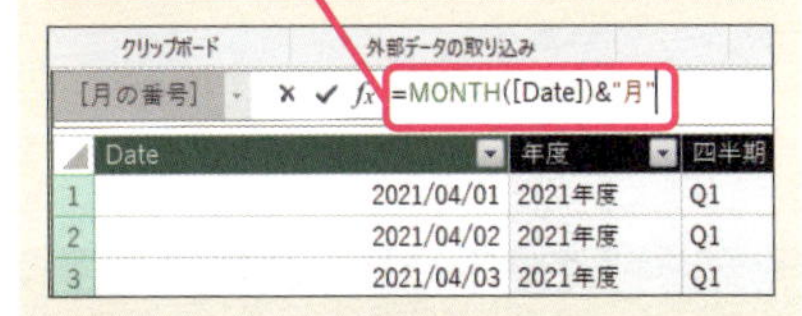

	Date	年度	四半期
1	2021/04/01	2021年度	Q1
2	2021/04/02	2021年度	Q1
3	2021/04/03	2021年度	Q1

4 Enter キーを押す

[月の番号] 列が作成された

使いこなしのヒント

[月の番号] 列のデータ型は?

MONTH関数で月の値を取り出すだけであれば、その列は数値として「整数型」で扱えます。しかし、文字列の「月」を追加したので [月の番号] 列は「テキスト型」となっており、この値を基にした計算は行えません。

レッスン

17 年度初めの月から順に並べる準備をしよう

列の並べ替え

練習用ファイル　L017_列の並べ替え.pbix／L017_列の並べ替え.xlsx

[列の並べ替え] を使うと、データを別の列の値を基準に並べ替えることができます。このレッスンでは、4月が期首となるデータを想定し、すでに作成されている [並べ替え用] 列の値の順に [月の番号] 列を並べ替える準備をします。

キーワード

ビジュアル	P.217
ピボットテーブル	P.218
フィールド	P.218

1 Power BIで [列の並べ替え] を設定する

[テーブルビュー] で表示しておく

1 [日付テーブル] の [月の番号] 列を選択

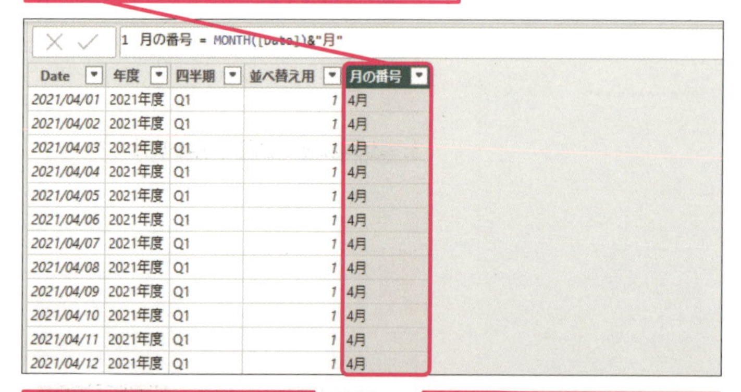

2 [列ツール] タブをクリック

3 [列で並べ替え] をクリック

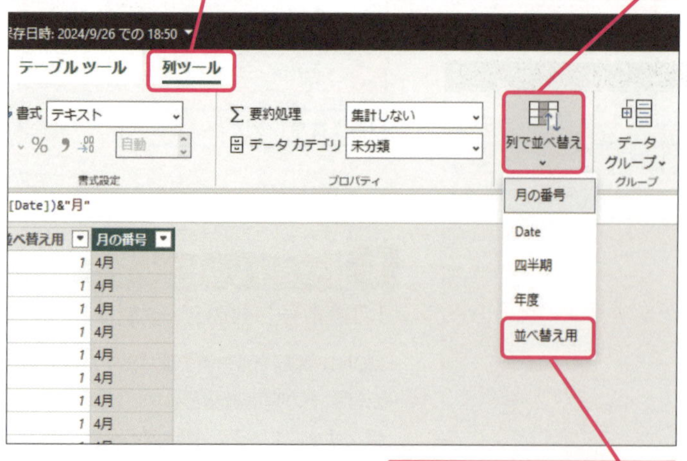

4 [並べ替え用] 列をクリック

[月の番号] が [並べ替え用] 列を基準に並べ替えられるよう設定された

使いこなしのヒント
[並べ替え用] 列はどんな列?

[並べ替え用] 列にはIF関数を使って、1～3月にはそれぞれの月の値に9足した値を、4～12月にはそれぞれの値から3引いた値を表示させています。つまり、4月の日付を持つ行には「1」が、3月の日付を持つ行には「12」が入っています。そのため、この列を基準に昇順に並べ替えると、このテーブルのデータは4月～3月に向かって並べ替わるのです。

使いこなしのヒント
見た目は何も変わらないけれど…

テーブル上で並べ替え列の設定をしても、このテーブルの表示が並び替わるわけではありません。ビジュアルやピボットテーブルで [月の番号] の列をフィールドとして利用したときに、[並べ替え用] 列を基準に並び替わります。

2 Power Pivotで［列の並べ替え］を設定する

［テーブルビュー］で表示しておく

1 ［月の番号］列を選択

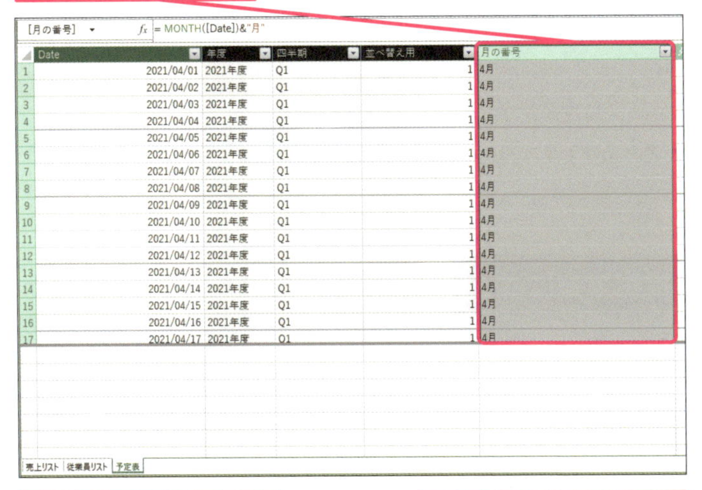

2 ［ホーム］タブをクリック

3 ［列で並べ替え］クリック

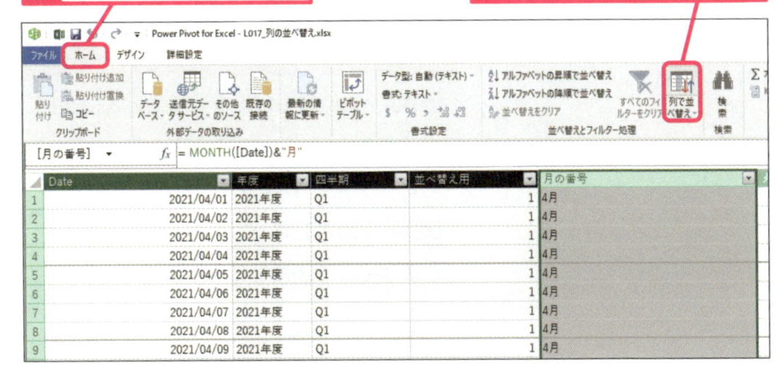

［列で並べ替え］ダイアログボックスが表示された

4 ［並べ替え］で［月の番号］が選択されていることを確認

5 ［グループ化］で［並べ替え用］を選択

列で並べ替え

並べ替える列と並べ替えの基準にする列を選択します (たとえば、月の番号に基づいて月の名前を並べ替えます)。他のテーブルの列で並べ替えを行う方法については、下のリンクをクリックしてください。

並べ替え

列

月の番号

グループ化

列

並べ替え用

別のテーブルの列で並べ替えを行う方法

OK　キャンセル

6 ［OK］をクリック

［月の番号］が［並べ替え用］列を基準に並べ替えられるよう設定された

使いこなしのヒント

フィルターボタンで表示内容を切り替えられる

行ラベルにある［▼］フィルターボタンをクリックすると、集計されている列のアイテムごとに表示を切り替えることができます。「＋」が付いている項目は、クリックすると開いて下の階層のアイテムを表示できます。また、チェックボックスを使ってチェックをオン／オフすることで表示／非表示を切り替えられます。

1 ［フィルター］ボタンをクリック

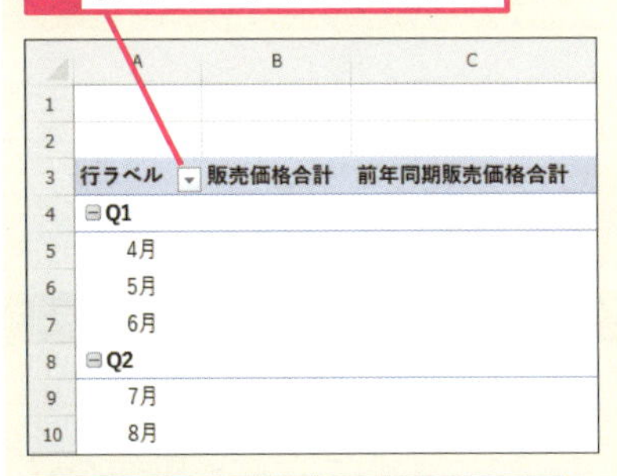

昇順や降順での並べ替えの他、フィールドに表示するアイテムを変更できる

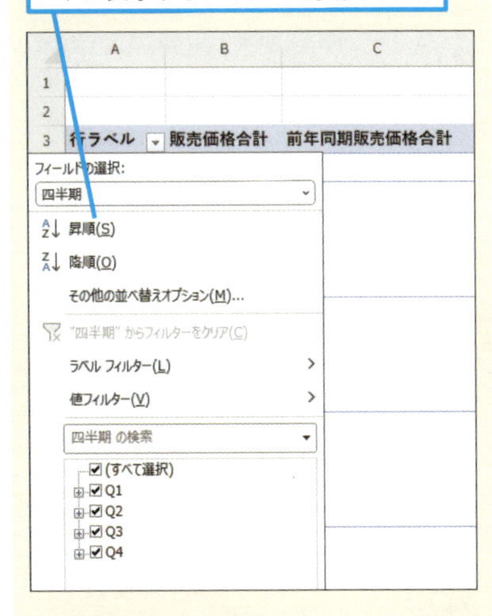

レッスン
18 日付テーブルとして指定しよう

日付テーブルとしてマーク

練習用ファイル L018_日付テーブル指定.pbix／L018_日付テーブル指定.xlsx

日付テーブルを正しく機能させるためには［日付テーブルとしてマーク］という処理で、データモデルの中でこのテーブルが日付テーブルとして扱われる、ということを指定する必要があります。また、リレーションシップの設定も必要です。

1 Power BIで日付テーブルを指定するには

［テーブルビュー］で［日付テーブル］テーブルを表示しておく

1 ［テーブルツール］タブをクリック

2 ［日付テーブルとしてマークする］をクリック

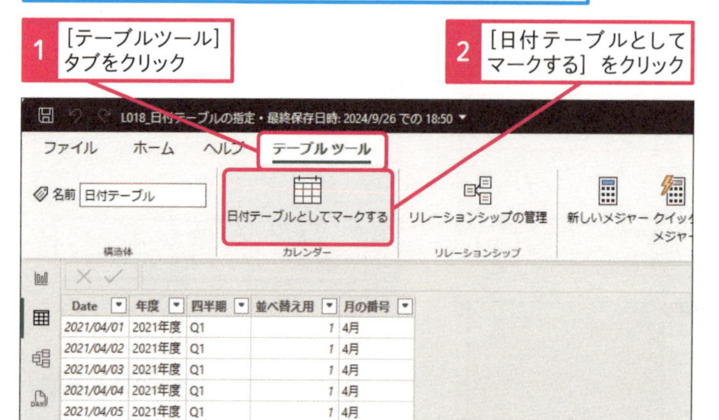

Date	年度	四半期	並べ替え用	月の番号
2021/04/01	2021年度	Q1	1	4月
2021/04/02	2021年度	Q1	1	4月
2021/04/03	2021年度	Q1	1	4月
2021/04/04	2021年度	Q1	1	4月
2021/04/05	2021年度	Q1	1	4月

［日付テーブルとしてマーク］画面が表示された

3 トグルを［オン］に設定

4 ［日付列を選択する］で［Date］を選択

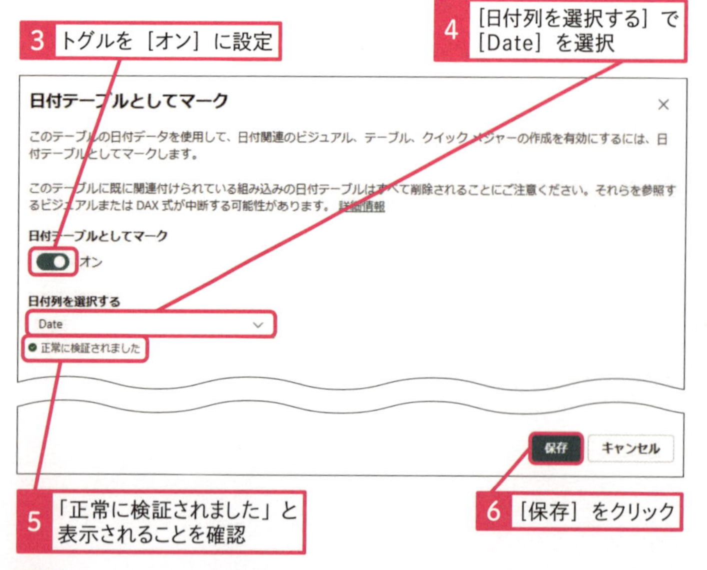

5 「正常に検証されました」と表示されることを確認

6 ［保存］をクリック

キーワード

ここに注意

操作4［日付列を選択する］のときに選択する列は、データ型が「日付型」になっている必要があります。シリアル値が数値型になってしまっていると正しく設定できませんので注意してください。

使いこなしのヒント

「正常に検証されました」って?

日付テーブルは時系列の集計のために必要となる特殊なテーブルです。そのため日付テーブルとして使用するテーブルにはいくつかの条件があり、それが正しく設定されているかチェックしています。

● リレーションシップを設定する

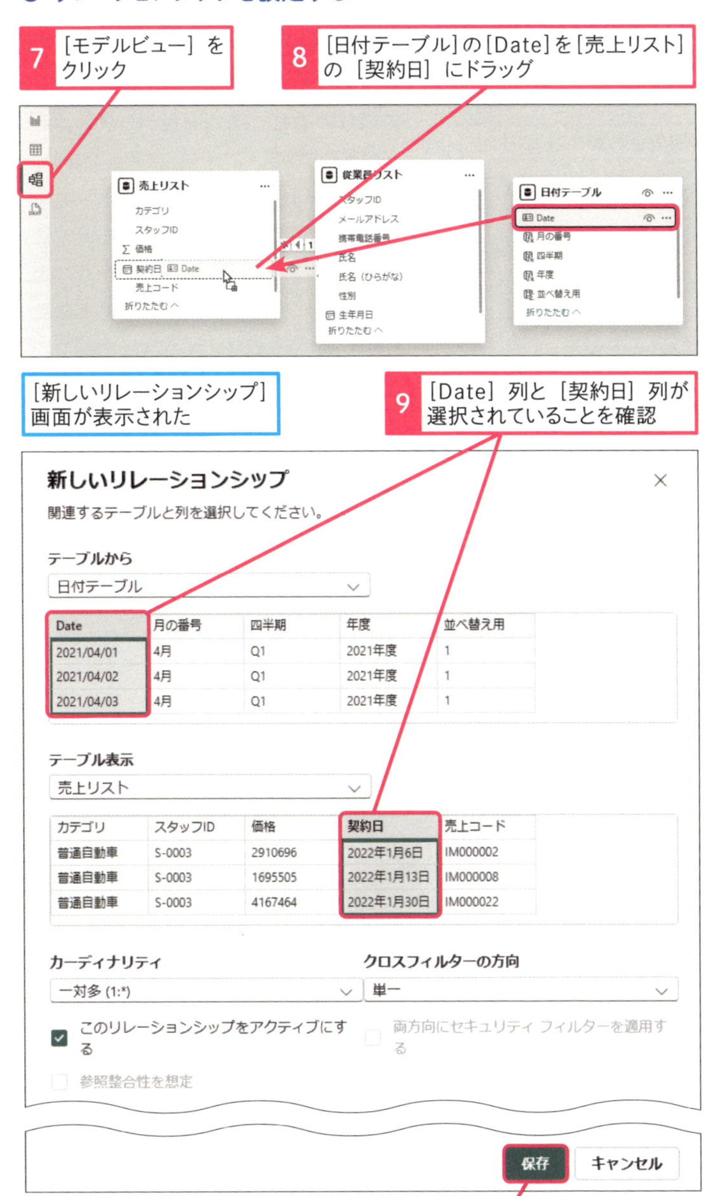

Date	月の番号	四半期	年度	並べ替え用
2021/04/01	4月	Q1	2021年度	1
2021/04/02	4月	Q1	2021年度	1
2021/04/03	4月	Q1	2021年度	1

カテゴリ	スタッフID	価格	契約日	売上コード
普通自動車	S-0003	2910696	2022年1月6日	IM000002
普通自動車	S-0003	1695505	2022年1月13日	IM000008
普通自動車	S-0003	4167464	2022年1月30日	IM000022

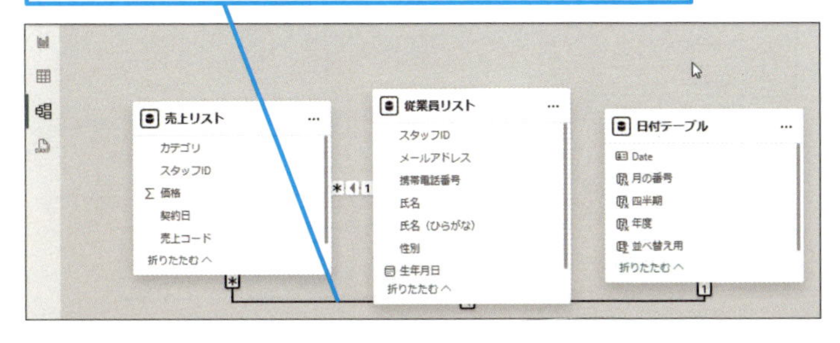

使いこなしのヒント

日付テーブルの名前に決まりはある?

日付テーブルの名前に決まりはありません。分かりやすい名前を付けましょう。

使いこなしのヒント

どうしてリレーションシップを設定するの?

作ったばかりの日付テーブルは、データモデルの中で独立した存在です。他のテーブル同様、リレーションシップを設定することで、他のテーブルと関連付けられて、集計で利用できるようになります。

2 Power Pivotで日付テーブルを指定する

Power Pivot画面で［予定表］テーブルを表示しておく

1 ［デザイン］タブをクリック

2 ［日付テーブルとしてマーク］クリック

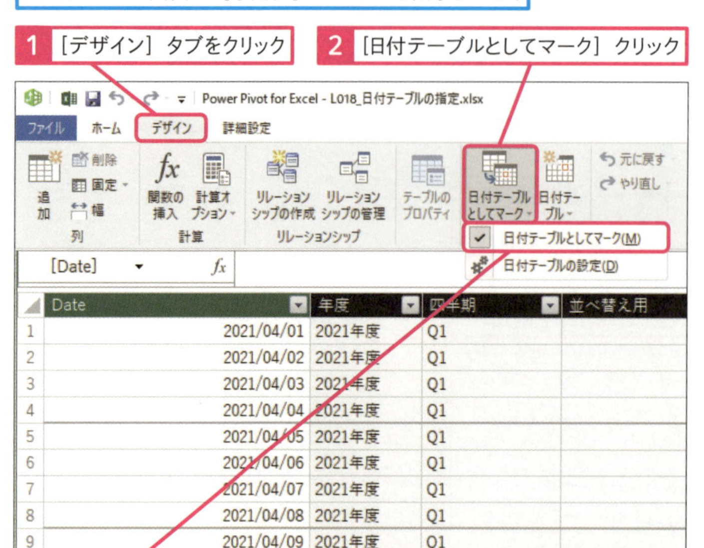

	Date	年度	四半期	並べ替え用
1	2021/04/01	2021年度	Q1	
2	2021/04/02	2021年度	Q1	
3	2021/04/03	2021年度	Q1	
4	2021/04/04	2021年度	Q1	
5	2021/04/05	2021年度	Q1	
6	2021/04/06	2021年度	Q1	
7	2021/04/07	2021年度	Q1	
8	2021/04/08	2021年度	Q1	
9	2021/04/09	2021年度	Q1	
10	2021/04/10	2021年度	Q1	

3 ［日付テーブルとしてマーク］にチェックがあることを確認

リレーションシップを設定する

4 ［ホーム］タブをクリック

5 ［ダイアグラムビュー］をクリック

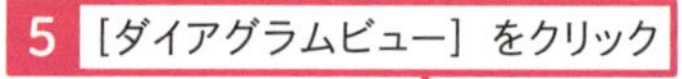

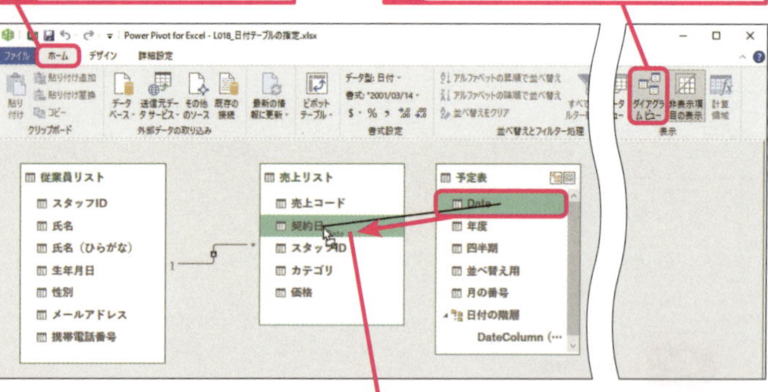

6 ［予定表］の［Date］を［売上リスト］の［契約日］にドラッグ

［予定表］の［Date］と［売上リスト］の［契約日］にリレーションシップが設定された

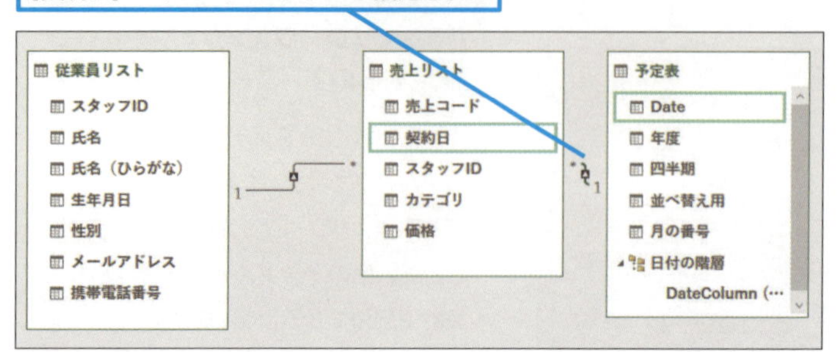

使いこなしのヒント

設定していないのに［日付テーブルとしてマーク］されていたのはなぜ？

この章の手順では、［日付テーブル］を［新規作成］のメニューを使用したため、Power Pivotの場合、作成されたテーブルはその時点で日付テーブルとしてマークされています。ただし、Excelで作成して読み込んだテーブルを日付テーブルとして使用するような場合には、このレッスンの手順にある［日付テーブルとしてマーク］のボタンを使って指定してください。

使いこなしのヒント

設定したリレーションシップが正しいか分からないときは？

フィールド同士をドラッグでつなぐため、正しく設定されたか判断できないときは、リレーションシップを表す線をポイントしましょう。それぞれのテーブルの中でつながれているフィールドが強調表示されるので簡単に確認できます。

1 リレーションシップの線にマウスポインターを合わせる

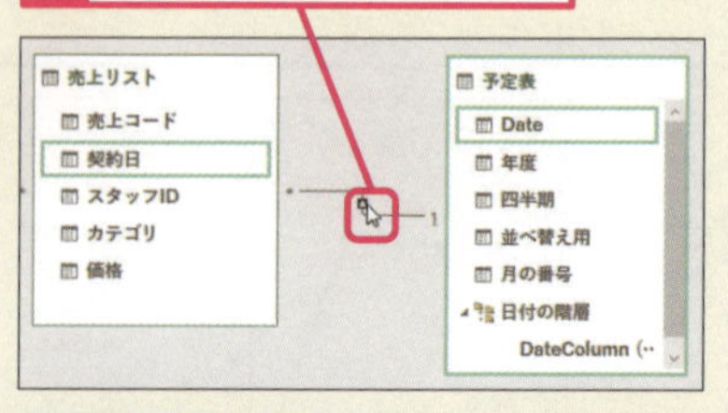

関連付けされているフィールドが強調表示された

スキルアップ

データの無いアイテムも表示するには

この章の手順だけでは、2021年度の4月から12月や、2024年度の9月から3月のように、データの無いアイテムを表示することができません。これらを表示するには以下の手順が必要です。

● Power BIの場合

1 ビジュアルを選択

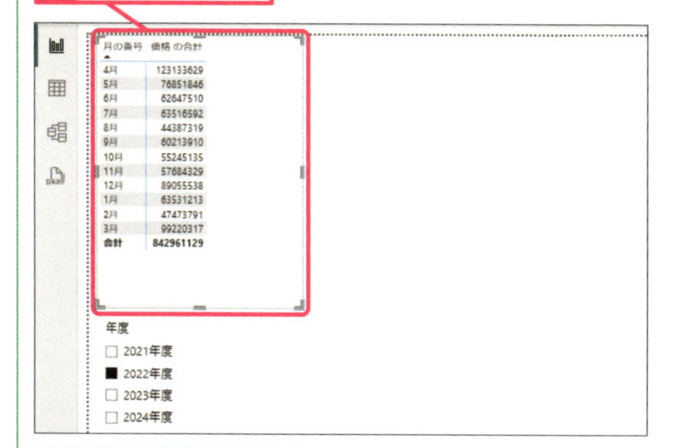

2 [行]にある[月の番号]フィールドを右クリック

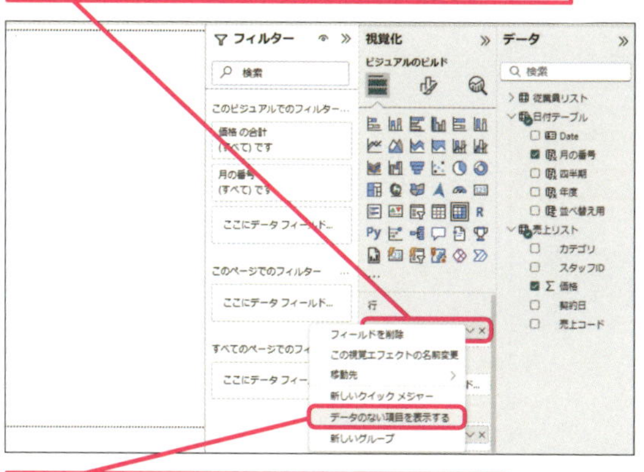

3 [データの無い項目を表示する]をクリック

スライサーで2021年度や2024年度に切り替えると、データの無い項目も表示されることが確認できる

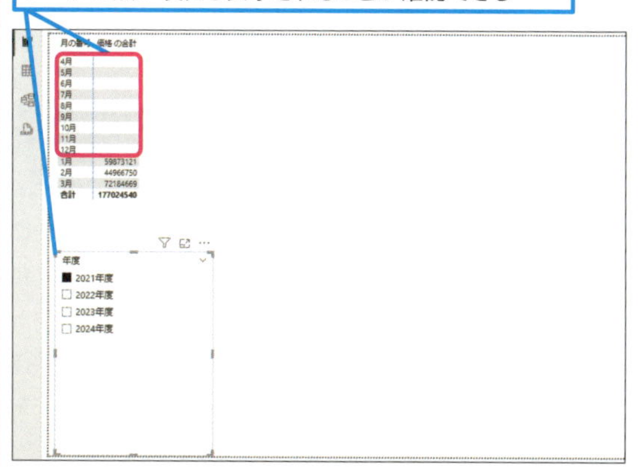

● Power Pivotの場合

1 ピボットテーブル内のセルを右クリック

2 [ピボットテーブルオプション]をクリック

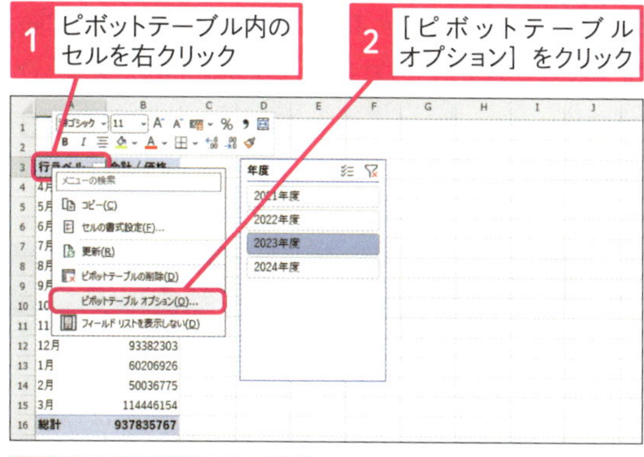

3 [表示]タブをクリック

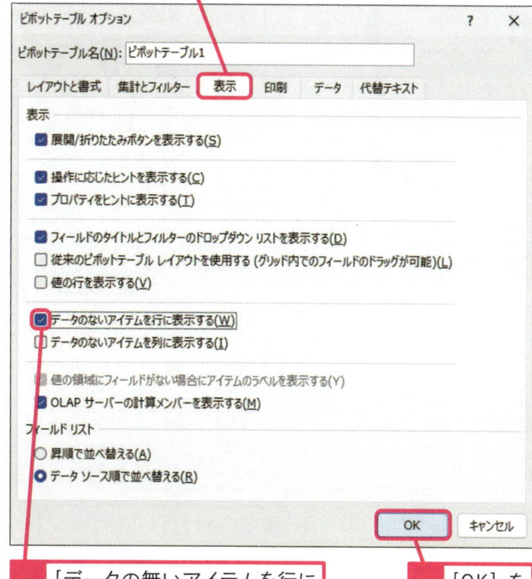

4 [データの無いアイテムを行に表示する]にチェックを付ける

5 [OK]をクリック

スライサーで2021年度や2024年度に切り替えると、データの無い項目も表示されることが確認できる

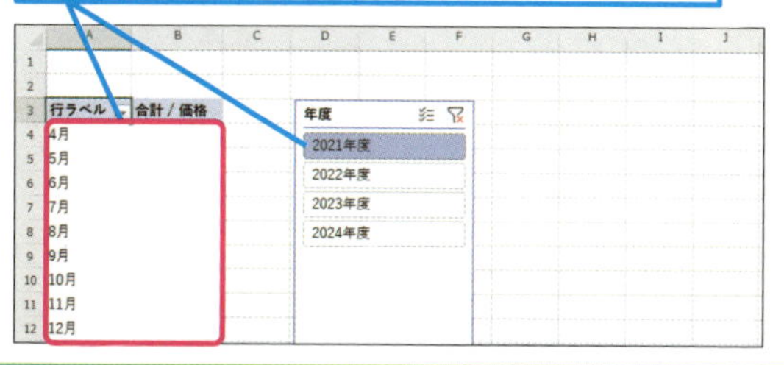

レッスン

19 時系列の集計をしよう

時系列の集計

練習用ファイル L019_時系列の集計.pbix / L019_時系列の集計.xlsx

日付テーブルを作成したので、データモデルの中で時系列の集計をしやすくなりました。作成した［月の番号列］を使ってデータを集計してみましょう。またスライサーを追加して、年度ごとの集計結果も表示させましょう。

キーワード

1 Power BIで日付テーブルを使って集計をする

レポートビューで表示しておく

1 追加されているビジュアルを選択

2 ［売上リスト］の［価格］を［値］にドラッグ

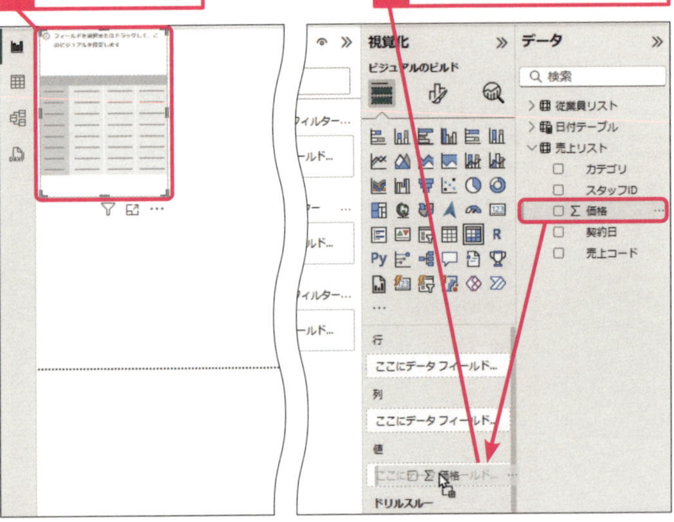

3 ［日付テーブル］の［月の番号］を［行］にドラッグ

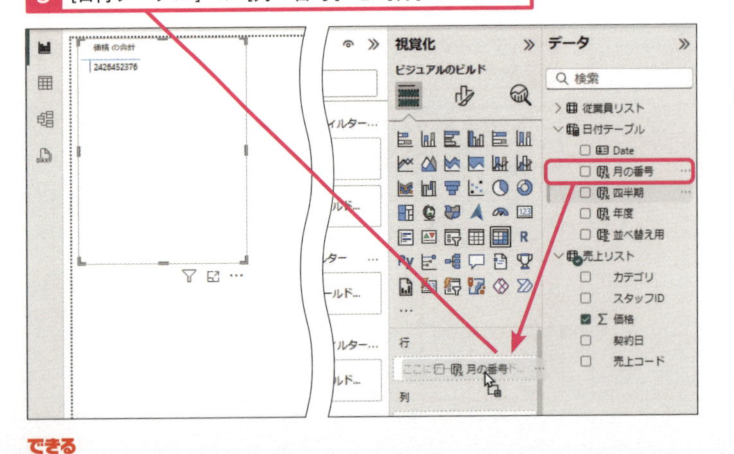

用語解説

スライサー

スライサーはビジュアルに必要なデータのみ取り出した結果を表示させるフィルターの一種です。ページ内にオブジェクトとして配置できるため、Power BIの操作に慣れない人でも直感的にフィルターを利用することができます。

● 各月の売上価格が集計された

マトリックスの集計行が4月から3月に向けて並んでいる

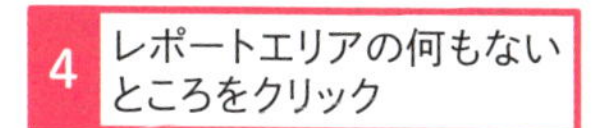

4 レポートエリアの何もないところをクリック

5 [視覚化] ペインで [スライサー] をクリック

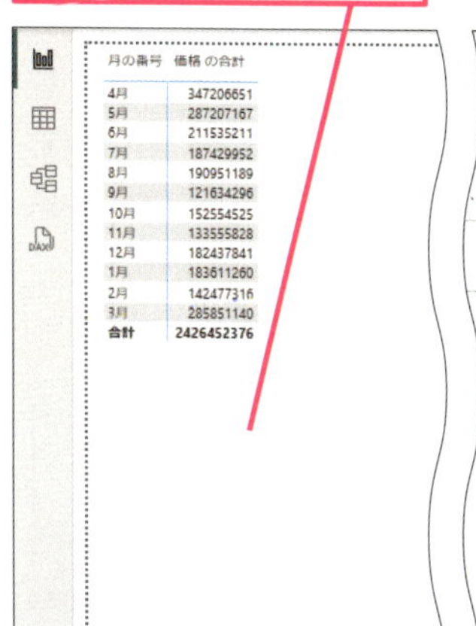

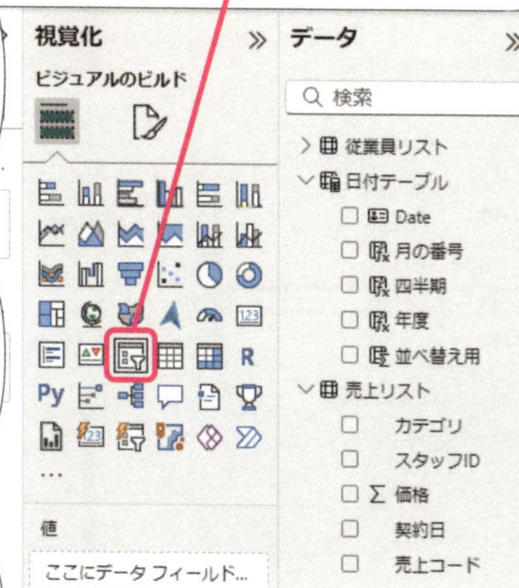

スライサーが追加された

6 [日付テーブル] の [年度] を [フィールド] にドラッグ

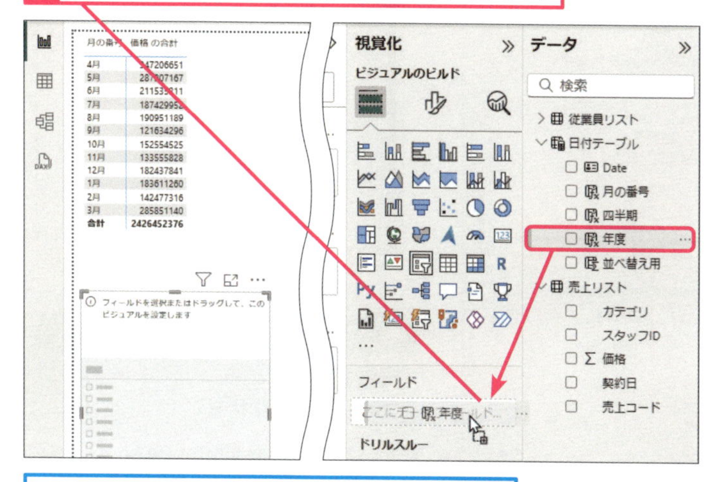

スライサーの各年度をクリックすると集計結果が変わる

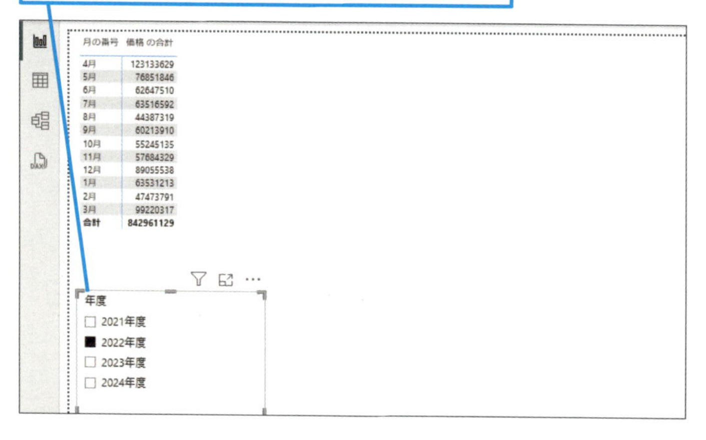

使いこなしのヒント

Power BIではスライサーの種類を選択できる

Power BIではスライサーのスタイルを変更できます。[視覚化] ペインの [ビジュアルの書式設定] で [スライサーの設定] を選択すると、[オプション] の中に [スタイル] があります。練習用ファイルでは [バーティカルリスト] を選択していますが、他にもスタイルがありますので試してみましょう。

スライサーの種類を選択できる

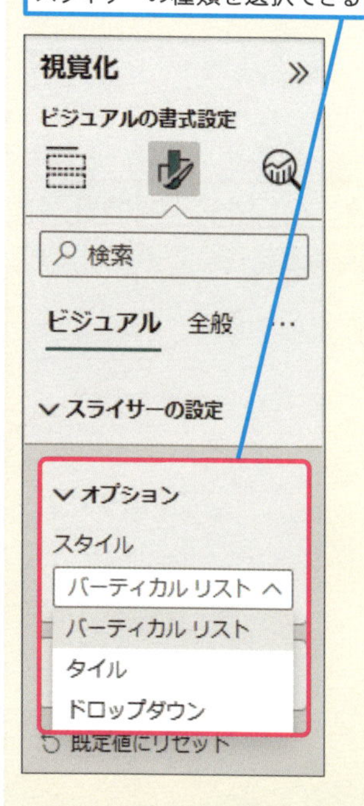

使いこなしのヒント

Power BIのスライサーで複数の項目を選択するには

[視覚化] ペインの [ビジュアルの書式設定]、[スライサーの設定] で [選択項目] を開くと、項目の選択に関する設定を変更できます。Ctrlキーを使っての複数選択とクリックのみで複数選択を切り替えることも可能です。また、[単一選択] をオンにすることで複数選択をさせないようにすることもできます。

2 Power Pivotで日付テーブルを使って集計をする

1 ［売上リスト］の［価格］を［値］ボックスにドラッグ

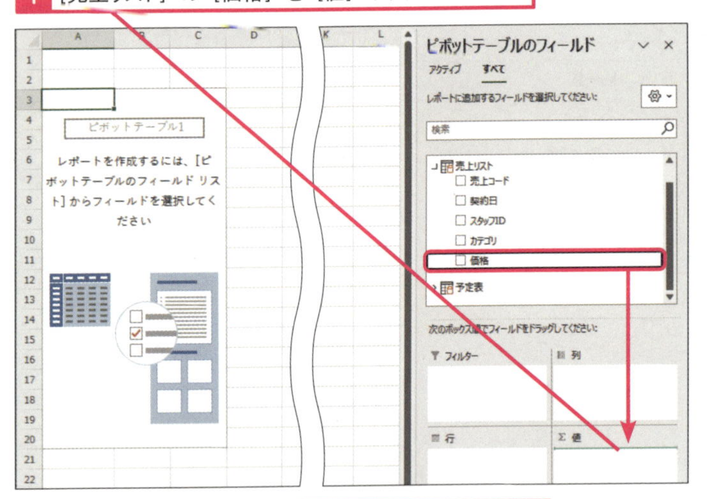

2 ［予定表］テーブルの［その他のフィールド］をクリック

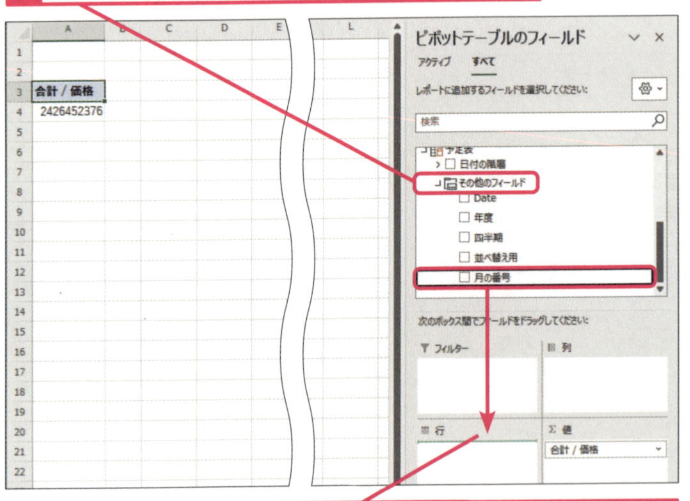

3 ［月の番号］を［行］ボックスにドラッグ

4月から順に並んだピボットテーブルが表示された

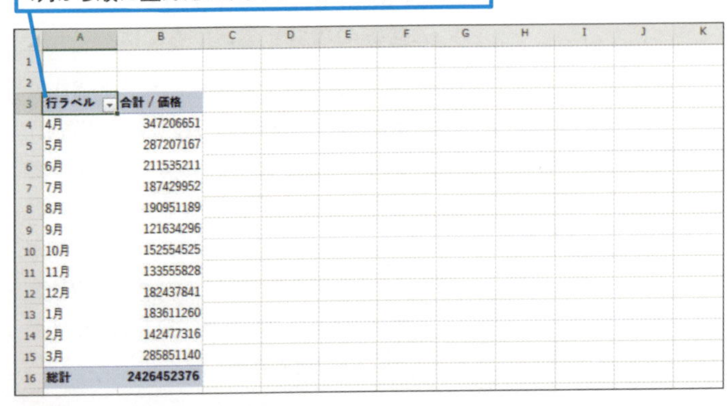

行ラベル	合計 / 価格
4月	347206651
5月	287207167
6月	211535211
7月	187429952
8月	190951189
9月	121634296
10月	152554525
11月	133555828
12月	182437841
1月	183611260
2月	142477316
3月	285851140
総計	2426452376

使いこなしのヒント

作業ウィンドウのレイアウトを変えられる

Power Pivotではフィールドリストが長くなり、必要なフィールドを探すのが難しい場合があります。設定メニューから［フィールドセクションを左、エリアセクションを右に表示］を選択すると、各ボックスの配置が変更され使いやすくなります。

［ツール］ボタンから変更できる

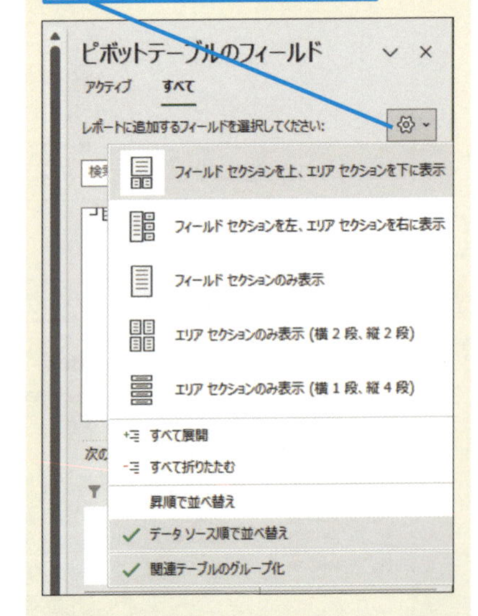

使いこなしのヒント

検索ボックスからフィールドを探せる

フィールド名を覚えている場合には、［検索ボックス］にフィールド名を入力すれば素早く目的のフィールドを見つけることができます。

探したいフィールドの名前を入力する

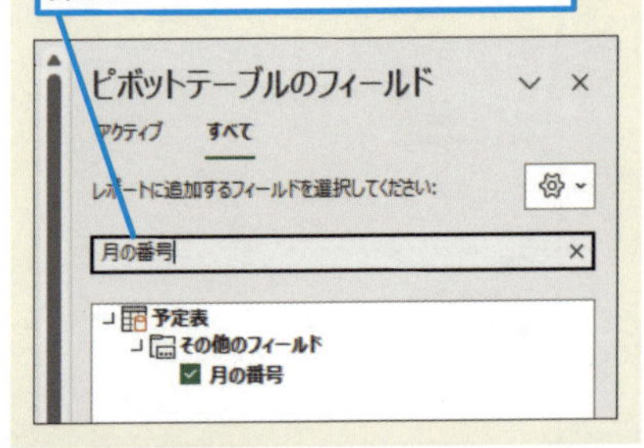

● スライサーを挿入する

4 ［ピボットテーブル分析］タブをクリック

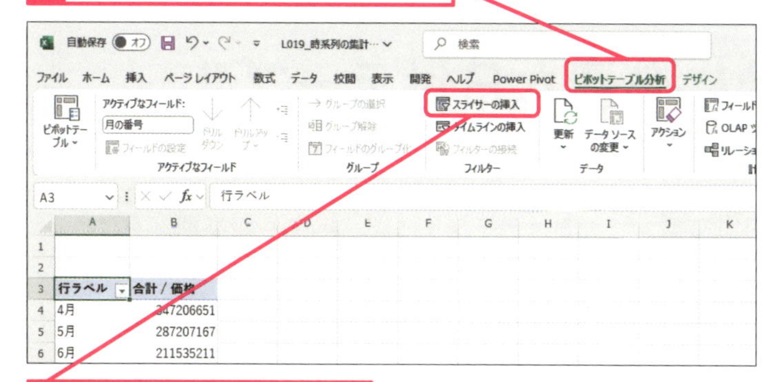

5 ［スライサーの挿入］をクリック

［スライサーの挿入］ダイアログボックスが表示された

6 ［その他のフィールド］をクリック

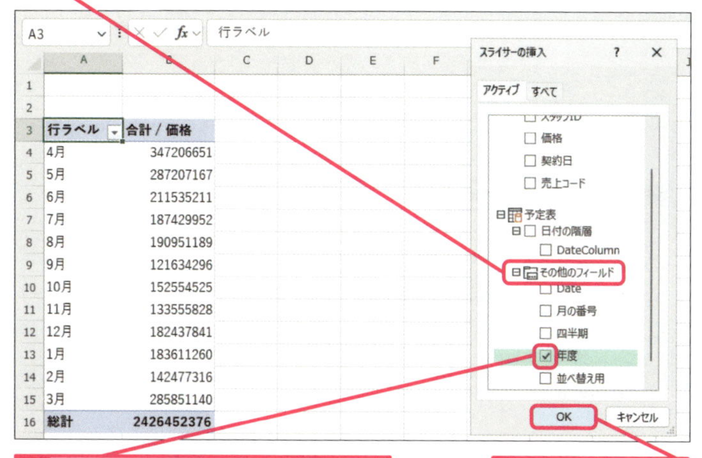

7 ［年度］フィールドにチェックを付ける

8 ［OK］をクリック

スライサーが挿入された

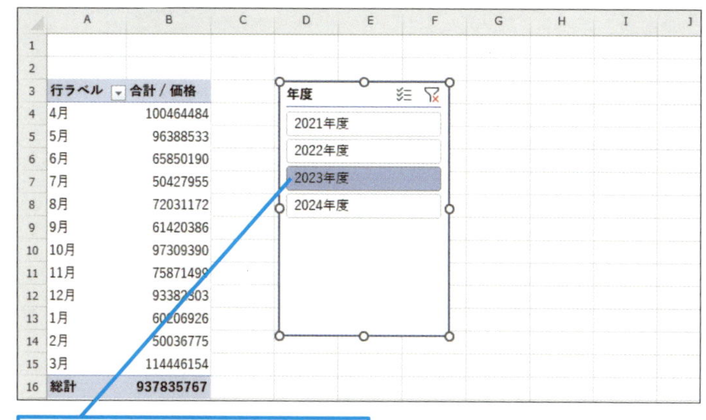

スライサーの各年度をクリックすると、ピボットテーブルの集計結果が変わる

使いこなしのヒント

スライサーの色を変更するには

スライサーの色は、対象となるスライサーを選択した状態で［スライサー］タブ-［スライサー］で変更できます。

［スライサーのスタイル］で変更できる

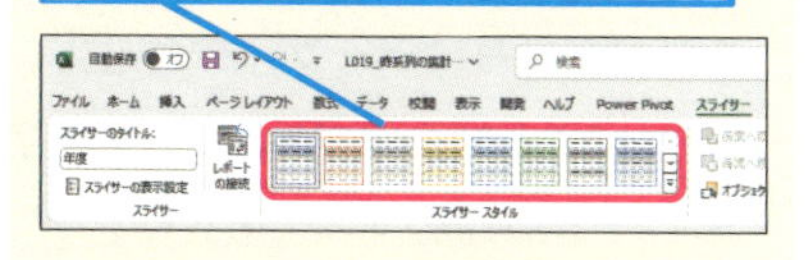

使いこなしのヒント

スライサーのサイズを変更するには

スライサーのハンドルをドラッグすると、スライサーのサイズを調整できます。使いやすい大きさにして、分かりやすい場所に配置しましょう。

使いこなしのヒント

スライサーで複数の項目を選択するには

Power Pivotではスライサーの右上にある［複数選択］のボタンをクリックすることで、複数選択と単一選択を切り替えられます。

この章のまとめ

時系列の集計に必要な日付テーブル

この章では日付テーブルの作り方、使い方を学びました。日付テーブルとして利用するためには、集計する範囲のすべての日付を一つの列に持っていること、「日付テーブルとしてマーク」すること、リレーションシップの設定が必要でした。また日付テーブルには、年度や四半期、月など、集計にフィールドとして利用する列を作ることも必要です。データ集計には時系列での集計が欠かせません。日付テーブルの役割を理解し、活用できるようにしましょう。

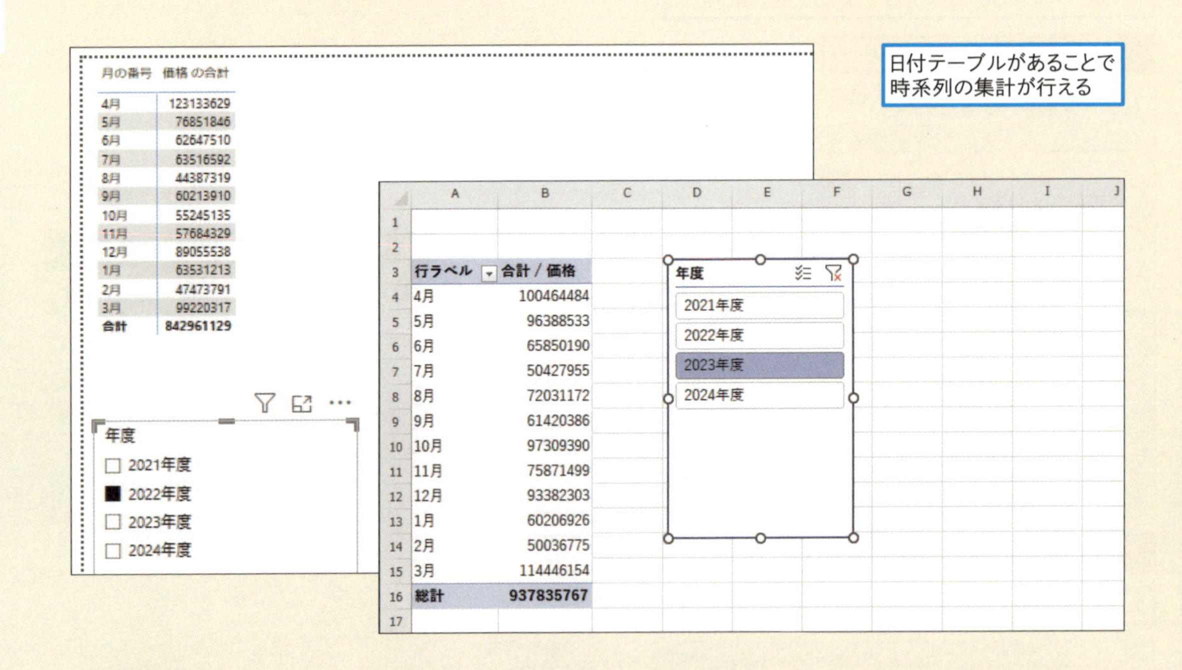

日付テーブルを作ることもだけど、日付テーブルの中に「並べ替え用」の列を作成するってところも大切だね。

確かに、並べ替えを設定する方法を知らないと、ビジュアルやピボットテーブル上であれこれ並べ替えようとして、ドツボにはまりそう……。

重要性に気付いてもらえてよかった！　会社の「年度」や「四半期」での集計はよく行われるから、日付テーブルの作り方と、基準となる列を用意して、並べ替える方法はしっかり覚えておいてね。

活用編

第4章

データ集計によく使われる関数を習得しよう

これまでにご紹介したSUM関数やSUMX関数による合計の他にも、最大値を求める、平均値を求めるなど、データ集計によく使われる関数があります。この章ではまずそれらの関数を覚えて、DAXによる基本的な集計ができるようにしましょう。

レッスン
20 Introduction この章で学ぶこと
活用場面の多い関数を覚えよう

本章では、データ集計によく使われる関数を紹介します。このような関数は、集計表の列に指定するメジャーに使うなど、Power BIとExcel Power Pivot両方とも活用する場面が多いです。ここでは、本章で登場する主な関数について紹介します。

引数に列を指定するシンプルな関数

第2章で覚えたSUM関数やRELATED関数も引数に列を指定する関数でしたね。

この章でもそういったシンプルで覚えやすい関数で、使う場面も多いものを解説していくよ。

● MAX関数

列の中から最大の値を取り出すメジャー。［行］に指定したフィールドの最大値を集計できる

	A	B
1		
2		
3	行ラベル	最大販売額
4	すいすい万年筆　黒（10本入り）	96,000
5	すいすい万年筆　青（10本入り）	108,000
6	すらすらボールペン　黒（12本入り）	39,600
7	すらすらボールペン　赤（12本入り）	52,800
8	パンダ封筒３枚入り（5セット）	9,000
9	パンダ便せん（5冊）	15,000
10	フラワーレターセット（10セット）	80,000
11	ミニレターセット（12セット）	20,000
12	五色ボールペン　木目（５本入り）	38,400
13	字が上手になる筆ペン　（10本入り）	28,000
14	総計	108,000
15		
16		

● DISTINCTCOUNT関数

指定した列にある一意の値の数を求めるメジャー。アイテムの数をカウントできる

	A	B	C
1			
2			
3	行ラベル	アイテム数	販売されたアイテム数
4	ペン	6	5
5	レター	4	3
6	総計	10	8
7			
8			
9			

「一意の値」ってことは、同じものがある場合は、一度だけ数えるってことですね。

行ごとの計算結果からさらに値を取り出せる

そして、この章でも「X」が付く関数をいくつか説明するよ！

出た！　イテレータ関数ですね。

● MAXX関数

行ごとの計算結果から最大の値を取り出せる

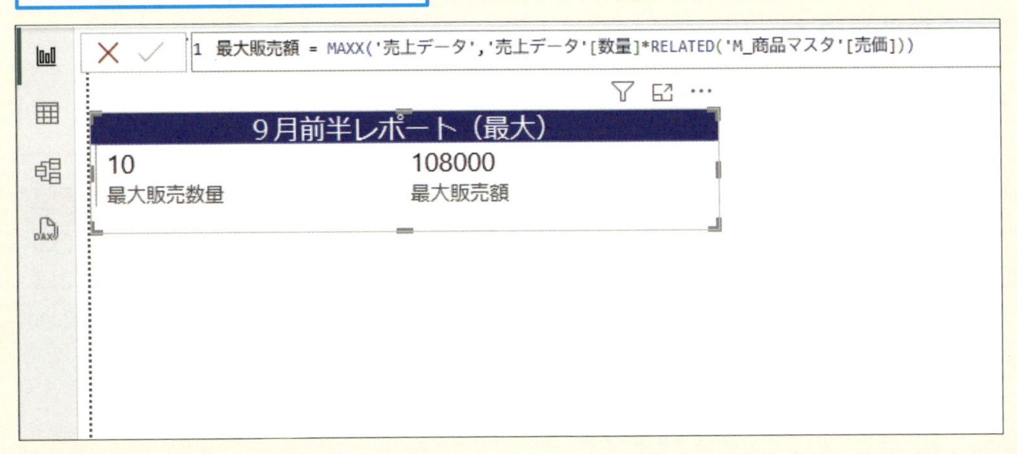

● AVERAGEX関数

行ごとに計算した結果の平均を求められる

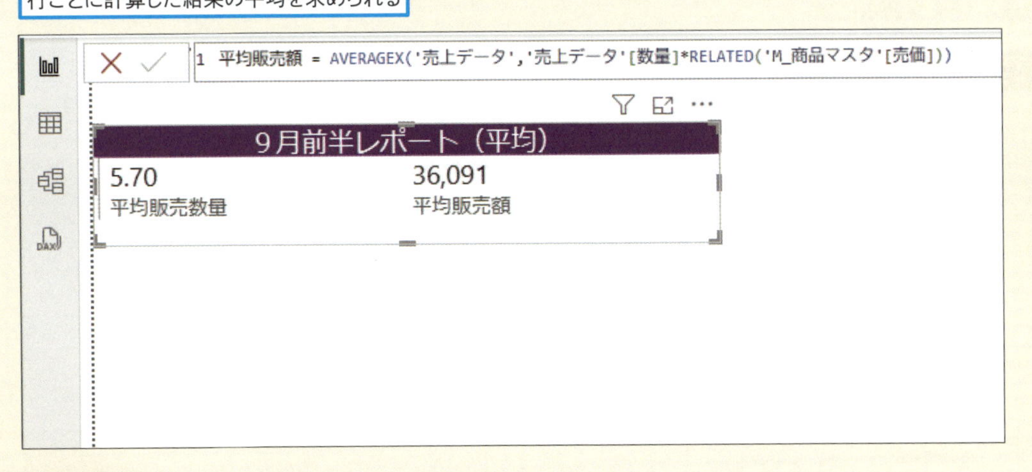

ビジュアルやピボットテーブルのフィルターに対応し、アイテムごとの最大値や平均値を取り出せるから、集計表にもよく使われるよ。この章でしっかり覚えよう！

レッスン
21 列の中にある最大値を求める

MAX関数

MAX関数を使うと、指定した列の中から最大の値を取り出すことができます。このレッスンでは、［売上データ］テーブルの［数量］列から最大値を取り出すメジャーを作成します。ビジュアルやピボットテーブルで、アイテムごとの最大値を表示できます。

集計関数 対応アプリ Power BI Power Pivot

列内の最大の数値を返す

=MAX(ColumnName)

MAX関数はExcelワークシートで使用するMAX関数と似ています。ビジュアルやピボットテーブルのフィルターに対応し、アイテムごとの最大値を取り出すことができるのがDAX関数ならではの使い方です。

キーワード

アイテム	P.216
フィルター	P.218
ページフィルター	P.218

引数

ColumnName　最大値を求める列の名前を指定する

使いこなしのヒント

列の中の最小値を求めるには

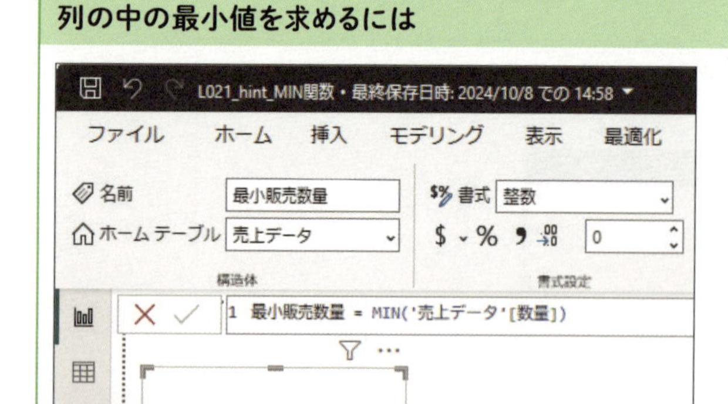

列の中の最小値を求めるときは「MIN関数」を利用します。引数の指定の仕方など、使い方はMAX関数と同じです

列内の最小の数値を返す
=MIN(ColumnName)

［数量］列の中から最小値を取り出す
=MIN('売上データ'[数量])

練習用ファイル ▸ L021_MAX関数.pbix ／ L021_MAX関数.xlsx

使用例 ［数量］列の中から最大値を取り出す

=MAX('売上データ'[数量])

ポイント

ColumnName　アイテムごとの最大の販売数量を求めるため［数量］列を指定する

● Power BIの場合

1 ［売上データ］テーブルに上記式の「最大販売数」というメジャーを作成

2 ビジュアルを選択し、［最大販売数］を［フィールド］に追加

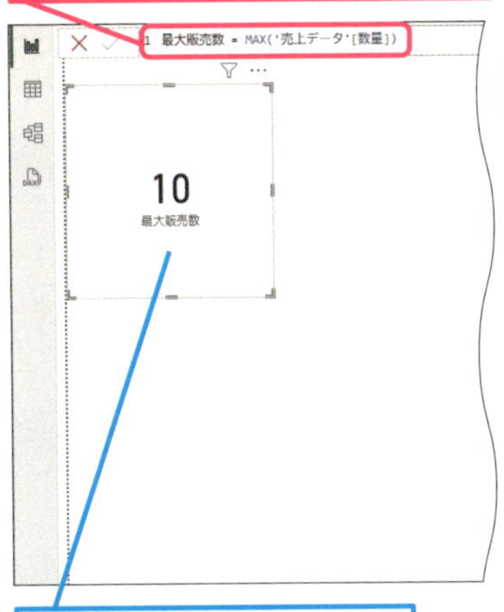

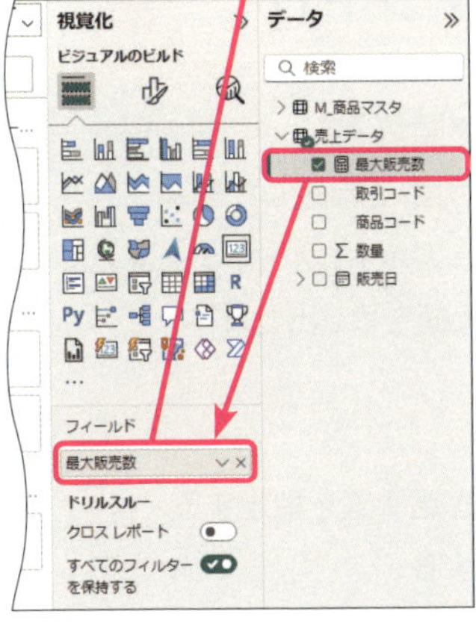

［数量］の最大値が表示された

● Power Pivotの場合

1 ［売上データ］テーブルに上記式の「最大販売数量」というメジャーを作成

2 フィールドリスト内の［最大販売数量］を［値］ボックスに追加

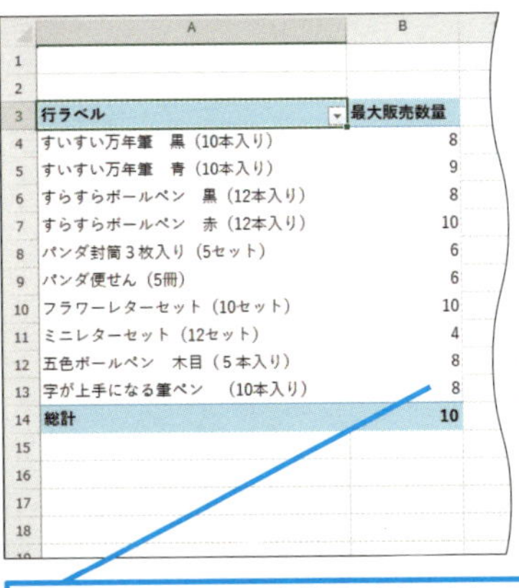

行ラベル	最大販売数量
すいすい万年筆　黒（10本入り）	8
すいすい万年筆　青（10本入り）	9
すらすらボールペン　黒（12本入り）	8
すらすらボールペン　赤（12本入り）	10
パンダ封筒３枚入り（5セット）	6
パンダ便せん（5冊）	6
フラワーレターセット（10セット）	10
ミニレターセット（12セット）	4
五色ボールペン　木目（５本入り）	8
字が上手になる筆ペン　（10本入り）	8
総計	10

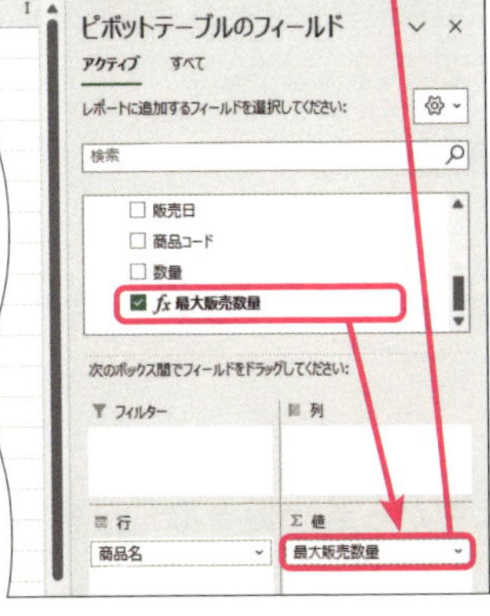

［商品名］ごとの最大数量が求められる

使いこなしのヒント

最も新しい日付を求めるときは

日付の列から最も新しい日付の値を求める場合にも、MAX関数がよく使われます。最も古い日付を求めるにはMIN関数を使用します。最も新しい日付や古い日付を求めると、その日を基準にした期間を求めることができるようになります。

使いこなしのヒント

フィルターで各アイテムの最大値を確認しよう

ページのフィルターを使って商品ごとの最大販売数を表示できます。カードに表示される数値が切り替わることを確認しましょう。

1 ページフィルターで最大値を見たい商品名をクリックする

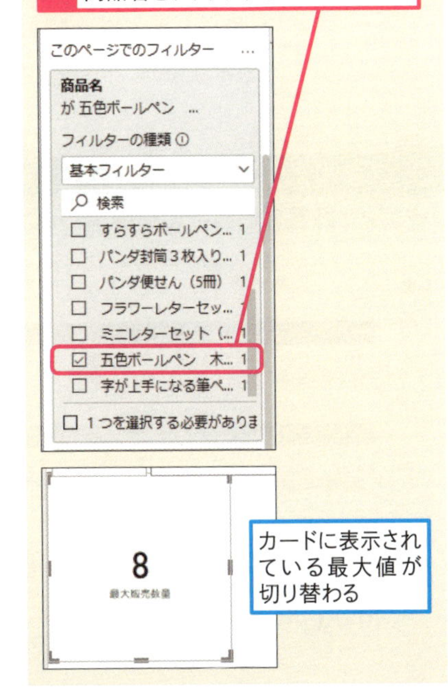

カードに表示されている最大値が切り替わる

レッスン

22 行ごとの計算結果から最大値を求める

MAXX関数

MAXX関数を使うと、行ごとの計算結果から最大の値を取り出すことができます。このレッスンでは、［売上データ］テーブルを元に［数量］列と［M_商品マスタ］テーブルの［売価］列の値を掛けて販売額を求め、その最大の値を取り出すメジャーを作成します。

集計関数　対応アプリ Power BI Power Pivot

テーブルの行ごとに計算した結果の最大値を返す

=MAXX(表, 式, [バリアント])

MAX関数は、SUMX関数のようにイテレータ関数です。1つ目の引数として指定したテーブルを基に、2つ目の引数で指定した計算を行い、その結果の最大値を求めます。ビジュアルやピボットテーブルのフィルターに対応し、アイテムごとの最大値を取り出せます。

引数

表	テーブル、またはテーブルを返す式を指定する
式	行ごとに計算する式を指定する
バリアント	式の結果に文字列などが含まれる場合、「True」を指定し並べ替え順の最大値を求める。省略可。（本書執筆時、Power Pivotでは使用できません）

キーワード

テーブル　P.217
ビジュアル　P.217
ピボットテーブル　P.218

用語解説

イテレータ関数

イテレータ関数とは、計算の値となるテーブルを基に、行ごとに計算した結果に対し集計を行う関数です。詳細はSUMX関数を紹介したレッスン09を参照してください。

スキルアップ

行ごとに計算した最小の値を求めるには

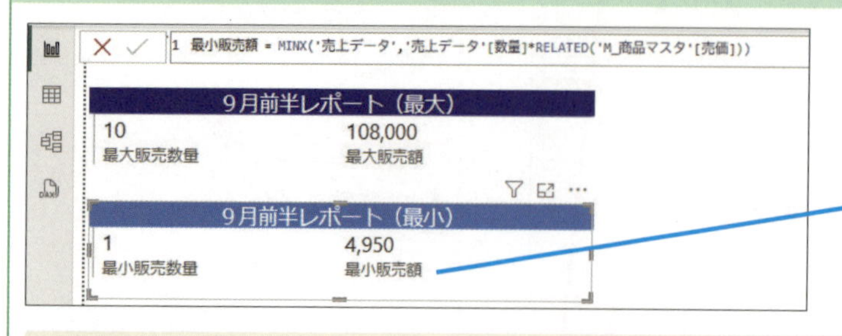

行ごとに計算した最小の値を求めるには、MINX関数を使用します。引数の指定の仕方など、使い方はMAXX関数と同じです。

［数量］列と［売価］列の値を乗算した中から最小値を取り出す

=MINX('売上データ','売上データ'[数量]*RELATED('M_商品マスタ'[売価]))

練習用ファイル ▸ L022_MAXX関数.pbix / L022_MAXX関数.xlsx

使用例 [数量] 列と [売価] 列の値を乗算した中から最大値を取り出す

=MAXX('売上データ','売上データ'[数量]*RELATED('M_商品マスタ'[売価]))

ポイント

- 表　アイテムごとの販売額を求めるためのテーブル[売上データ]を指定する
- 式　[数量]列と[M_商品マスタ]テーブルの[売価]列を乗算する

● Power BIの場合

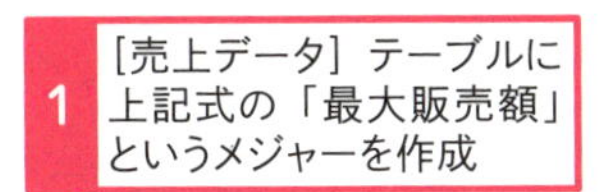
1 [売上データ] テーブルに上記式の「最大販売額」というメジャーを作成

2 ビジュアルを選択し、[最大販売額] を [フィールド] に追加

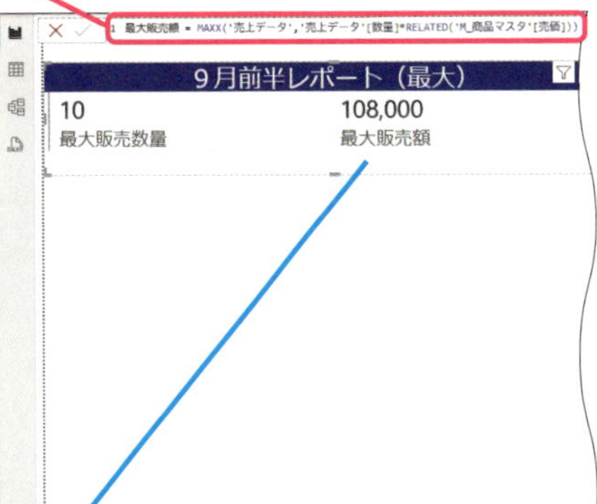

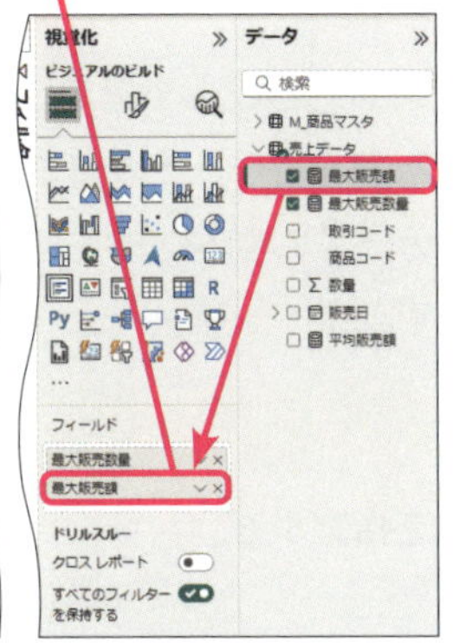

ページのフィルターに指定されている[商品名]の最大販売額が表示された

● Power Pivotの場合

1 [販売データ] テーブルに上記式の「最大販売額」というメジャーを作成

2 フィールドリスト内の [最大販売額] を [値] ボックスに追加

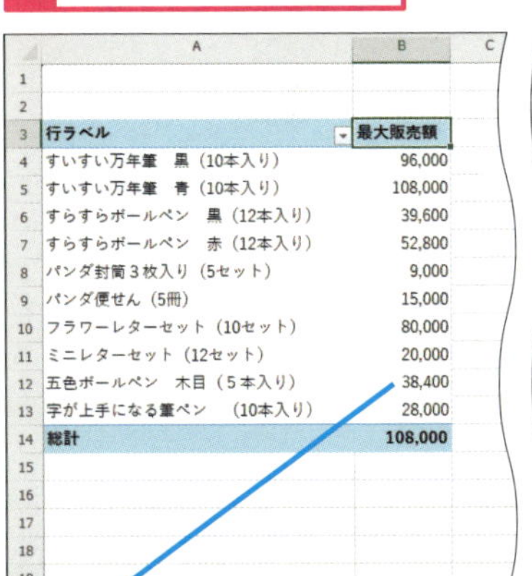

行ラベル	最大販売額
すいすい万年筆　黒（10本入り）	96,000
すいすい万年筆　青（10本入り）	108,000
すらすらボールペン　黒（12本入り）	39,600
すらすらボールペン　赤（12本入り）	52,800
パンダ封筒３枚入り（5セット）	9,000
パンダ便せん（5冊）	15,000
フラワーレターセット（10セット）	80,000
ミニレターセット（12セット）	20,000
五色ボールペン　木目（5本入り）	38,400
字が上手になる筆ペン　（10本入り）	28,000
総計	108,000

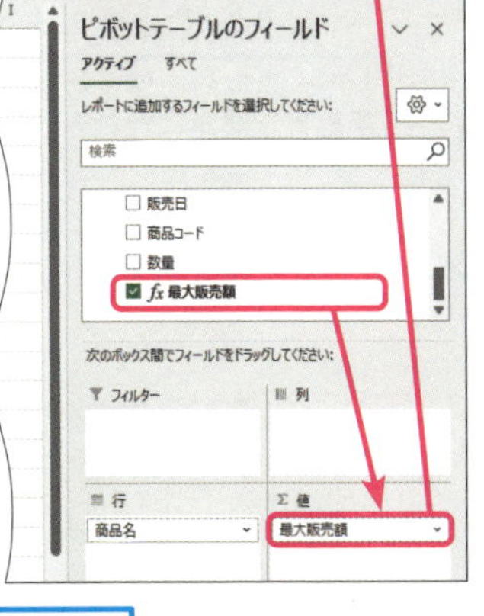

商品名のアイテムごとの最大販売額が求められた

使いこなしのヒント

カード上部にタイトルを入れるには?

[ビジュアルの書式設定] の [全般] で [タイトル] をオンにすると、カード上部にタイトルを追加できます。[テキスト] に追加した文字がタイトルとして表示されますので、集計するデータに合わせて分かりやすいタイトルを付けましょう。背景色なども編集可能です。

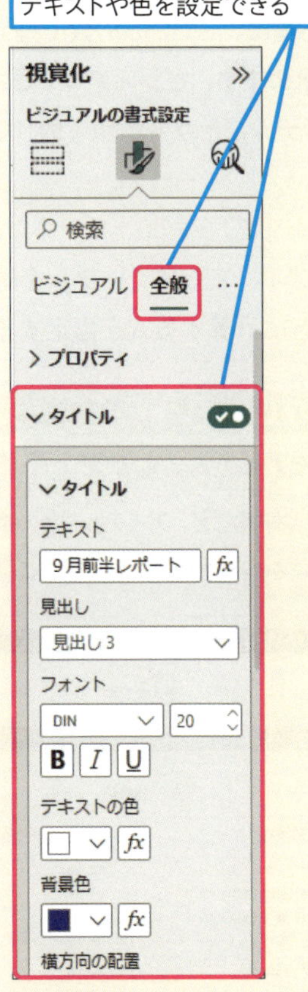

[全般] の [タイトル] で見出しのテキストや色を設定できる

レッスン

23 行ごとの計算結果の平均を求める

AVERAGEX関数

活用編 第4章 データ集計によく使われる関数を習得しよう

AVERAGEX関数は、行ごとに計算した結果の平均を求めます。このレッスンでは、[売上データ] テーブルを元に [数量] 列と [M_商品マスタ] テーブルの [売価] 列の値を掛けて販売額を求め、その平均を求めるメジャーを作成します。

集計関数 対応アプリ Power BI Power Pivot

テーブルの行ごとに計算した結果の平均値を返す

=AVERAGEX(表, 式)

AVERAGEX関数はイテレータ関数です。1つ目の引数として指定したテーブルを基に、2つ目の引数で指定した計算を行い、その結果の平均値を求めます。ビジュアルやピボットテーブルのフィルターに対応し、アイテムごとの平均値を取り出せます。

引数

- **表** テーブル、またはテーブルを返す式を指定する
- **式** 行ごとに計算する式を指定する

キーワード

イテレータ関数	P.216
フィールド	P.218
フィルター	P.218

使いこなしのヒント

Power BIでアイテムごとの売上平均を求める表を作るには

販売額の合計や平均など、アイテムごとの集計を一覧したいときは、ビジュアルの [テーブル] を使うと良いでしょう。集計したいアイテムのフィールドと、集計用のメジャーを列に追加することでアイテムごとの集計を確認する表を作成できます。

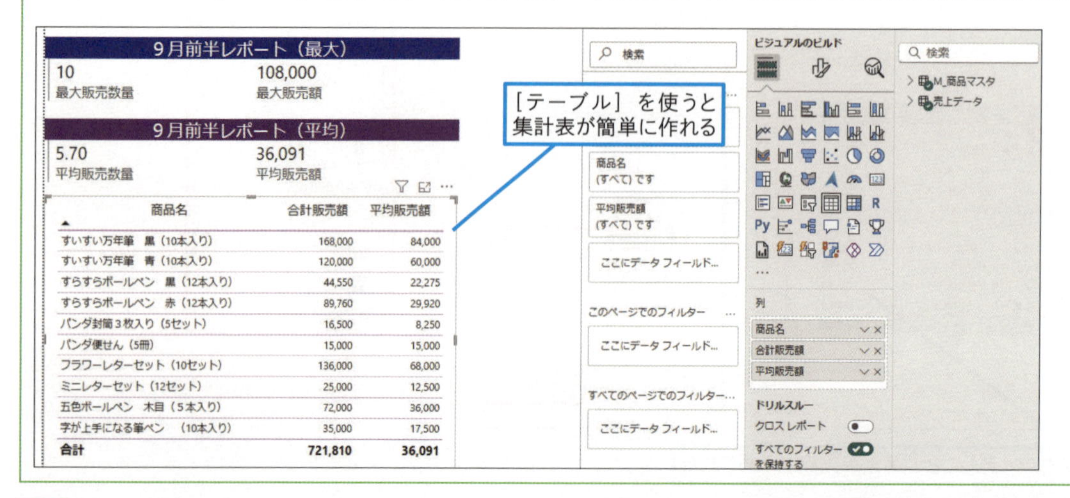

練習用ファイル ▸ L023_AVERAGEX関数.pbix ／ L023_AVERAGEX関数.xlsx

使用例 ［数量］列と［売価］列の値を乗算した中から平均値を返す

=AVERAGEX('売上データ','売上データ'[数量]*RELATED('M_商品マスタ'[売価]))

ポイント

- **表** アイテムごとの販売額を求めるためのテーブル[売上データ]を指定する
- **式** [数量]列と[M_商品マスタ]テーブルの[売価]列を乗算する

● Power BIの場合

1 [売上データ]テーブルに上記式の「平均販売額」というメジャーを作成

2 ビジュアルを選択し、［平均販売額］を［フィールド］に追加

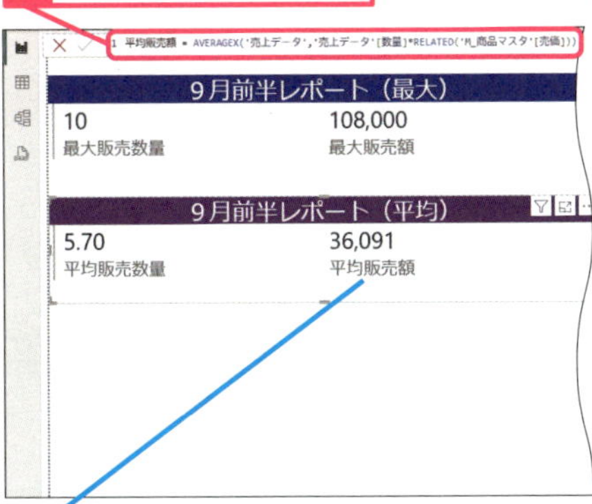

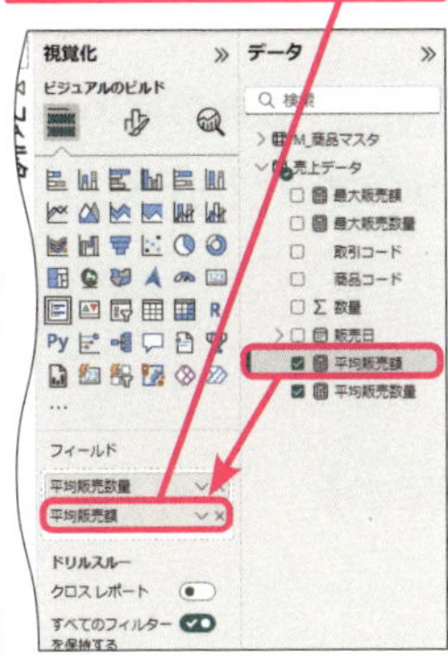

平均販売額が表示された

● Power Pivotの場合

1 [販売データ]テーブルに上記式の「平均販売額」というメジャーを作成

2 フィールドリスト内の[平均販売額]を[値]ボックスに追加

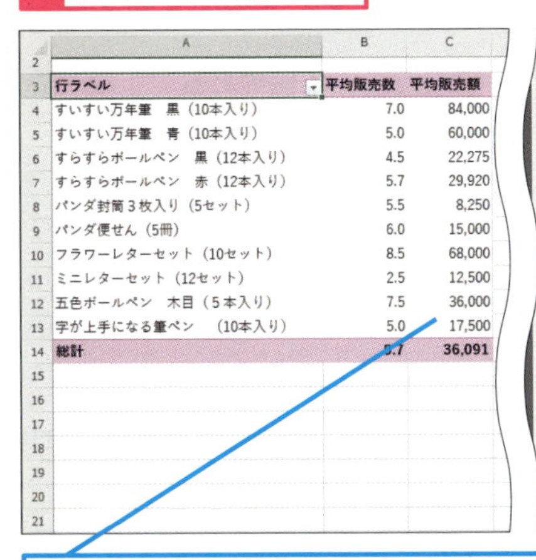

行ラベル	平均販売数	平均販売額
すいすい万年筆　黒（10本入り）	7.0	84,000
すいすい万年筆　青（10本入り）	5.0	60,000
すらすらボールペン　黒（12本入り）	4.5	22,275
すらすらボールペン　赤（12本入り）	5.7	29,920
パンダ封筒３枚入り（5セット）	5.5	8,250
パンダ便せん（5冊）	6.0	15,000
フラワーレターセット（10セット）	8.5	68,000
ミニレターセット（12セット）	2.5	12,500
五色ボールペン　木目（5本入り）	7.5	36,000
字が上手になる筆ペン　（10本入り）	5.0	17,500
総計	5.7	36,091

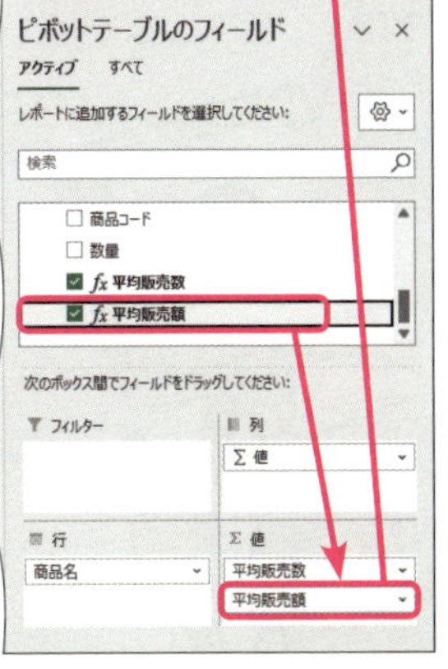

商品名のアイテムごとの平均販売額が求められた

使いこなしのヒント

列の平均値を求めるには

このレッスンでは、行ごとの販売額を計算しながらその平均を求めるためAVERAGEX関数を使用しましたが、すでに販売額の列がテーブル内にある場合は行ごとの計算は不要です。AVERAGE関数を使えば、１つの列のみを指定して平均値を求めることができます。

使いこなしのヒント

同じ書式のビジュアルを素早く作成するには

ビジュアルをコピーして貼り付けると、簡単にビジュアルを複製できます。その後フィールドを入れ替えたり、必要な要素のみ書式を変更したりすれば、レポートページに統一感を持たせたビジュアルのレイアウトができます。

レッスン

24 値のある行の数を数える

COUNTA関数

COUNTA関数は、指定された列について値のある行の数を返します。このレッスンでは、商品マスタの商品コードを数えることで、取扱商品のアイテム数を求めるメジャーを作成します。その後ビジュアルやピボットテーブルで商品分類ごとに表示します。

集計関数 対応アプリ Power BI Power Pivot

値のある行の数を返す

=COUNTA(ColumnName)

COUNTA関数で数えられるのは、数値、文字列、日付の値の他、真偽値と呼ばれる「True」や「False」の値です。空白行以外はすべて数えられると考えましょう。

引数

| ColumnName 値の数を数えたい列を指定する

値の数をカウントする

キーワード

False	P.215
True	P.215
真偽値	P.217

使いこなしのヒント

COUNT関数もあるの?

DAXにもCOUNT関数があります。Excelワークシート関数のCOUNT関数は数値のみを数える関数ですが、DAXの場合は「True」「False」を除く値を数えることができます。そのためこのレッスンの使用例では、COUNT関数、COUNTA関数、どちらを使っても同じ結果を求めることができます。

真偽値を除く値のある行の数を返す

=COUNT(ColumnName)

このレッスンの場合、COUNT関数を使っても同じ結果を得られる

	A	B	C
1			
2			
3	行ラベル	アイテム数	アイテム数(COUNT)
4	ペン	6	6
5	レター	4	4
6	総計	10	10
7			

練習用ファイル ▸ L024_COUNTA関数.pbix / L024_COUNTA関数.xlsx

使用例 ［商品マスタ］テーブルの［商品コード］列で値のある行の数を求める

=COUNTA('M_商品マスタ'[商品コード])

ポイント

ColumnName　取扱商品のアイテム数を求めるため［商品マスタ］テーブルの［商品コード］列を指定する

● Power BIの場合

1 ［売上データ］テーブルに上記式の「アイテム数」というメジャーを作成

2 ビジュアルを選択し、［アイテム数］を［フィールド］に追加

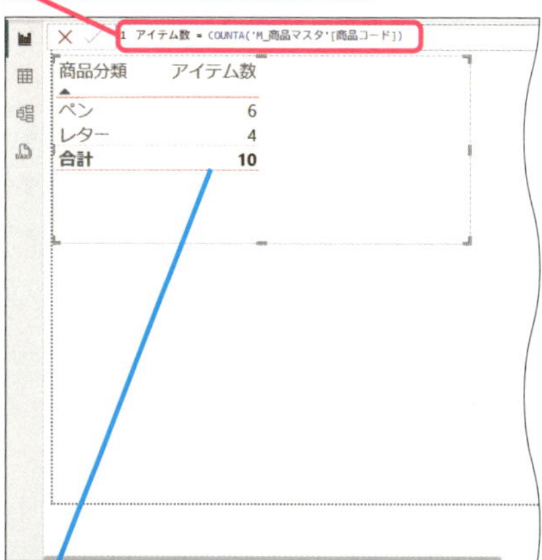

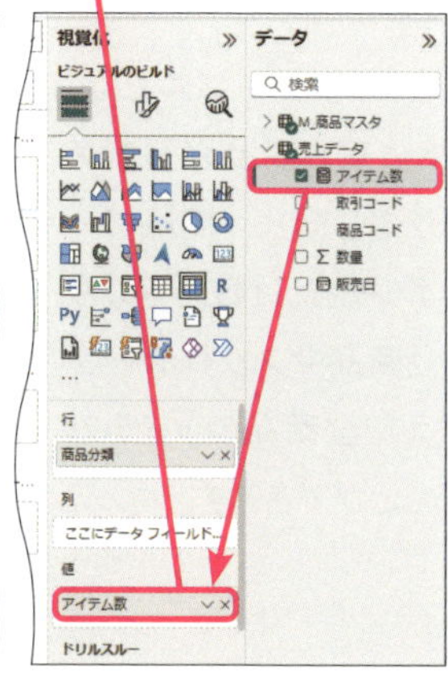

商品分類ごとのアイテム数が表示された

● Power Pivotの場合

1 ［販売データ］テーブルに上記式の「アイテム数」というメジャーを作成

2 フィールドリスト内の［アイテム数］を［値］ボックスに追加

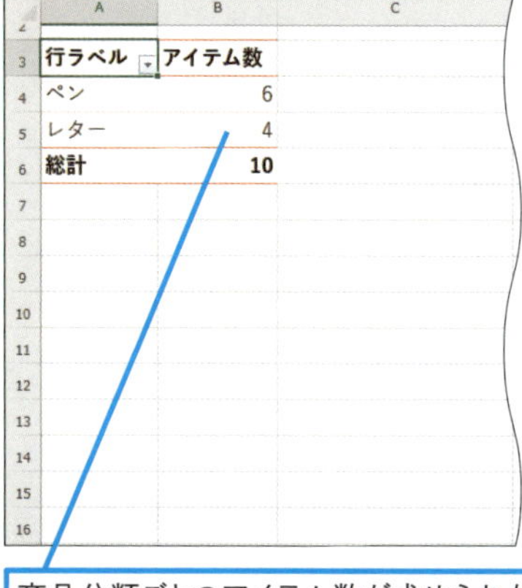

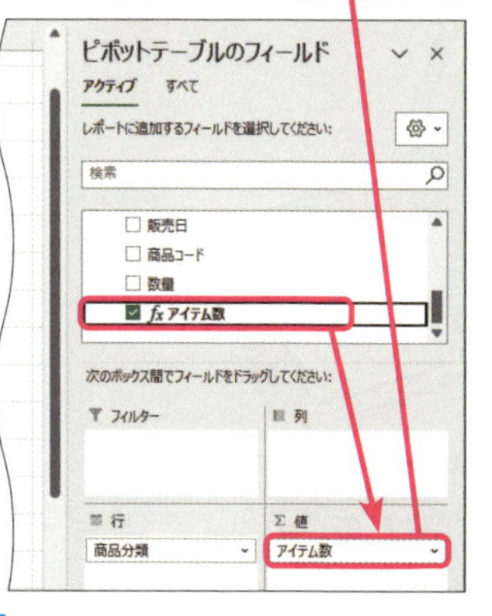

商品分類ごとのアイテム数が求められた

使いこなしのヒント

計算結果のある行の数を数えるCOUNTAX関数

COUNTAX関数は、COUNTA関数と同様に値のある行の数を数えます。SUMX関数などと同じイテレータ関数なので、引数として与えられたテーブルを基に式の結果を数えるための関数です。FILTER関数などを引数に含めて、条件を指定した結果を数えることができます。

使いこなしのヒント

［商品コード］列を指定するのはなぜ？

他のテーブルとリレーションシップのキーとして使われるマスタテーブルの列は、そのテーブルの行の数と必ず等しくなるため［商品コード］列を指定します。このレッスンの使用例では、［商品マスタ］テーブルの列であればそれ以外の列を引数として指定しても同じ結果が得られますが、実務で使用するデータの場合、データに抜けがある可能性もあるため他の列を指定することは避けた方が良いでしょう。

レッスン

25 列にある一意の値を数える

DISTINCTCOUNT関数

DISTINCTCOUNT関数は、指定した列にある一意の値の数を求めます。このレッスンでは、[売上データ] テーブルの [商品コード] 列にある一意の値の数を求めることで、販売実績のある商品アイテムの数を求めます。

集計関数　対応アプリ Power BI Power Pivot

列の個別の値の数をカウントする

=DISTINCTCOUNT(ColumnName)

一般的に [販売データ] テーブルのようなファクトテーブルでは、1つの列の中に同じ値が繰り返し扱われます。同じ商品が何度も販売されるため、[商品コード] 列には繰り返し同じ「商品コード」が現れますが、繰り返しの部分は数えず一度だけ数えるのがDISTINCTCOUNT関数です。これにより、[商品マスタ] テーブルの [商品コード] 列をCOUNTA関数で数えた全商品のアイテム数と、販売実績のあるアイテム数を比較することができます。

引数

| ColumnName 一意の値の数を求める列名を指定する

空白も含め一意の値をカウントする

キーワード

アイテム	P.216
テーブル	P.217
メジャー	P.218

使いこなしのヒント

列の中に空白の行があったら?

DISTINCTCOUNT関数は、引数として指定した列に空白の行がある場合、空白行も一意の値として数える点に注意しましょう。列に空白行が含まれる可能性があり、何らかの値が入力されている行のみを対象にしたい場合には、DISTINCTCOUNTNOBLANK関数を使用します。

列内のデータが入力されている行の数をカウントする
=DISTINCTCOUNTNOBLANK(ColumnName)

練習用ファイル ▸ L025_DISTINCTCOUNT関数.pbix ／ L025_DISTINCTCOUNT関数.xlsx

使用例 [販売データ] テーブルの [商品コード] 列にある一意の値の数を返す

```
=DISTINCTCOUNT('売上データ'[商品コード])
```

ポイント

ColumnName　販売実績のある商品アイテム数を求めるため[売上データ]テーブルの[商品コード]列を指定する

● Power BIの場合

1 [売上データ] テーブルに上記式の「販売されたアイテム数」というメジャーを作成

2 ビジュアルを選択し、[販売されたアイテム数] を [値] に追加

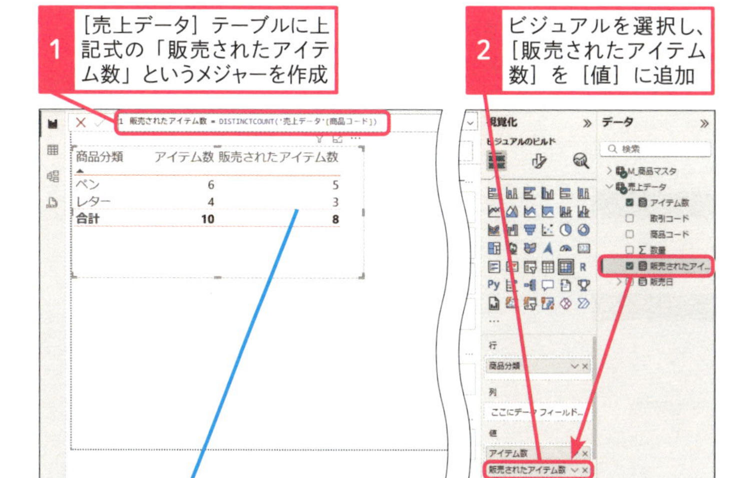

[商品コード] 列にある一意な値をカウントした結果が表示された

● Power Pivotの場合

1 [販売データ] テーブルに上記式の「販売されたアイテム数」というメジャーを作成

2 フィールドリスト内の [販売されたアイテム数] を [値] ボックスに追加

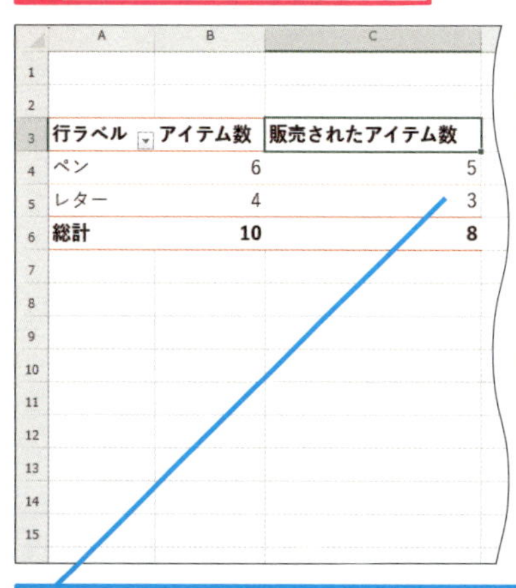

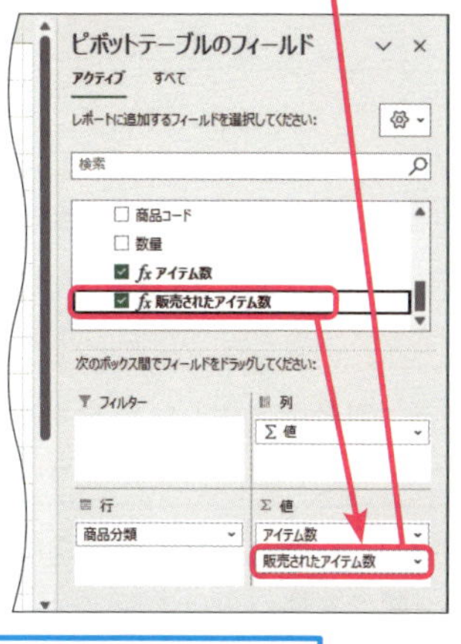

[商品コード] 列にある一意な値をカウントした結果が表示された

使いこなしのヒント

集計方法の変更でも同じ結果を求められる

このレッスンで作成したメジャーは、フィールドの集計方法を変更することで自動的に作成される暗黙のメジャーでも同じ結果を得られます。Power BIの場合、[売上データ] テーブルの [商品コード] 列を [値] に追加した後、フィールド名の横に表示される [V] メニューを開き、[カウント (一意の値のみ)] を選択します。Power Pivotの場合、[売上データ] テーブルの [商品コード] を [値] ボックスに追加し、「▽」メニューから[値フィールドの設定]を開きます。[集計方法] タブの一覧から、[重複しない値の数] を選択します。

1 [商品コード] 列を [値] に追加

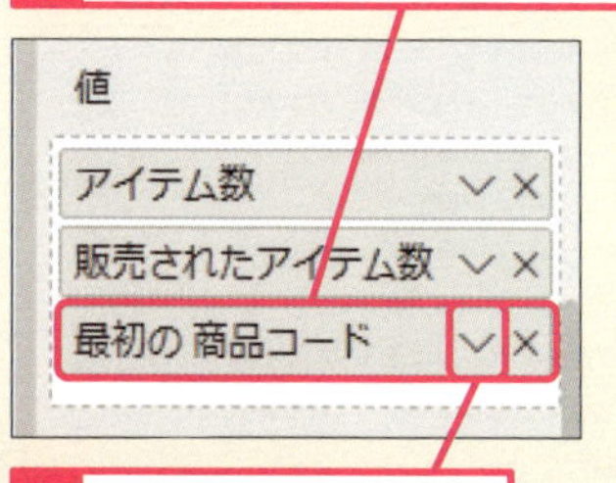

2 [最初の商品コード] の [V] をクリック

3 [カウント (一意の値のみ)] をクリック

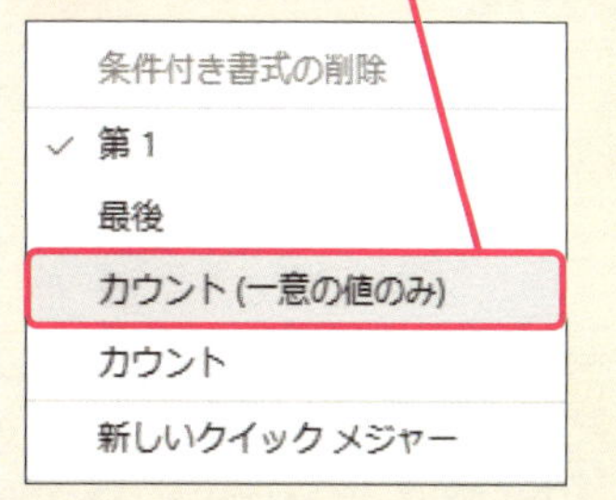

この章のまとめ

値を集計する関数は最も出番が多い

この章で学んだ関数は基本的な集計によく使われる関数ばかりです。引数に列を指定する比較的シンプルな関数と、関数名の最後にXが付くイテレータ関数がありました。イテレータ関数は、計算の基となるテーブルと、そのテーブルの1行ずつに計算する式を引数として指定するので少し複雑ですが、使いこなせるととても便利な関数です。メジャーを作成するときは入力中に表示される引数のヒントにも注目すると速く理解が進みます。繰り返し使ってDAXの世界に慣れていきましょう。

9月前半レポート（最大）

10	108,000
最大販売数量	最大販売額

9月前半レポート（平均）

5.70	36,091
平均販売数量	平均販売額

商品名	合計販売額	平均販売額
すいすい万年筆　黒（10本入り）	168,000	84,000
すいすい万年筆　青（10本入り）	120,000	60,000
すらすらボールペン　黒（12本入り）	44,550	22,275
すらすらボールペン　赤（12本入り）	89,760	29,920
パンダ封筒３枚入り（5セット）	16,500	8,250
パンダ便せん（5冊）	15,000	15,000
フラワーレターセット（10セット）	136,000	68,000
ミニレターセット（12セット）	25,000	12,500
五色ボールペン　木目（５本入り）	72,000	36,000
字が上手になる筆ペン　（10本入り）	35,000	17,500
合計	**721,810**	**36,091**

イテレータ関数を使えば、引数の［式］に指定した計算結果から関数の機能に応じた値が取り出せる

最初はExcel関数と違った複雑さみたいなところを難しく思ってたけど、イテレータ関数のこと、だんだん分かってきました！

そうそう、引数の［式］に指定する計算が大事だよね。

落ち着いて考えると理解できてくるよね。［式］に指定した計算結果をどう処理したいかによって、関数を使い分けよう！

活用編

第5章

集計のための条件を指定しよう

データを分析する場合、条件を指定して集計結果を求めたい場面があります。この章では、条件によって新たなテーブルを求めるフィルター関数や、条件によって結果を分ける論理関数などを学びます。

レッスン

26 Introduction この章で学ぶこと 条件に合うデータでテーブルを作ろう

条件に合うデータだけで計算するときに役立つ関数がDAX関数にもあります。中でも、式の中で条件に合うデータで構成された新しいテーブルを作る関数は、使いこなすととても便利です。ここで簡単に押さえておきましょう。

式内で条件を満たす新たなテーブルが作れる

条件を満たすテーブルを作る？　これってどういうことなんでしょう。

DAX関数は引数にテーブルを指定するものがよくあるよね。そういった関数を使って集計する際に役立つのが新しいテーブルを作る関数だよ。

● FILTER関数

一定の条件を満たす行だけで構成された新たなテーブルが作れるため、関数をネストしてSUMX関数の引数に指定することで条件に一致するデータのみを集計できる

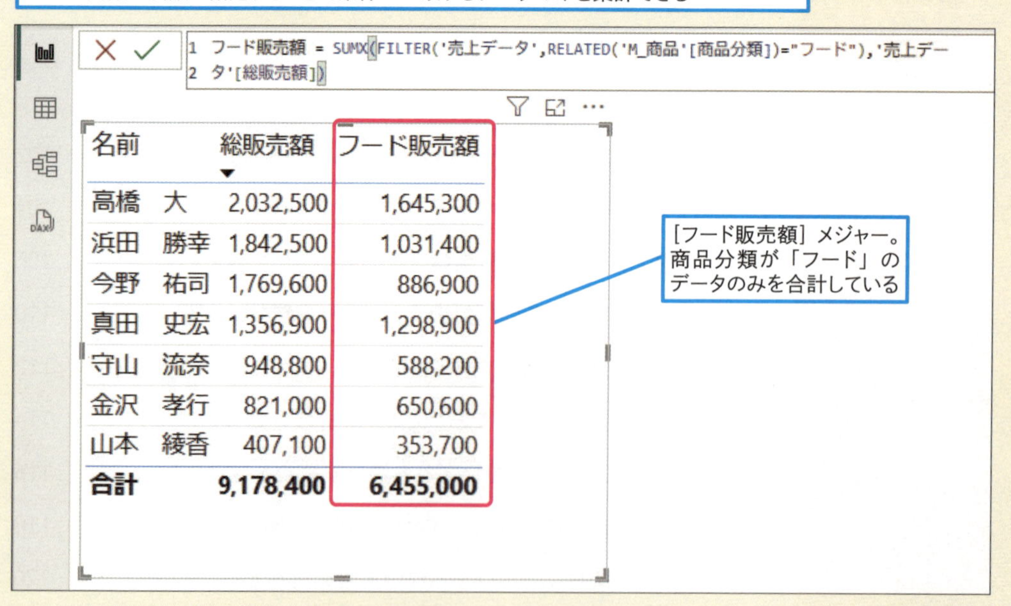

名前	総販売額	フード販売額
高橋　大	2,032,500	1,645,300
浜田　勝幸	1,842,500	1,031,400
今野　祐司	1,769,600	886,900
真田　史宏	1,356,900	1,298,900
守山　流奈	948,800	588,200
金沢　孝行	821,000	650,600
山本　綾香	407,100	353,700
合計	**9,178,400**	**6,455,000**

［フード販売額］メジャー。商品分類が「フード」のデータのみを合計している

「新しいテーブルを作る」といっても、実際にテーブルを作る必要が無くて、関数式の中で完結するから便利なんですね！

イメージしにくいときは実際にテーブルを作ってみよう

うーん、原則は分かったんですが、それでも関数で作られる新しいテーブルの中身が見れないとちょっとイメージしにくい、というのが正直なところです。

なら、実際にテーブルを作ってみるといいよ！新しいテーブルを作成して、関数の式を入力すると、指定した条件を満たす行で構成されたテーブルが作成されるから、最初のうちは慣れるために試してみて。

新しいテーブルを作り、そこに関数の式を入力すると実際のテーブルの中身が確認できる

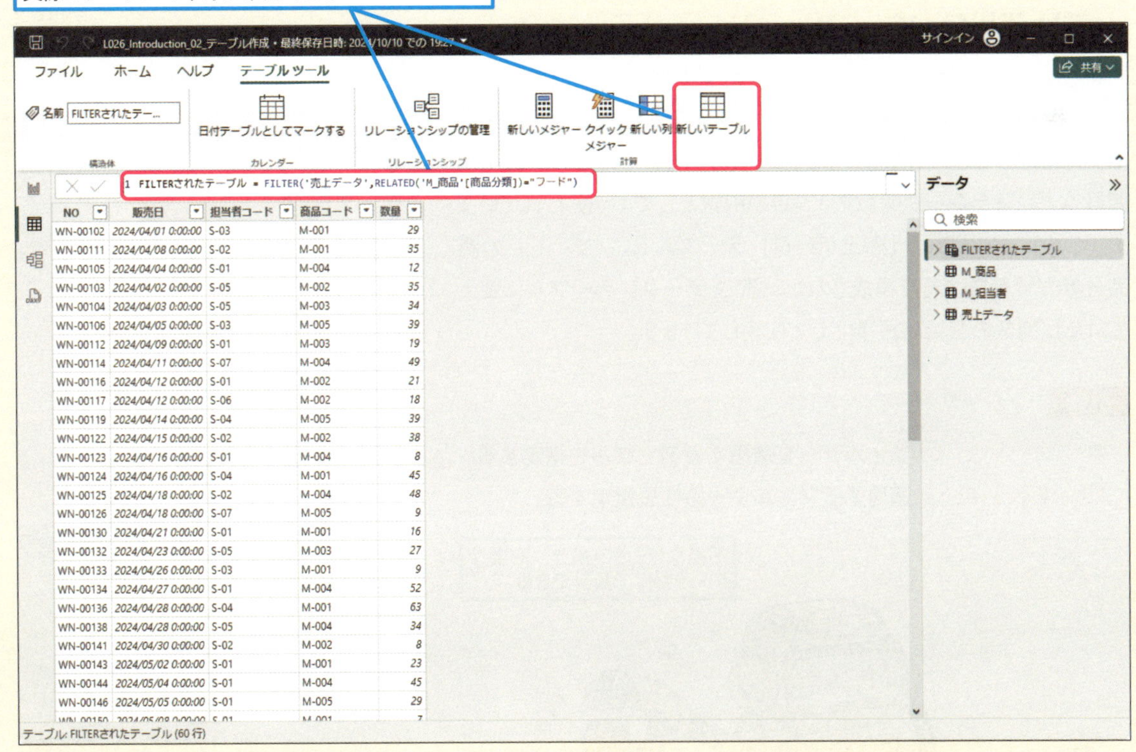

前のページの例でいうと、このテーブルが「FILTER('売上データ',RELATED('M_商品'[商品分類])="フード")」のところで作られている、ってわけですね

その通り。この章では他にも、条件に応じたデータを表示する列を作成する関数なども紹介していくから、この後のレッスンからしっかり学んでいこう。

レッスン

27 条件を満たす行だけのテーブルを返す

FILTER関数

FILTER関数を使うと、条件を満たす行だけで作られたテーブルが求められます。このレッスンでは、SUMX関数の1つ目の引数に、FILTER関数で［商品分類］が「フード」の行のみで作られた［売上データ］テーブルを指定し、商品分類が「フード」の売上を求めます。

フィルター関数　対応アプリ Power BI Power Pivot

フィルター処理された行だけで構成されるテーブルを返す

=FILTER(表, FilterExpression)

FILTER関数は、データモデル内のテーブルを基に一定の条件を満たす行だけでできた新たなテーブルを作ります。そのため、SUMX関数など、イテレータ関数の1つ目の引数としてよく使われています。このレッスンでは［売上データ］テーブルを、「フード」の商品分類だけを持つ行で構成された［売上データ］テーブルに変えてSUMX関数の1つ目の引数として使用しています。

引数

表	フィルターを適用するテーブルを指定する
FilterExpression	適用するフィルター条件を指定する

不要なデータを除き、必要なデータだけで集計できる

キーワード

&	P.215
データモデル	P.217
フィルター	P.218

使いこなしのヒント

メジャーを作るテーブルを間違えたら?

メジャーを別のテーブルに作ってしまった場合、簡単に移動することができます。Power BIの場合は、［データ］ペインで移動したいメジャーを選択し、［メジャーツール］-［ホームテーブル］から、移動先のテーブル名を選択しましょう。Power Pivotは［Power Pivot］-［メジャー］から、［メジャーの管理］をクリックするとダイアログボックスが表示されます。その画面で対象のメジャーを選択して［編集］をクリックして表示される［メジャー］ダイアログボックスで、［テーブル名］を変更しましょう。

練習用ファイル ▸ L027_FILTER関数.pbix ／ L027_FILTER関数.xlsx

使用例 ［商品分類］が「フード」の行でできたテーブルをSUMX関数の引数とする

=SUMX(FILTER('売上データ',RELATED('M_商品'[商品分類])="フード"),
'売上データ'[総販売額])

ポイント

表	基となるテーブルの[売上データ]を指定する
FilterExpression	[M_商品]テーブルから[商品分類]が「フード」である条件を、比較演算子を使って指定する

● Power BIの場合

1 ［売上データ］テーブルに上記式の「フード販売額」というメジャーを作成

2 ビジュアルを選択し、［フード販売額］を［列］に追加

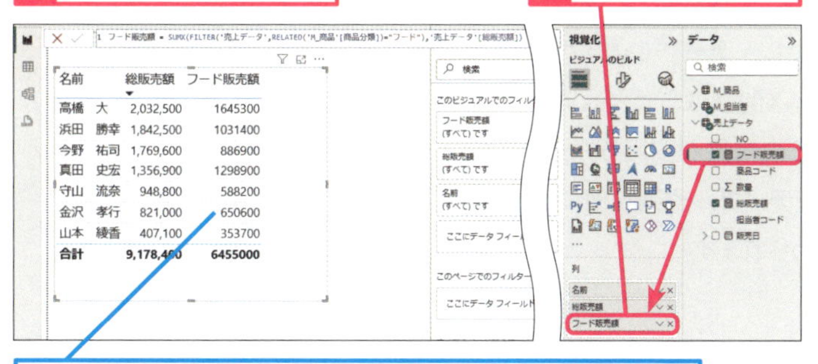

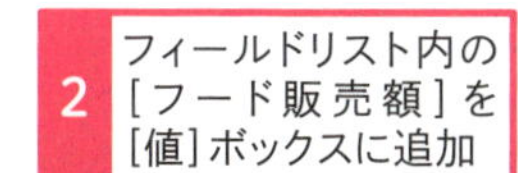

テーブルの行に指定された担当者の名前ごとに総販売額と並び、フード販売額が求められた

● Power Pivotの場合

1 ［売上データ］テーブルに上記式の「フード販売額」というメジャーを作成

2 フィールドリスト内の［フード販売額］を［値］ボックスに追加

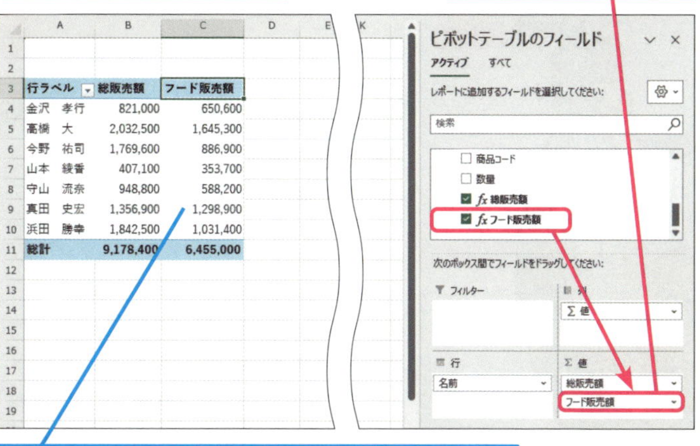

ピボットテーブルの行に指定された担当者の名前ごとに総販売額と並び、フード販売額が求められた

使いこなしのヒント
2つ目の引数に指定したメジャー［総販売額］とは?

練習用ファイルにはあらかじめ、[売上データ]テーブルを基に、数量と[M_商品]テーブルを掛けたメジャーを、SUMX関数を使って[総販売額]という名前で作成しています。このレッスンのように、SUMX関数の2つ目の引数である[Expression]に、メジャーを指定することで、簡単に分かりやすいメジャーを作成できます。

使いこなしのヒント
複数の条件でフィルターするには

複数の条件をFILTER関数に指定したい場合は、2つ目の引数にAND関数やOR関数、使って条件を指定することができます。条件が3つ以上になる場合は、「&&」や「||」を使って条件をつなぎます。［商品名］が「すこやかフード大型犬」または「かみかみボーン大型犬」である商品の販売額を求める場合は以下のように記述できます。

=SUMX(FILTER('売上データ',OR(RELATED('M_商品'[商品名])="すこやかフード大型犬用",RELATED('M_商品'[商品名])="かみかみボーン大型犬用")),'売上データ'[総販売額])

1 上記式の「大型犬商品」という名前のメジャーを作成

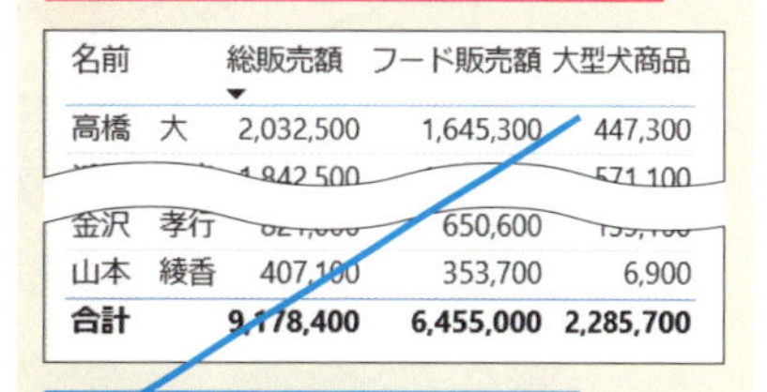

複数の条件でフィルターされた販売額が求められた

レッスン

28 フィルターを無効にしたテーブルを返す

ALL関数

このレッスンではALL関数を使って［売上データ］テーブルへのフィルターを無効にしたメジャーを作成します。SUMX関数で販売額を合計しても、ビジュアルやピボットテーブルのフィルターから影響を受けず、常に総計を求めることができます。

フィルター関数　対応アプリ Power BI Power Pivot

すべての行を持つテーブル、またはすべての値を持つ列を返す

=ALL(TableNameOrColumnName, [ColumnName1], …)

ALL関数を使うとすべてのフィルターを無効にし、テーブルのすべての行、または列のすべての値を返します。DAX関数は、ビジュアルやピボットテーブルで指定するフィルターでその結果が変わることが特徴の1つですが、ALL関数を使って求めたテーブルや列を他の関数の引数に使えば、いつでも同じ結果を求められます。

引数

TableNameOrColumnName	フィルターを無効にするテーブル名、または列名を指定する
ColumnName	フィルターを無効にする列名を指定する。省略可

すべてのデータを使って集計できる

キーワード

総計	P.217
テーブル	P.217
ビジュアル	P.217

使いこなしのヒント

カードなど単一の値を見せる場合にも便利

Power BIではユーザーがフィルターやスライサーで集計結果を変更できます。カードのビジュアルで常に総計を表示しておきたい場合、ALL関数でフィルターを無効にしたメジャーを設定しておくとユーザーのフィルター操作に影響を受けずにすみます。

練習用ファイル ▸ L028_ALL関数.pbix ／ L028_ALL関数.xlsx

使用例 ［売上データ］テーブルのフィルターを無効にし［総販売額］の合計を求める

```
=SUMX(ALL('売上データ'),'売上データ'[総販売額])
```


ポイント

TableNameOrColumnName	［売上データ］テーブルへのフィルターをすべて無効にするため［売上データ］テーブルを指定する

● Power BIの場合

1 ［売上データ］テーブルに上記式の「総計」というメジャーを作成

2 ビジュアルを選択し、［総計］を［列］に追加

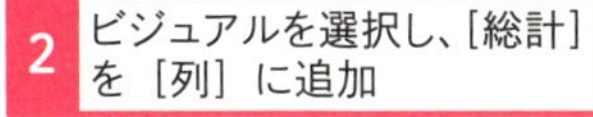

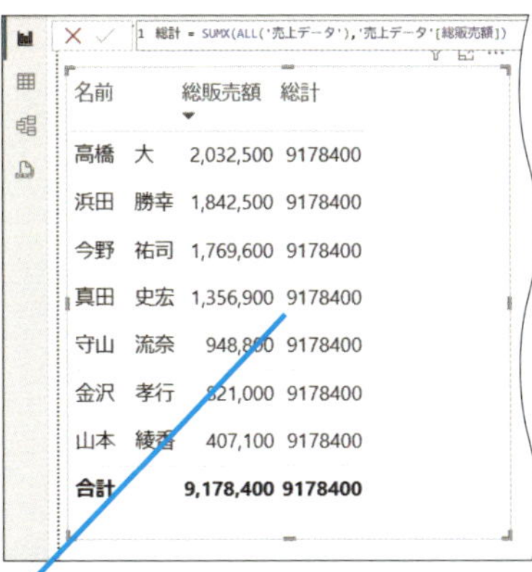

名前	総販売額	総計
高橋　大	2,032,500	9178400
浜田　勝幸	1,842,500	9178400
今野　祐司	1,769,600	9178400
真田　史宏	1,356,900	9178400
守山　流奈	948,800	9178400
金沢　孝行	821,000	9178400
山本　綾香	407,100	9178400
合計	9,178,400	9178400

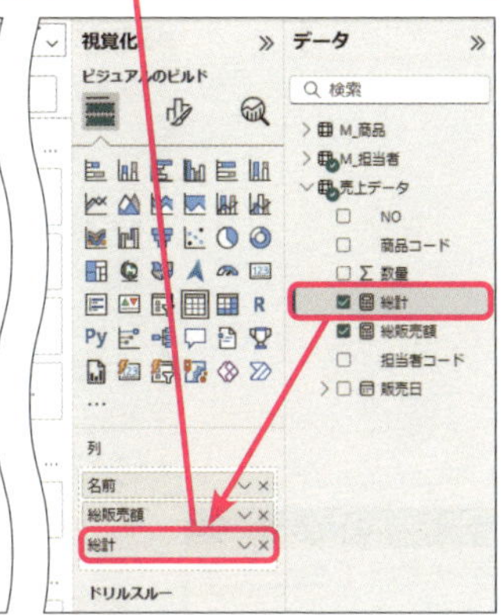

［総販売額］の合計欄と同じ値「9178400」がテーブルのすべての行に表示された

● Power Pivotの場合

1 ［売上データ］テーブルに上記式の「総計」というメジャーを作成

2 フィールドリスト内の［総計］を［値］ボックスに追加

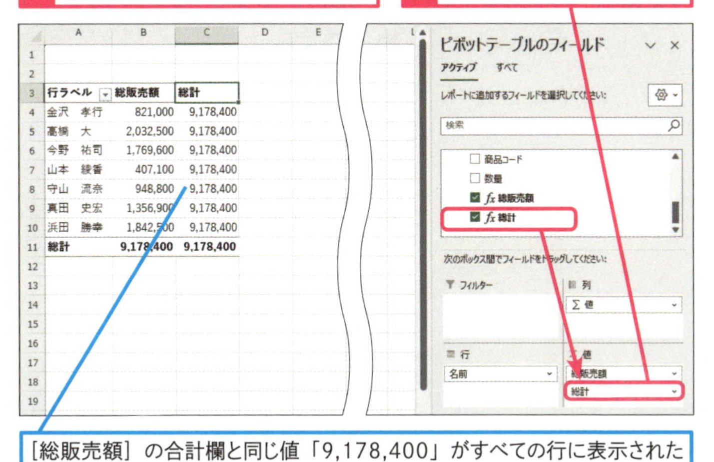

行ラベル	総販売額	総計
金沢　孝行	821,000	9,178,400
高橋　大	2,032,500	9,178,400
今野　祐司	1,769,600	9,178,400
山本　綾香	407,100	9,178,400
守山　流奈	948,800	9,178,400
真田　史宏	1,356,900	9,178,400
浜田　勝幸	1,842,500	9,178,400
総計	9,178,400	9,178,400

［総販売額］の合計欄と同じ値「9,178,400」がすべての行に表示された

使いこなしのヒント

ビジュアルの書式設定は?

このビジュアルは、［スタイルのプリセット］を「なし」にしてすっきりと見せています。［グリッド］-［オプション］で行の間隔を「10」に広げ、［値］と［列見出し］でフォントサイズを「20」にしています。

［ビジュアルの書式設定］にある［スタイル］でテーブルのスタイルを変更できる

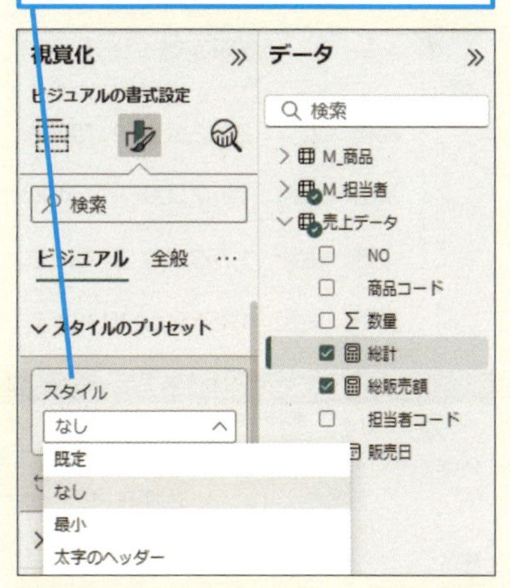

使いこなしのヒント

ピボットテーブルの書式設定は?

［デザイン］-［ピボットテーブルのスタイル］で、スタイルを［白、ピボットスタイル（淡色）1］としています。［ピボットテーブルのスタイル］を使うと、集計結果に合わせて簡単に見やすいスタイルを設定できます。

［白、ピボットスタイル（淡色）1］を選択するとシンプルな見た目にできる

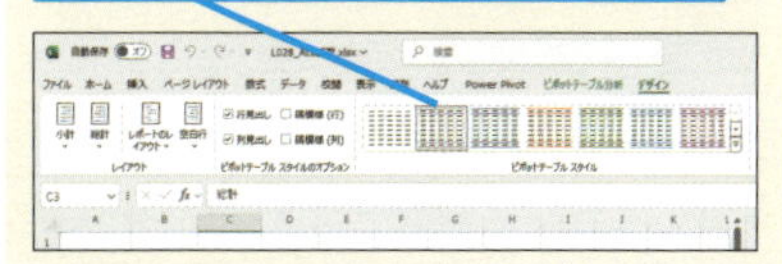

スキルアップ

フィルターを無効にした集計をどう使う?

このレッスンではALL関数を使ってフィルターを無効にしたメジャーで求められるものを理解しやすくするため、ビジュアルのテーブルやピボットテーブルに直接[総計]メジャーを追加しました。ただ実務では集計テーブルにこのような列を作ることはあまりありません。ALL関数を使ってフィルターを無効にしたメジャーは、DIVIDE関数の引数とすることで他のメジャーで求められる値との比率を求めることができます。ここではPower BIでの手順を示しましたが、Power Pivotの場合も同じ構成のメジャーを作成することで同様の結果を求められます。[完成]フォルダーにある「L028_ALL関数_スキルアップ構成比_完成.xlsx」で結果を確認できます。

[総販売額]の値を[総計]の値で割る

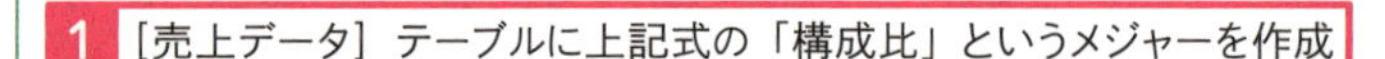

● Power BIの場合

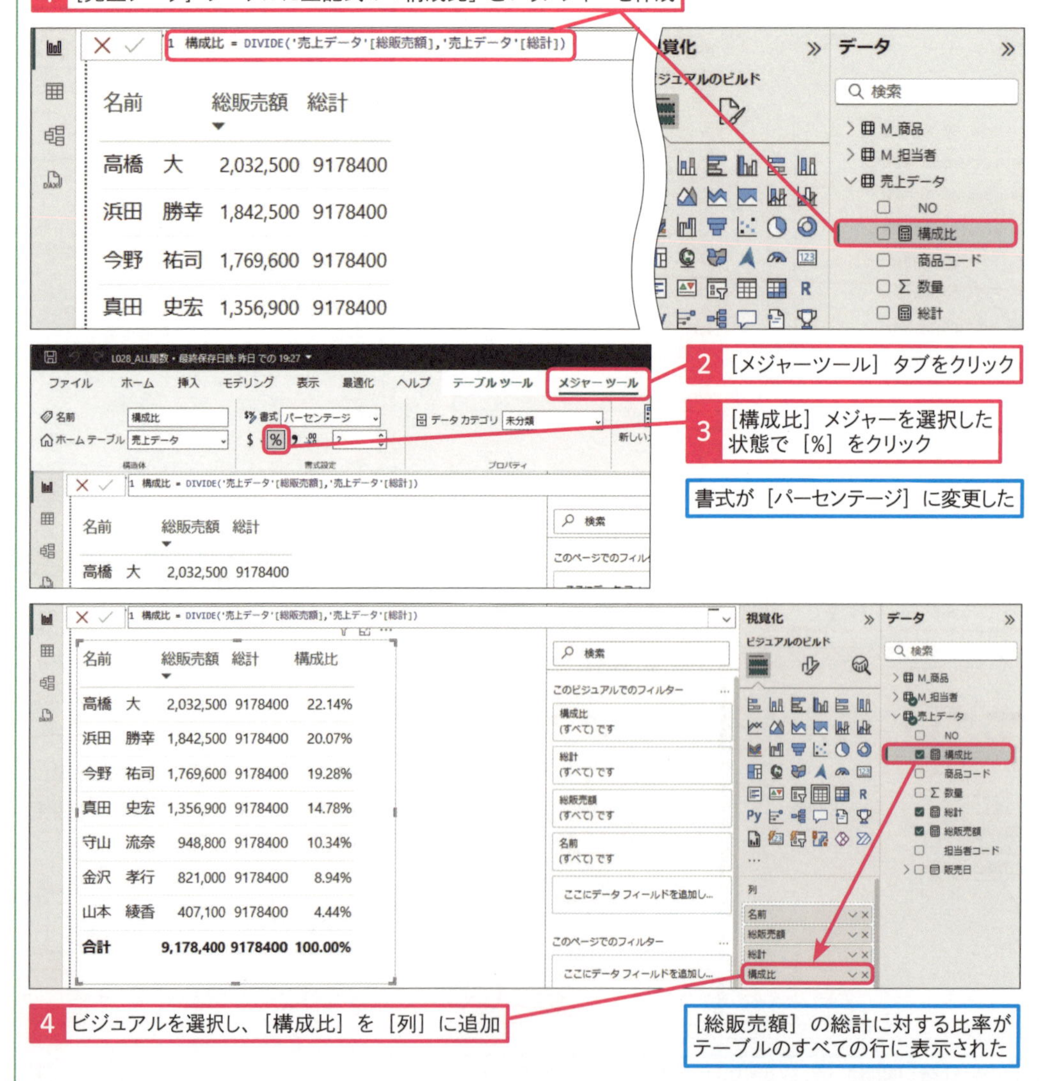

スキルアップ

ALL関数、FILTER関数、CALCULATE関数の比較

フィルター関数は集計結果を自在に扱うための重要な関数です。中でもALL関数、FILTER関数、そして第2章で紹介したCALCULATE関数はよく使う関数なのでその挙動の違いを整理しておきましょう。ALL関数はすべてのフィルターを無効にします。FILTER関数とCALCULATE関数は、いずれも集計結果を指定した条件の行のみで求める場合に使いますが、ビジュアルやピボットテーブルのフィルターとの関係が異なります。練習用ファイル「L028_フィルター関数比較_完成.pbix」「L028_フィルター関数比較_完成.xlsx」では、それぞれ［商品分類］ごとのフード販売額を求めていますが、FILTER関数では「おもちゃ」「おやつ」の行が空白になるのに対し、CALCULATE関数ではすべての行が「フード」の合計で上書きされています。FILTER関数は「フード」の行のみで構成されたテーブルをSUMX関数に渡しているだけなのに対し、CALCULATE関数はビジュアルやピボットテーブルのフィルターを上書きする強力なフィルターを使って計算しているからです。

［売上データ］テーブルのフィルターを無効にし［総販売額］の合計を求める

```
総計_ALL=SUMX(ALL('売上データ'),'売上データ'[総販売額])
```

［商品分類］が「フード」の［総販売額］合計を求める

```
フード販売額_FILTER=SUMX(FILTER('売上データ',RELATED
('M_商品'[商品分類])="フード"),'売上データ'[総販売額])
```

［商品分類］が「フード」の［総販売額］合計を求める

```
フード販売額_CALCLATE=CALCULATE('売上データ'[総販売額],
'M_商品'[商品分類]="フード")
```

ALL関数はすべてのフィルターを無効にするため、常に総計が表示される

この例のFILTER関数は「フード」の行のみで構成されたテーブルを作っているため「おやつ」「おもちゃ」の行は空白となる

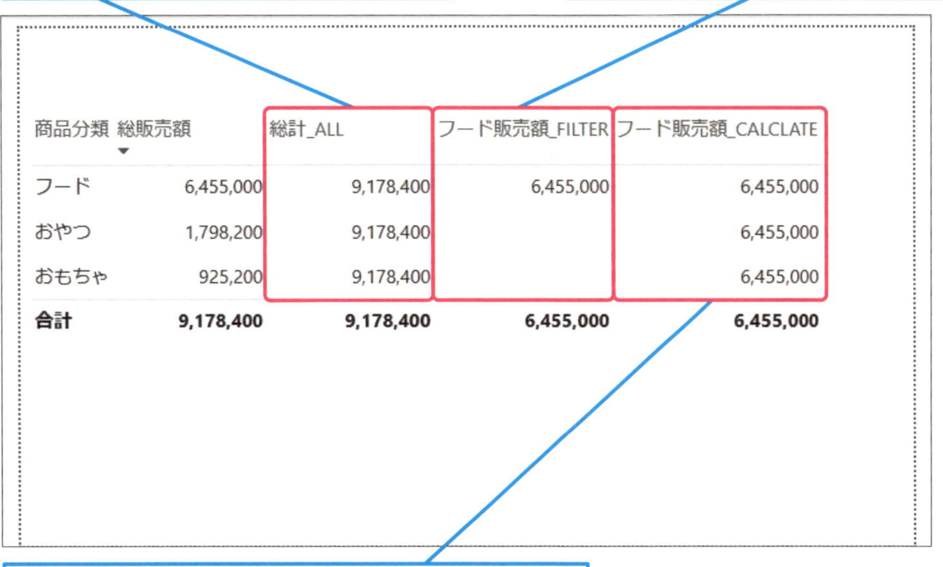

商品分類	総販売額	総計_ALL	フード販売額_FILTER	フード販売額_CALCLATE
フード	6,455,000	9,178,400	6,455,000	6,455,000
おやつ	1,798,200	9,178,400		6,455,000
おもちゃ	925,200	9,178,400		6,455,000
合計	**9,178,400**	**9,178,400**	**6,455,000**	**6,455,000**

この例のCALCULATE関数は商品分類が「フード」の販売総額を求めているため、すべての行に「フード」の販売額が表示される

レッスン

29 指定した列以外のフィルターを無効にする

ALLEXCEPT関数

ビジュアルやピボットテーブルで一部の列以外のフィルターを無効にする場合に使用するのがALLEXCEPT関数です。このレッスンでは、[商品分類]列以外のフィルターを無効にした集計結果を求めるメジャーを作成しましょう。

フィルター関数　対応アプリ Power BI Power Pivot

指定した列以外のフィルターを無効にする

```
=ALLEXCEPT(TableName,Column1,…)
```

ALLEXCEPT関数は2つ目の引数に指定した列を除き、対象となるテーブルのフィルターを無効にします。ALLEXCEPT関数で返されたテーブルをSUMX関数などで使用すると、指定した列はビジュアルやピボットテーブルでのフィルターを利用した集計ができますが、それ以外の列はフィルターを無効にした結果を求められます。ビジュアルやピボットテーブルによるフィルターだけでなく、ページフィルターやスライサーに対してもフィルターは無効化されます。

引数

TableName	フィルターを無効にしたいテーブルを指定する
Column	フィルターを有効にしたい列の列名を指定する。複数指定可

ALLEXCEPT関数で［商品分類］列のみフィルターが有効となるため、商品分類ごとの販売額が表示される

商品分類	総販売額	商品分類ごと販売額
⊟ フード	**6,455,000**	**6455000**
すこやかフード大型犬用	1,575,000	6455000
やわらかフードシニア用小粒	1,574,100	6455000
やわらかフードシニア用中粒	1,286,400	6455000
すこやかフード小型犬用	1,017,500	6455000
すこやかフード中型犬用	1,002,000	6455000
⊟ おやつ	**1,798,200**	**1798200**
かみかみボーン大型犬用	710,700	1798200
かみかみボーン中型犬用	708,000	1798200
かみかみボーン小型犬用	379,500	1798200
⊟ おもちゃ	**925,200**	**925200**
ひも付きボール	648,000	925200
きらきらボール	277,200	925200
合計	**9,178,400**	**9178400**

[商品分類]列以外のフィルターは無効のため、各商品の行にも、商品分類ごとの販売額が表示される

キーワード

使いこなしのヒント

商品分類に対する各商品の構成比を求めるには?

作成したメジャー［商品分類ごと販売額］を使えば、各商品の商品分類に対する構成比を簡単に求めることができます。レッスン11のDIVIDE関数を使って［総販売額］を［商品分類ごと販売額］で割るメジャーを作成してみましょう。

［総販売額］を［商品分類ごと販売額］で割る

```
=DIVIDE('売上データ'[総販売額],
'売上データ'[商品分類ごと販売額])
```

各商品に対する構成比が求められる

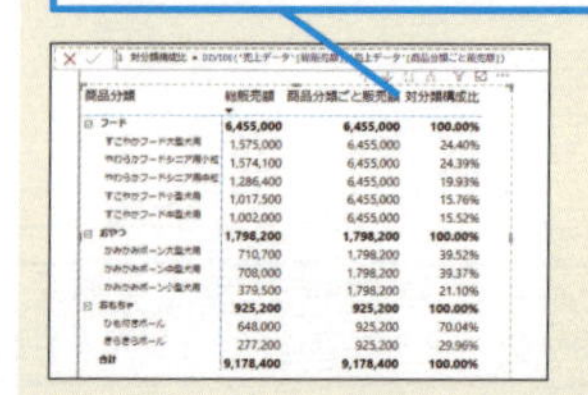

商品分類	総販売額	商品分類ごと販売額	対分類構成比
⊟ フード	**6,455,000**	**6,455,000**	**100.00%**
すこやかフード大型犬用	1,575,000	6,455,000	24.40%
やわらかフードシニア用小粒	1,574,100	6,455,000	24.39%
やわらかフードシニア用中粒	1,286,400	6,455,000	19.93%
すこやかフード小型犬用	1,017,500	6,455,000	15.76%
すこやかフード中型犬用	1,002,000	6,455,000	15.52%
⊟ おやつ	**1,798,200**	**1,798,200**	**100.00%**
かみかみボーン大型犬用	710,700	1,798,200	39.52%
かみかみボーン中型犬用	708,000	1,798,200	39.37%
かみかみボーン小型犬用	379,500	1,798,200	21.10%
⊟ おもちゃ	**925,200**	**925,200**	**100.00%**
ひも付きボール	648,000	925,200	70.04%
きらきらボール	277,200	925,200	29.96%
合計	**9,178,400**	**9,178,400**	**100.00%**

練習用ファイル ▸ L029_ALLEXCEPT関数.pbix ／ L029_ALLEXCEPT関数.xlsx

使用例 ［商品分類］列以外のフィルターを無効にしたテーブルを作成する

=SUMX(ALLEXCEPT('売上データ','M_商品'[商品分類]),'売上データ'[総販売額])

ポイント

TableName　フィルターを無効にしたい［売上データ］テーブルを指定する

Column　フィルターを有効にしたい［M_商品］テーブルの［商品分類］列を指定する

● Power BIの場合

1 ［売上データ］テーブルに上記式の「商品分類ごと販売額」というメジャーを作成

2 ビジュアルを選択し、［商品分類ごと販売額］を［値］に追加

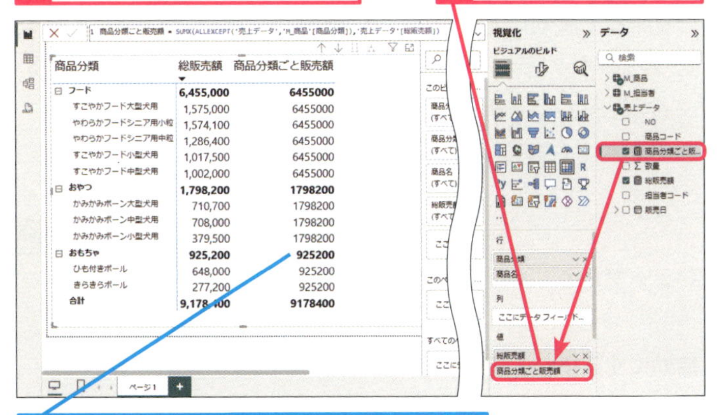

商品分類ごとの販売額が各商品の行に求められた

● Power Pivotの場合

1 ［売上データ］テーブルに上記式の「商品分類ごと販売額」というメジャーを作成

2 フィールドリスト内の［商品分類ごと販売額］を［値］ボックスに追加

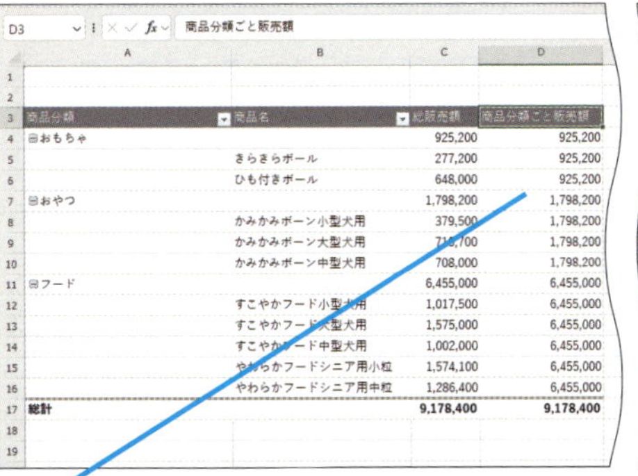

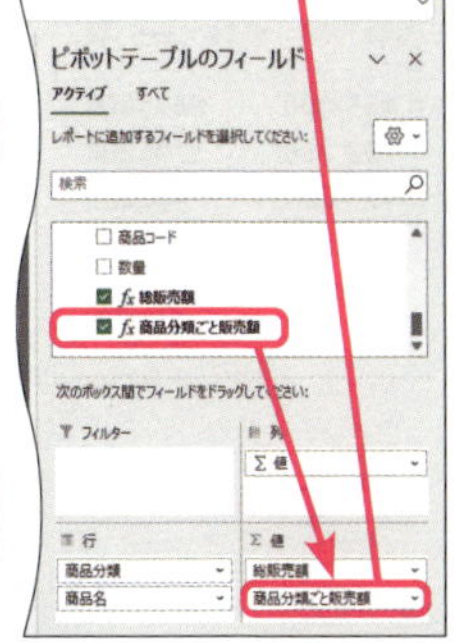

商品分類ごとの販売額が、各商品の行に求められた

使いこなしのヒント

ピボットテーブルの商品分類に集計結果が表示されない？

レイアウトの設定によって［商品分類］フィールドを［行］のボックスに追加しても［商品分類］の集計結果が表示されない場合があります。［デザイン］-［小計］から［すべての小計をグループの先頭に表示する］をクリックしましょう。

［すべての小計をグループの先頭に表示する］をクリックする

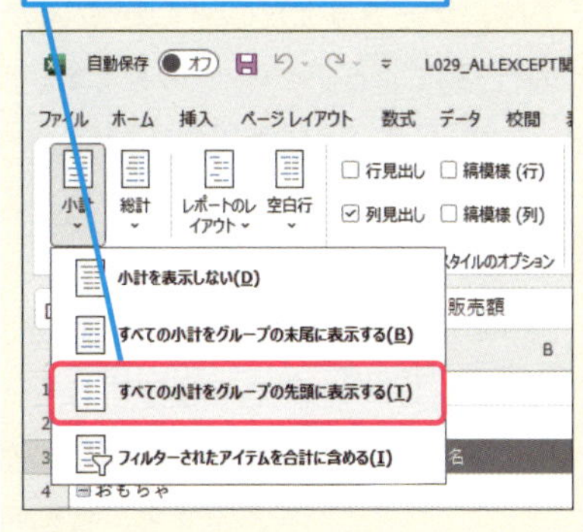

使いこなしのヒント

このピボットテーブルの書式設定は？

［デザイン］-［ピボットテーブルのスタイル］で「白、ピボットスタイル（中間）1」のスタイルを指定しています。［ピボットテーブルスタイルのオプション］で、［行見出し］のチェックを外し、商品分類をすっきり見せています。

レッスン

30 指定したテーブルや列に対し一部のフィルターを無効にする

ALLSELECTED関数

ALLSELECTED関数を使うと、指定されたテーブルまたは列のみ、ビジュアルやピボットテーブルでのフィルターを無効にできます。このレッスンでは、[M_担当者]テーブルのフィルターを無効にして、常に全員の販売額を求めるメジャーを作成します。

フィルター関数　対応アプリ Power BI Power Pivot

集計テーブルで行や列によるフィルターを無効にする

=ALLSELECTED(TableNameOrColumnName,[ColumnName1],…)

列名を引数として複数の列を指定する場合、それらは同じテーブル内の列でなければなりません。ALLSELECTED関数で無効にできるのは、テーブルまたはマトリックスのビジュアルとピボットテーブルの行・列によるフィルターのみです。ページフィルターやスライサーによるフィルターは無効になりません。

引数

TableNameOrColumnName	フィルターを無効にしたいテーブル名、または列名を指定する
ColumnName	複数の列のフィルターを無効にする場合、列名を指定する。省略可

ALLSELECTED関数で[M_担当者]テーブルへのフィルターを無効にしているため、全担当者の販売額が表示される

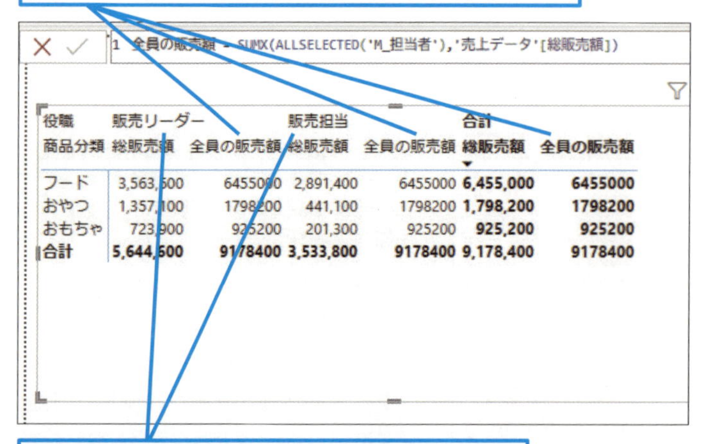

役職	販売リーダー		販売担当		合計	
商品分類	総販売額	全員の販売額	総販売額	全員の販売額	総販売額	全員の販売額
フード	3,563,500	6455000	2,891,400	6455000	6,455,000	6455000
おやつ	1,357,100	1798200	441,100	1798200	1,798,200	1798200
おもちゃ	723,900	925200	201,300	925200	925,200	925200
合計	5,644,500	9178400	3,533,800	9178400	9,178,400	9178400

[M_担当者]テーブルへのフィルターが無効のため、列に指定されている[役職]もフィルターが無効になっている

キーワード

スライサー	P.217
フィルター	P.218
ページフィルター	P.218

使いこなしのヒント

Power BIでページフィルターを使用すると?

[フィルター]ペインの[このページでのフィルター]に、ALLSELECTED関数でフィルターを無効にすると指定した[M_担当者]テーブルの[名前]フィールドを追加します。ページフィルターではALLSELECTED関数によるフィルターの無効化が働かないため、それぞれの名前に絞り込むと各担当者の販売額の表示に切り替わります。

[このページでのフィルター]に[名前]フィールドをドラッグしておく

担当者にチェックマークを付ける

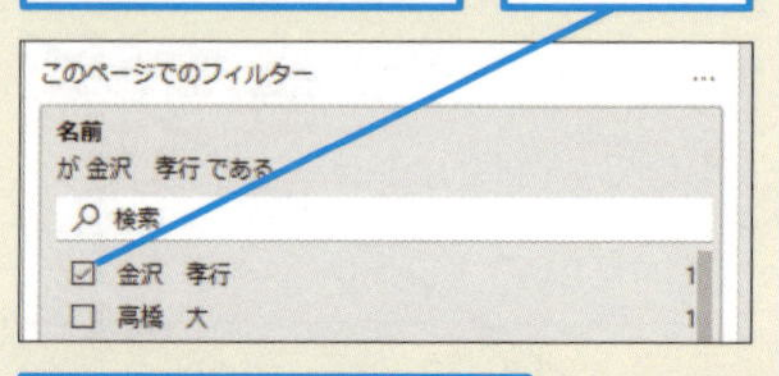

無効化が働かないため担当者の売上が表示される

練習用ファイル ▸ L030_ALLSELECTED関数.pbix ／ L030_ALLSELECTED関数.xlsx

使用例 ［M_担当者］テーブルへのフィルターを無効にする

=SUMX(ALLSELECTED('M_担当者'),'売上データ'[総販売額])

ポイント

TableNameOr ColumnName	フィルターを無効としたい［M_担当者］テーブルを指定する

● Power BIの場合

1 ［売上データ］テーブルに上記式の「全員の販売額」というメジャーを作成

2 ビジュアルを選択し、［全員の販売額］を［値］に追加

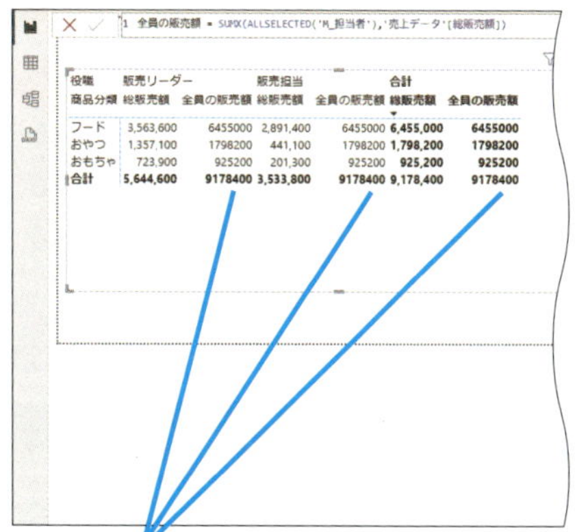

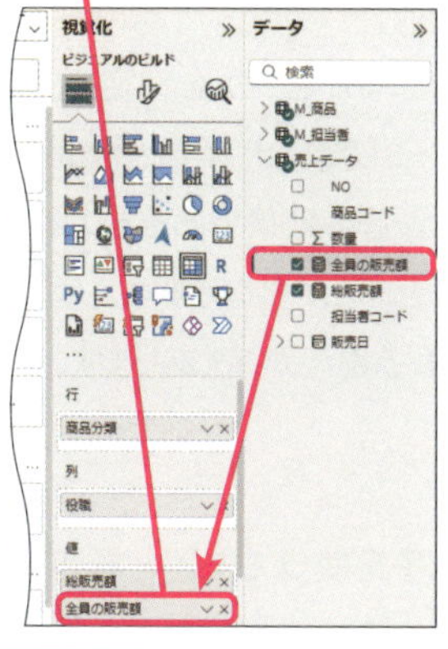

［販売リーダー］［販売担当］どちらの列も、［総販売額］の合計と同じ全員の販売額が求められた

● Power Pivotの場合

1 ［売上データ］テーブルに上記式の「全員の販売額」というメジャーを作成

2 フィールドリスト内の［全員の販売額］を［値］ボックスに追加

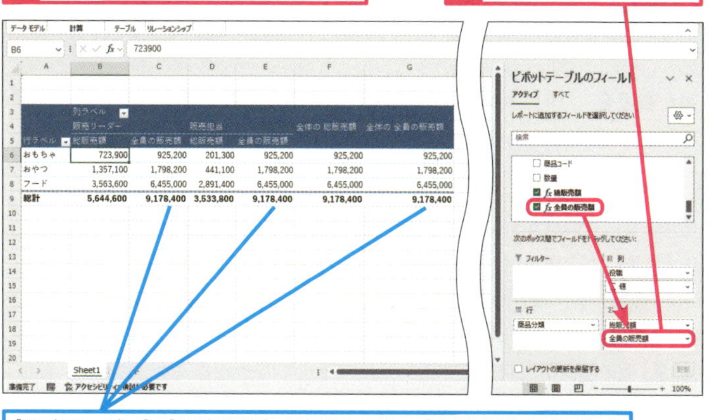

［販売リーダー］［販売担当］どちらの列も、［全体の総販売額］と同じ全員の販売額が求められた

使いこなしのヒント

Power Pivotでページフィルターを使用すると?

［ピボットテーブルのフィールド］作業ウィンドウで、フィールドリストの［M_担当者］テーブルにある［名前］フィールドを［フィルター］ボックスにドラッグして追加します。セルA2表示されたリストを開き、「All」の中にある名前を選択してみましょう。ページフィルターではALLSELECTED関数によるフィルターの無効化が働かないため、各担当者の販売額の表示に切り替わります。

1 ［名前］列を［フィルター］ボックスに追加

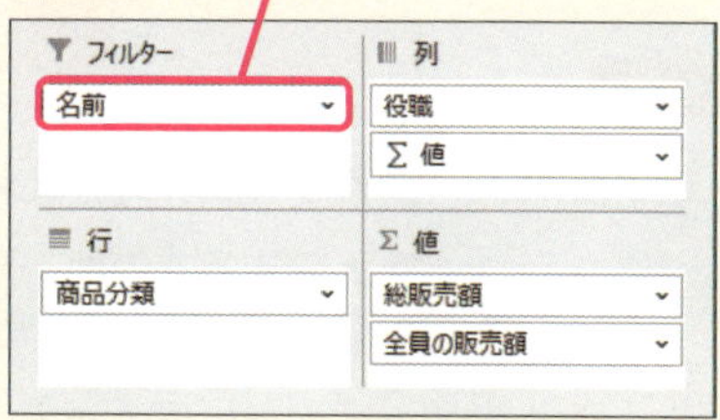

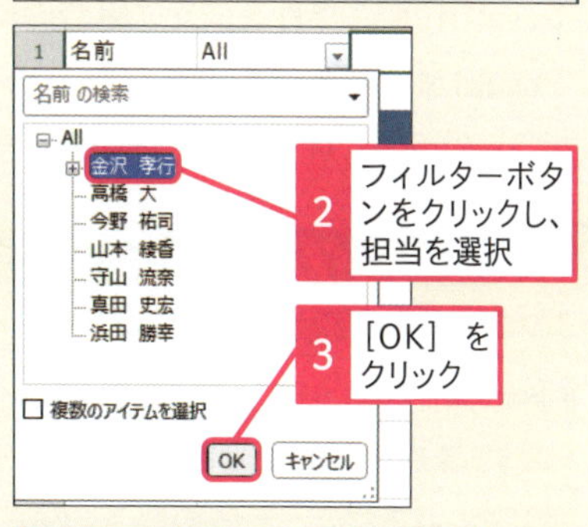

2 フィルターボタンをクリックし、担当を選択

3 ［OK］をクリック

無効化が働かないため選択した担当者の売上が表示される

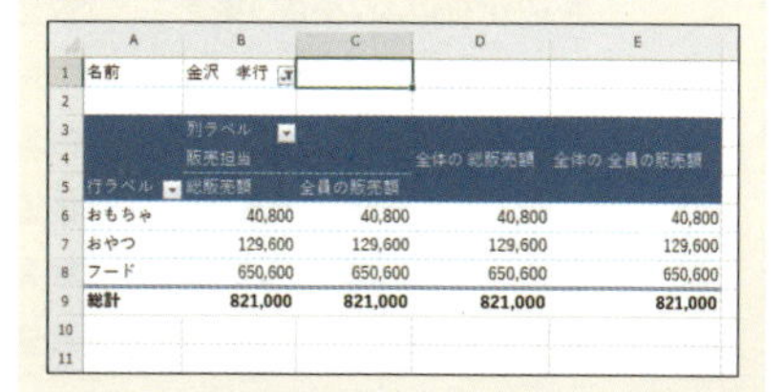

レッスン

31 条件によって2つに結果を分岐させる

IF関数

DAXのIF関数はExcelワークシート関数と機能はほとんど同じです。このレッスンでは、[生産データ]テーブルの[重量]列の値に基づいて、「120」に満たない場合は「回収」、そうでない場合は「OK」を返す計算列を作成します。

論理関数　対応アプリ Power BI Power Pivot

指定された条件に当てはまるかどうかで、2つの結果のどちらかを返す

=IF(LogicalTest, ResultTrue, [ResultFalse])

IF関数は条件を指定して、その条件に当てはまるかどうかを判定し、結果を2つに分けて返します。Excelワークシート関数のIF関数とほぼ同じように働きますが、条件に当てはまらない場合の結果である3つ目の引数を省略し、空白を返すものとして扱えるところが異なります。他の関数と、またIF関数同士でもネストして使われる場面が多くあります。

引数

LogicalTest	評価する条件式。比較演算子を使って左辺と右辺を比較する式の他、真偽値を返す式や列などを指定できる
ResultTrue	条件を満たす場合の結果を指定する
ResultFalse	条件を満たさない場合の結果を指定する。省略可。省略した場合は空白を返す

キーワード

Excelワークシート関数 P.215
演算子 P.216
条件式 P.216

使いこなしのヒント

文字列を引数に指定するときは

IF関数では引数の中で文字列を扱うことがよくあります。関数の引数だけでなく、式の中で文字列を扱う場合は「"」(ダブルクォーテーション)で囲むことを忘れないようにしましょう。

スキルアップ

3つの条件を判定するときは?

IF関数の第1引数には、比較演算子を使用して左辺と右辺を比較する条件を作ることが多くあります。使用する演算子は「>」「<」「=」の3つで、それらの記号を組み合わせたパターンもあります。

演算子	意味	用例
>	左辺が右辺より大きい場合	[数量] >50 [数量] 列の値が50より大きかったら
<	左辺が右辺より小さい場合	[数量] <50 [数量] 列の値が50より小さかったら
>=	左辺が右辺以上の場合	[数量] >=50 [数量] 列の値が50以上だったら
<=	左辺が右辺以下の場合	[数量] >=50 [数量] 列の値が50以下だったら
=	左辺と右辺が等しい場合	[数量] =0 [数量] 列の値が0だったら(空白は「0」とする)
<>	左辺と右辺が等しくない場合	[数量] <>50 [数量] 列の値が50ではなかったら
==	厳密に等しい	[数量] =0 [数量] 列の値が0だったら(空白は含まない)

練習用ファイル ▸ L031_IF関数.pbix ／ L031_IF関数.xlsx

使用例 ［重量］列の値が「120」未満の場合「回収」、そうでなければ「OK」と返す

```
=IF('生産データ'[重量]<120,"回収","OK")
```

ポイント

LogicalTest	［重量］列の値が「120」未満かを評価する式を指定する
ResultTrue	条件を満たす場合の結果「回収」を指定する
ResultFalse	条件を満たさない場合の結果「OK」を指定する

● Power BIの場合

［重量列］の値を判定し、既定の重量である「120」に満たない行に「回収」、そうでない場合は［OK］と表示される

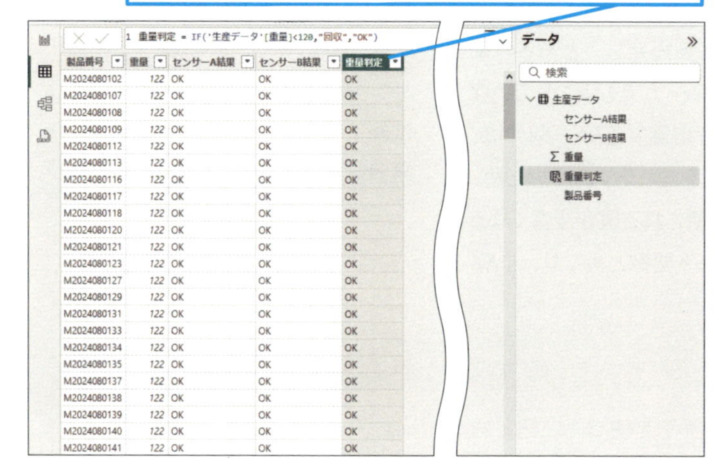

1 重量判定 = IF('生産データ'[重量]<120,"回収","OK")

製品番号	重量	センサーA結果	センサーB結果	重量判定
M2024080102	122	OK	OK	OK
M2024080107	122	OK	OK	OK
M2024080108	122	OK	OK	OK
M2024080109	122	OK	OK	OK
M2024080112	122	OK	OK	OK
M2024080113	122	OK	OK	OK
M2024080116	122	OK	OK	OK
M2024080117	122	OK	OK	OK
M2024080118	122	OK	OK	OK
M2024080120	122	OK	OK	OK
M2024080121	122	OK	OK	OK
M2024080123	122	OK	OK	OK
M2024080127	122	OK	OK	OK
M2024080129	122	OK	OK	OK
M2024080131	122	OK	OK	OK
M2024080133	122	OK	OK	OK
M2024080134	122	OK	OK	OK
M2024080135	122	OK	OK	OK
M2024080137	122	OK	OK	OK
M2024080138	122	OK	OK	OK
M2024080139	122	OK	OK	OK
M2024080140	122	OK	OK	OK
M2024080141	122	OK	OK	OK

● Power Pivotの場合

［重量］列の値が「120」に満たない場合「回収」、そうでなければ「OK」と表示される

［重量判定］ fx =IF([重量]>122,"Over",IF([重量]<120,"回収","OK"))

	製品番号	重量	センサーA結果	センサーB結果	重量判定	列の追加
1	M2024080101	120	OK	OK	OK	
2	M2024080102	122	OK	OK	OK	
3	M2024080103	123	OK	OK	Over	
4	M2024080104	121	OK	OK	OK	
5	M2024080105	124	OK	OK	Over	
6	M2024080106	119	OK	OK	回収	
7	M2024080107	122	OK	OK	OK	
8	M2024080108	122	OK	OK	OK	
9	M2024080109	122	OK	OK	OK	
10	M2024080110	122	Check	OK	OK	
11	M2024080111	124	OK	OK	Over	
12	M2024080112	122	OK	OK	OK	
13	M2024080113	122	OK	OK	OK	
14	M2024080114	122	NG	OK	OK	
15	M2024080115	121	OK	OK	OK	
16	M2024080116	122	OK	OK	OK	
17	M2024080117	122	OK	OK	OK	
18	M2024080118	122	OK	OK	OK	

使いこなしのヒント

IF関数をネストして結果を3つに分けるには

IF関数をネストすることで、結果をさらに分けることができます。［重量］が「122」より大きい場合は「Over」、「120」に満たない場合は「回収」、それ以外は「OK」とする場合の式は以下のとおりです。また、レッスン35で紹介するSWITCH関数を使うと、ネストをしなくても結果を3つ以上に分岐できます。

［重量］が「122」より大きい場合は「Over」、「120」未満は「回収」、それ以外は「OK」を返す

```
=IF([重量]>122,"Over",IF([重量]<120,"回収","OK"))
```

使いこなしのヒント

Power BIのステータスバーにある表示の意味は?

テーブルビューのステータスバーには、選択しているテーブルや列の情報が表示されます。［重量判定］列を選択した状態では「テーブル：生産データ（200行）列:重量判定（2個の別個の値）」になっていますが、これは［生産データ］テーブルには200行あること、［重量判定］列には、2つの一意の値があることを示しています。この例では「OK」と「回収」がそれぞれ一意の値です。

ステータスバーに［生産データ］テーブルや［重量判定］列の情報が表示される

M2024080144	122	OK	OK	OK
M2024080147	122	OK	OK	OK

ル: 生産データ (200 行) 列: 重量判定 (2 個の別個の値)

2つの条件をいずれも満たす場合を指定する

AND関数

データ集計を行う際、複数の条件を基に結果を判断したい場合もあります。AND関数を使用すれば2つの条件をいずれも満たしているかを判定できます。このレッスンでは2つのセンサーの結果がどちらも「OK」であるかを判定する計算列を作成します。

論理関数 対応アプリ Power BI Power Pivot

2つの条件がいずれも満たされているかを判定する

AND(LogicalTest1, LogicalTest2)

AND関数は、2つの引数にそれぞれ条件式を指定し、どちらの条件も満たしている場合には「True」いずれか一方でも満たしていない場合には「False」を返します。AND関数で指定するAND条件は、複数の条件をいずれも満たす場合に「True」を返します。そのため、条件の数が増えれば増えるほど、Trueと判断される値が少なくなる性質を持っています。ただしExcelワークシート関数と異なり、DAX関数のAND関数は引数を2つしか持てません。

引数

LogicalTest1, LogicalTest2	評価する条件式。比較演算子を使って左辺と右辺を比較する式や、真偽値を返す関数や列などを指定する

キーワード

&	P.215
演算子	P.216
真偽値	P.217

使いこなしのヒント

3つの条件を判定するときは?

AND関数では条件を2つしか指定できませんが、3つ以上の条件を使って判定をする場合は「&&」のように&（アンパサンド）を2つ重ねて条件同士をつなぐことで指定できます。例えば、3つの列の各行の値がそれぞれ「OK」であるかを評価する場合には、以下のように記述できます。

［センサーA結果］が「OK」、かつ［センサーB結果］が「OK」、かつ［重量判定］が「OK」であるかを判定する

```
=('生産データ'[センサーA結果]="OK")
&&('生産データ'[センサーB結果]="OK")
&&('生産データ'[重量判定]="OK")
```

「&」を2つ重ねることで3つ以上の条件を使って判定できる

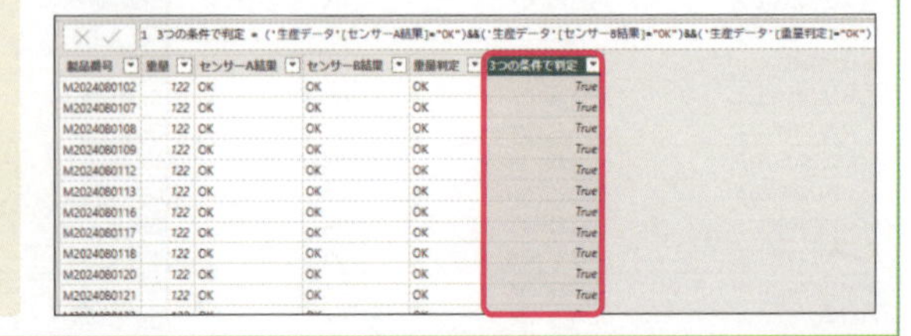
1 3つの条件で判定 = ('生産データ'[センサーA結果]="OK")&&('生産データ'[センサーB結果]="OK")&&('生産データ'[重量判定]="OK")

製品番号	重量	センサーA結果	センサーB結果	重量判定	3つの条件で判定
M2024080102	122	OK	OK	OK	True
M2024080107	122	OK	OK	OK	True
M2024080108	122	OK	OK	OK	True
M2024080109	122	OK	OK	OK	True
M2024080112	122	OK	OK	OK	True
M2024080113	122	OK	OK	OK	True
M2024080116	122	OK	OK	OK	True
M2024080117	122	OK	OK	OK	True
M2024080118	122	OK	OK	OK	True
M2024080120	122	OK	OK	OK	True
M2024080121	122	OK	OK	OK	True

練習用ファイル ▶ L032_AND関数.pbix ／ L032_AND関数.xlsx

使用例 ［センサーA結果］と［センサーB結果］がいずれも「OK」であるか判定する

=AND('生産データ'[センサーA結果]="OK",'生産データ'[センサーB結果]="OK")

ポイント

LogicalTest1 ［センサーA結果］列の値が「OK」であるか評価する式を指定する

LogicalTest2 ［センサーB結果］列の値が「OK」であるか評価する式を指定する

● Power BIの場合

［センサーA判定］と［センサーB判定］列が「OK」の行のみ「True」が表示される

条件に当てはまらない場合は「False」と表示されている

1 センサー判定 = AND('生産データ'[センサーA結果]="OK",'生産データ'[センサーB結果]="OK")

製品番号	重量	センサーA結果	センサーB結果	センサー判定
M2024080101	120	OK	OK	True
M2024080102	122	OK	OK	True
M2024080103	123	OK	OK	True
M2024080104	121	OK	OK	True
M2024080105	124	OK	OK	True
M2024080106	119	OK	OK	True
M2024080107	122	OK	OK	True
M2024080108	122	OK	OK	True
M2024080109	122	OK	OK	True
M2024080110	122	Check	OK	False
M2024080111	124	OK	OK	True
M2024080112	122	OK	OK	True
M2024080113	122	OK	OK	True
M2024080114	122	NG	OK	False
M2024080115	121	OK	OK	True
M2024080116	122	OK	OK	True

● Power Pivotの場合

［センサーA判定］と［センサーB判定］列が「OK」の行のみ「True」が表示される

条件に当てはまらない場合は「False」と表示されている

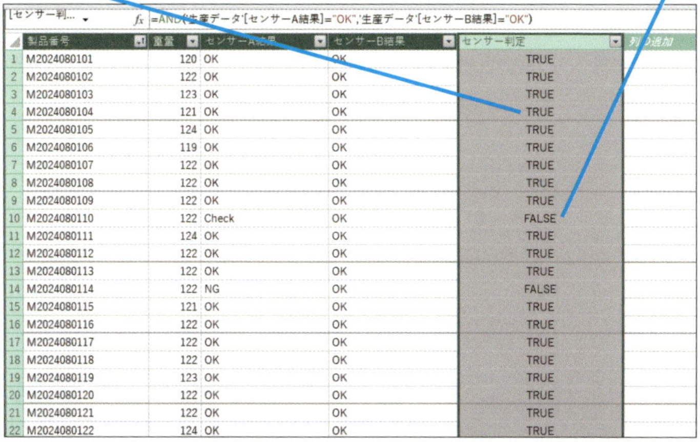

[センサー判... fx =AND('生産データ'[センサーA結果]="OK",'生産データ'[センサーB結果]="OK")

	製品番号	重量	センサーA結果	センサーB結果	センサー判定	列の追加
1	M2024080101	120	OK	OK	TRUE	
2	M2024080102	122	OK	OK	TRUE	
3	M2024080103	123	OK	OK	TRUE	
4	M2024080104	121	OK	OK	TRUE	
5	M2024080105	124	OK	OK	TRUE	
6	M2024080106	119	OK	OK	TRUE	
7	M2024080107	122	OK	OK	TRUE	
8	M2024080108	122	OK	OK	TRUE	
9	M2024080109	122	OK	OK	TRUE	
10	M2024080110	122	Check	OK	FALSE	
11	M2024080111	124	OK	OK	TRUE	
12	M2024080112	122	OK	OK	TRUE	
13	M2024080113	122	OK	OK	TRUE	
14	M2024080114	122	NG	OK	FALSE	
15	M2024080115	121	OK	OK	TRUE	
16	M2024080116	122	OK	OK	TRUE	
17	M2024080117	122	OK	OK	TRUE	
18	M2024080118	122	OK	OK	TRUE	
19	M2024080119	123	OK	OK	TRUE	
20	M2024080120	122	OK	OK	TRUE	
21	M2024080121	122	OK	OK	TRUE	
22	M2024080122	124	OK	OK	TRUE	

使いこなしのヒント

Power BIで「新しい列」を作るボタン

Power BIの［テーブルビュー］では、［ホーム］タブ以外にも、テーブルや列を選択しているときに表示される［テーブルツール］［列ツール］タブにも［新しい列］ボタンがあります。結果は同じですので、状況に応じて使いやすいボタンを使用できます。

使いこなしのヒント

結果を「True」ではなく「OK」と返したいときは?

AND関数だけでは判定結果を「True」と「False」にすることしかできませんが、AND関数をIF関数の条件式とすることで望む結果を返す式を作れます。［センサーA結果］［センサーB結果］のいずれも「OK」の場合、「OK」、それ以外の場合は空白を返す式は以下の通りです。

2つの条件をいずれも満たしている場合「OK」と返す

=IF(AND('生産データ'[センサーA結果]="OK",'生産データ'[センサーB結果]="OK"),"OK")

⚠ ここに注意

文字列を比較するときは全角・半角に注意しましょう。このレッスンで扱う練習用ファイルの各列に格納されている「OK」という文字列は、半角文字です。引数として全角で「ＯＫ」と入力してしまうと同じ文字と判定されないので、すべての行が「False」となってしまいます。

レッスン

33 複数の条件のいずれかを満たす場合を指定する

OR関数

データ集計を行う際、複数の条件を基に結果を判断したい場合もあります。OR関数を使用すれば2つの条件のいずれかを満たしているか判定できます。このレッスンでは2つのセンサーの結果のどちらかが「Check」の場合「True」を返す計算列を作成します。

論理関数 対応アプリ Power BI Power Pivot

2つの条件いずれかが満たされているかを判定する

```
=OR(LogicalTest1, LogicalTest2)
```

OR関数は、2つの引数にそれぞれ条件式を指定し、どちらか1つでも条件も満たしている場合には「True」、いずれも満たしていない場合には「False」を返します。OR関数で指定するOR条件は、複数の条件をいずれか1つでも満たす場合に「True」を返します。そのため、条件の数が増えれば増えるほど、Trueと判断される値が多くなる性質を持っています。ただしExcelワークシート関数と異なり、DAX関数のOR関数は引数を2つしか持てません。

引数

LogicalTest1, LogicalTest2	評価する条件式。比較演算子を使って左辺と右辺を比較する式や、真偽値を返す関数や列などを指定する

キーワード

False	P.215
True	P.215
計算列	P.216

使いこなしのヒント

3つの条件を判定するときは?

OR関数では条件を2つしか指定できませんが、3つ以上の条件を使って判定をする場合は「||」のように|(縦棒)を2つ重ねて条件同士をつなぐことで指定できます。例えば、3つの列の各行の値のいずれかが「OK」であるかを評価する場合には、以下のように記述できます。

[センサーA結果] が「OK」、または[センサーB結果] が「OK」、または[重量判定] が「OK」の場合

```
=('生産データ'[センサーA結果]="OK")
||('生産データ'[センサーB結果]="OK")
||('生産データ'[重量判定]="OK")
```

「|」を2つ重ねて条件同士をつなげば3つ以上の条件を使い判定できる

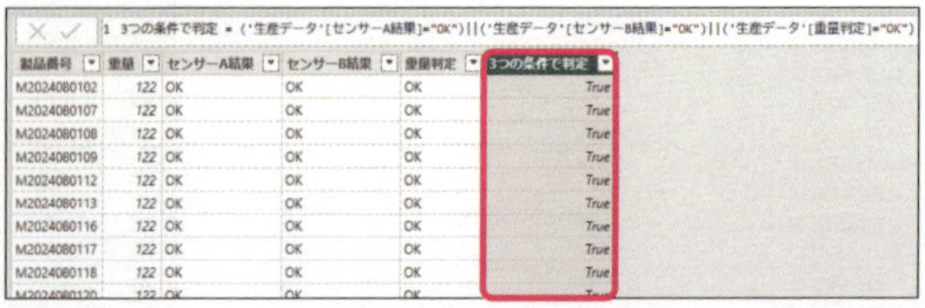

```
1 3つの条件で判定 = ('生産データ'[センサーA結果]="OK")||('生産データ'[センサーB結果]="OK")||('生産データ'[重量判定]="OK")
```

製品番号	重量	センサーA結果	センサーB結果	重量判定	3つの条件で判定
M2024080102	122	OK	OK	OK	True
M2024080107	122	OK	OK	OK	True
M2024080108	122	OK	OK	OK	True
M2024080109	122	OK	OK	OK	True
M2024080112	122	OK	OK	OK	True
M2024080113	122	OK	OK	OK	True
M2024080116	122	OK	OK	OK	True
M2024080117	122	OK	OK	OK	True
M2024080118	122	OK	OK	OK	True

練習用ファイル ▸ L033_OR関数.pbix ／ L033_OR関数.xlsx

使用例 ［センサーA結果］［センサーB結果］いずれかが「Check」であるか判定する

=OR('生産データ'[センサーA結果]="Check",'生産データ'[センサーB結果]="Check")

ポイント

LogicalTest1	［センサーA結果］列の値が「Check」であるか評価する式を指定する
LogicalTest2	［センサーB結果］列の値が「Check」であるか評価する式を指定する

● Power BIの場合

［センサーA判定］と［センサーB判定］列のどちらかに「Check」がある行に「True」が表示される

条件に当てはまらない場合は「False」と表示されている

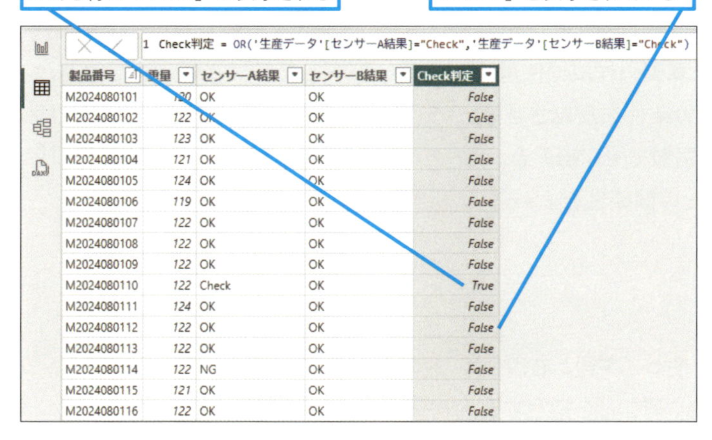

1 Check判定 = OR('生産データ'[センサーA結果]="Check",'生産データ'[センサーB結果]="Check")

製品番号	重量	センサーA結果	センサーB結果	Check判定
M2024080101	120	OK	OK	False
M2024080102	122	OK	OK	False
M2024080103	123	OK	OK	False
M2024080104	121	OK	OK	False
M2024080105	124	OK	OK	False
M2024080106	119	OK	OK	False
M2024080107	122	OK	OK	False
M2024080108	122	OK	OK	False
M2024080109	122	OK	OK	False
M2024080110	122	Check	OK	True
M2024080111	124	OK	OK	False
M2024080112	122	OK	OK	False
M2024080113	122	OK	OK	False
M2024080114	122	NG	OK	False
M2024080115	121	OK	OK	False
M2024080116	122	OK	OK	False

● Power Pivotの場合

［センサーA判定］と［センサーB判定］列のどちらかに「Check」がある行に「True」が表示される

条件に当てはまらない場合は「False」と表示されている

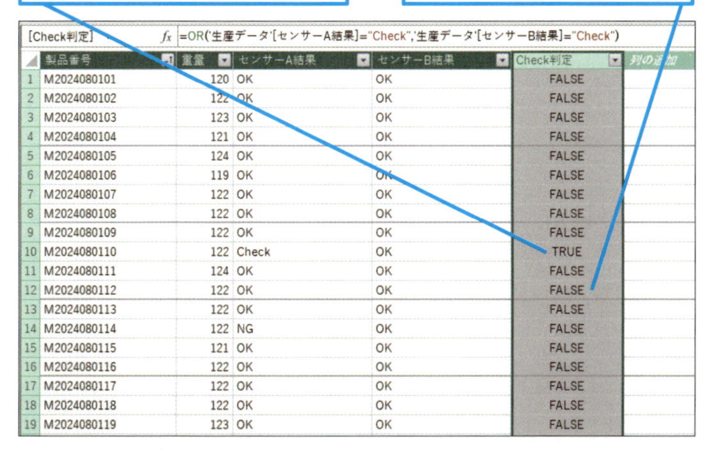

[Check判定] fx =OR('生産データ'[センサーA結果]="Check",'生産データ'[センサーB結果]="Check")

	製品番号	重量	センサーA結果	センサーB結果	Check判定	列の追加
1	M2024080101	120	OK	OK	FALSE	
2	M2024080102	122	OK	OK	FALSE	
3	M2024080103	123	OK	OK	FALSE	
4	M2024080104	121	OK	OK	FALSE	
5	M2024080105	124	OK	OK	FALSE	
6	M2024080106	119	OK	OK	FALSE	
7	M2024080107	122	OK	OK	FALSE	
8	M2024080108	122	OK	OK	FALSE	
9	M2024080109	122	OK	OK	FALSE	
10	M2024080110	122	Check	OK	TRUE	
11	M2024080111	124	OK	OK	FALSE	
12	M2024080112	122	OK	OK	FALSE	
13	M2024080113	122	OK	OK	FALSE	
14	M2024080114	122	NG	OK	FALSE	
15	M2024080115	121	OK	OK	FALSE	
16	M2024080116	122	OK	OK	FALSE	
17	M2024080117	122	OK	OK	FALSE	
18	M2024080118	122	OK	OK	FALSE	
19	M2024080119	123	OK	OK	FALSE	

使いこなしのヒント
「||」を入力するときは?

「|」（縦棒）はキーボードでShiftキーを押しながら右上端の「\」キーから入力できます。OR演算子として使用するときは「||」のように2回入力します。

使いこなしのヒント
こんな条件指定ではダメ

下の例はAND関数やOR関数でよくある間違いです。IF関数の条件式にネストする場合に特に多く見かけます。AND条件、OR条件、どちらの場合でも引数（条件）に式を指定する場合、それぞれが比較演算子を持った式となりますので注意しましょう。

=OR('生産データ'[センサーA結果],'生産データ'[センサーB結果])="Check"

レッスン

34 条件に当てはまらない場合を指定する

NOT関数

これまで紹介した関数では条件を満たすかを判定してきましたが、条件を満たさないという判定したい場合もあります。このレッスンではNOT関数を使って［重量］列の値が「120」以上かを判定し、条件を満たさなければ「True」を返す計算列を作ります。

論理関数　対応アプリ Power BI Power Pivot

条件を満たさない場合「True」を返す

=NOT(Logical)

NOT関数は引数に条件式を指定し、その結果の「True」と「False」を反転させる関数です。このレッスンでは計算列の作成に使用しましたが、NOT関数はIF関数やFILTER関数の条件を反転させるために条件式を囲む形で使われることが多い関数です。組み合わせる関数と、NOT関数で反転させている条件との関係性をイメージしながら活用しましょう。

キーワード

False	P.215
True	P.215
条件式	P.216

引数

Logical　評価する条件式。比較演算子を使って左辺と右辺を比較する式や、真偽値を返す関数や列などを指定する

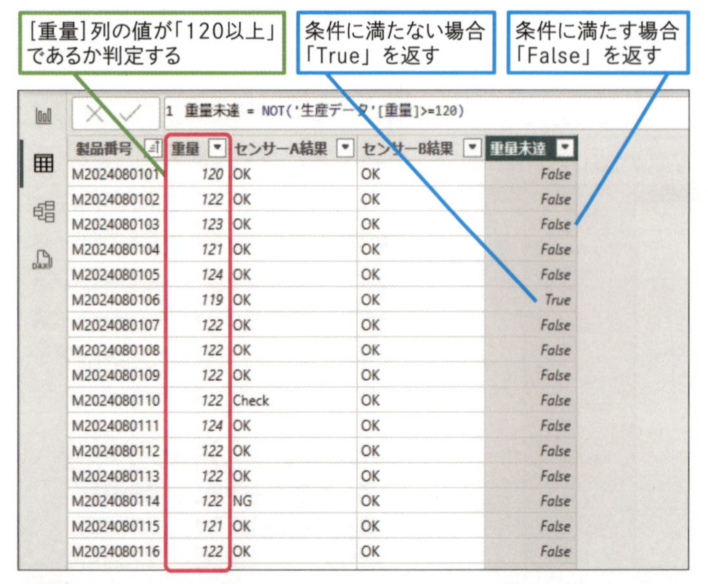

製品番号	重量	センサーA結果	センサーB結果	重量未達
M2024080101	120	OK	OK	False
M2024080102	122	OK	OK	False
M2024080103	123	OK	OK	False
M2024080104	121	OK	OK	False
M2024080105	124	OK	OK	False
M2024080106	119	OK	OK	True
M2024080107	122	OK	OK	False
M2024080108	122	OK	OK	False
M2024080109	122	OK	OK	False
M2024080110	122	Check	OK	False
M2024080111	124	OK	OK	False
M2024080112	122	OK	OK	False
M2024080113	122	OK	OK	False
M2024080114	122	NG	OK	False
M2024080115	121	OK	OK	False
M2024080116	122	OK	OK	False

練習用ファイル ▸ L034_NOT関数.pbix ／ L034_NOT関数.xlsx

使用例 ［重量］列の値が「120以上」か判定し、条件に満たない場合「True」を返す

```
=NOT('生産データ'[重量]>=120)
```

ポイント

Logical	［重量］列の値が「120以上」であるか評価する式を指定する

● Power BIの場合

［重量］列の値が「120」未満の行に「True」が表示される

条件を満たす場合は「False」が表示されている

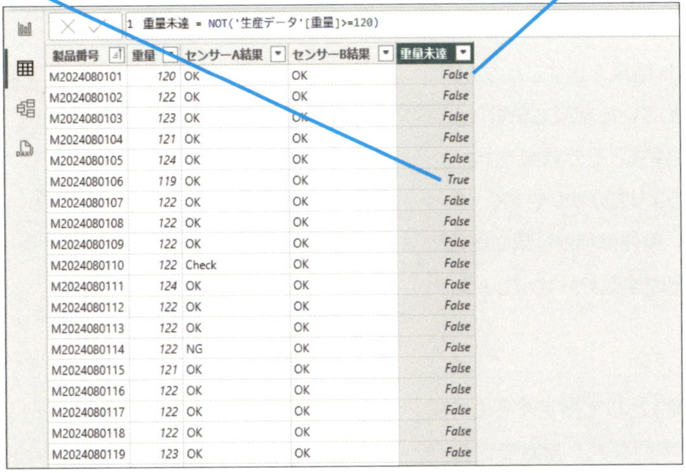

1 重量未達 = NOT('生産データ'[重量]>=120)

製品番号	重量	センサーA結果	センサーB結果	重量未達
M2024080101	120	OK	OK	False
M2024080102	122	OK	OK	False
M2024080103	123	OK	OK	False
M2024080104	121	OK	OK	False
M2024080105	124	OK	OK	False
M2024080106	119	OK	OK	True
M2024080107	122	OK	OK	False
M2024080108	122	OK	OK	False
M2024080109	122	OK	OK	False
M2024080110	122	Check	OK	False
M2024080111	124	OK	OK	False
M2024080112	122	OK	OK	False
M2024080113	122	OK	OK	False
M2024080114	122	NG	OK	False
M2024080115	121	OK	OK	False
M2024080116	122	OK	OK	False
M2024080117	122	OK	OK	False
M2024080118	122	OK	OK	False
M2024080119	123	OK	OK	False

● Power Pivotの場合

［重量］列の値が「120」未満の行に「True」が表示される

条件を満たす場合は「False」が表示されている

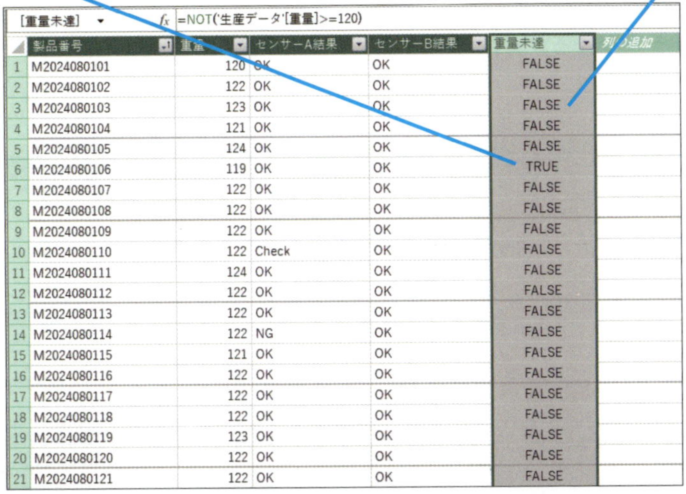

［重量未達］ fx =NOT('生産データ'[重量]>=120)

	製品番号	重量	センサーA結果	センサーB結果	重量未達	列の追加
1	M2024080101	120	OK	OK	FALSE	
2	M2024080102	122	OK	OK	FALSE	
3	M2024080103	123	OK	OK	FALSE	
4	M2024080104	121	OK	OK	FALSE	
5	M2024080105	124	OK	OK	FALSE	
6	M2024080106	119	OK	OK	TRUE	
7	M2024080107	122	OK	OK	FALSE	
8	M2024080108	122	OK	OK	FALSE	
9	M2024080109	122	OK	OK	FALSE	
10	M2024080110	122	Check	OK	FALSE	
11	M2024080111	124	OK	OK	FALSE	
12	M2024080112	122	OK	OK	FALSE	
13	M2024080113	122	OK	OK	FALSE	
14	M2024080114	122	NG	OK	FALSE	
15	M2024080115	121	OK	OK	FALSE	
16	M2024080116	122	OK	OK	FALSE	
17	M2024080117	122	OK	OK	FALSE	
18	M2024080118	122	OK	OK	FALSE	
19	M2024080119	123	OK	OK	FALSE	
20	M2024080120	122	OK	OK	FALSE	
21	M2024080121	122	OK	OK	FALSE	

使いこなしのヒント

「True」「False」とは？

論理関数を扱うためには「True」や「False」を理解する必要があります。「True」は「真」、「False」は「偽」とも表現され、指定した条件式を満たしているかどうかを表しています。返される値は「真偽値」「ブーリアン（Boolean）」と呼ばれる特別なデータ型です。

使いこなしのヒント

NOT関数で複数の条件の結果を反転させたいときは？

NOT関数の引数は1つしか指定できません。そのため、複数の条件を指定してその判定結果を反転させたいときは、NOT関数の引数としてAND関数やOR関数を指定します。

レッスン

35 条件によって結果を複数に分岐させる

SWITCH関数

IF関数を使えば条件により結果を2つに分岐できましたが、3つ以上に分岐させるときはSWICH関数を使うと便利です。このレッスンでは［重量］列の値を評価して、結果を「VG」「G」「-1」「+1」「B」の5つに分岐させる計算列を作成します。

論理関数　対応アプリ Power BI Power Pivot

複数の条件によりそれぞれの結果を分岐させる

SWITCH(式, 値1, 結果1, 値2, 結果2, …, [Else])

SWITCH関数は、複数の条件に対してそれぞれ結果を返すことのできる関数です。このため、IF関数をネストして求めていた結果もSWITCH関数を使うと、1つの関数で求められます。条件式とその結果を1セットにして引数に記述できるため、IF関数のネストよりも分かりやすく、条件が多くあった場合のメンテナンスが容易です。条件は前から順に評価されるため、条件の優先度が高い順に前から記述するようにしましょう。

キーワード

演算子	P.216
計算列	P.216
定数	P.217

引数

- **式**　評価する式。2つ目以降の引数で「値」として指定するものと比較するもの。式や列、定数や文字列などを指定できる
- **値**　1つ目の引数「式」と比較する値。式や列、定数や文字列などを指定できる
- **結果**　「式」と「値」が一致したときに返す結果を指定する。これ以降、値と結果をペアにして必要数繰り返す
- **Else**　どの値にも一致しない場合の結果を指定する。省略可。省略した場合は空白を返す

使いこなしのヒント

「以上」「以下」など、値に幅を持たせて評価するときは?

「以上」「以下」「等しい」など、比較演算子を使って求める条件をSWITCH関数の引数として扱う場合、1つ目の引数「式」に「True()」を指定し、「値」に比較演算子を使って条件を指定します。

以下の式は重量が「123以上」を「超過」、「120未満」を「不足」、それ以外を「Good」とする場合の一例です。True関数は「True」を返す関数で引数はありませんが、かっこの入力は必要です。

［重量］が123以上なら「超過」、120未満なら「不足」、それ以外は「Good」を返す

```
=SWITCH(True(),'生産データ'[重量]>=123,"超過",'生産データ'[重量]<120,"不足","Good")
```

練習用ファイル ▸ L035_SWITCH関数.pbix ／ L025_SWITCH関数.xlsx

使用例 ［重量］列の値を判定し条件に応じて5つの結果に分ける

```
=SWITCH('生産データ'[重量],122,"VG",121,"G",120,"-1",123,"+1","B")
```

ポイント

- **式**　2つ目以降の「値」として指定された引数と比較する［重量］列を指定する
- **値**　［重量］列の値と比較する「122」を指定する
- **結果**　［重量］列の値が「122」だった場合の結果として「"VG"」を指定する。以降同様に［値］と［結果］を繰り返す
- **Else**　どの値にも当てはまらなかった場合の結果として「"B"」を指定する

● Power BIの場合

［重量］列の値が「122」は「VG」、「121」は「G」、「120」は「-1」、「123」は「+1」、それ以外は「B」と表示される

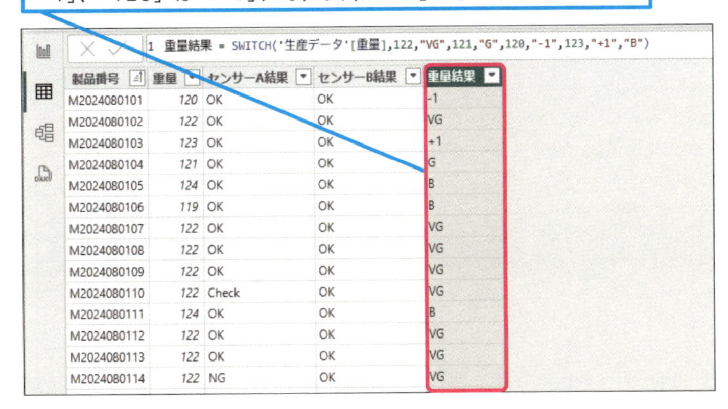

1 重量結果 = SWITCH('生産データ'[重量],122,"VG",121,"G",120,"-1",123,"+1","B")

製品番号	重量	センサーA結果	センサーB結果	重量結果
M2024080101	120	OK	OK	-1
M2024080102	122	OK	OK	VG
M2024080103	123	OK	OK	+1
M2024080104	121	OK	OK	G
M2024080105	124	OK	OK	B
M2024080106	119	OK	OK	B
M2024080107	122	OK	OK	VG
M2024080108	122	OK	OK	VG
M2024080109	122	OK	OK	VG
M2024080110	122	Check	OK	VG
M2024080111	124	OK	OK	B
M2024080112	122	OK	OK	VG
M2024080113	122	OK	OK	VG
M2024080114	122	NG	OK	VG

● Power Pivotの場合

［重量］列の値を基に「VG」「G」「-1」「+1」「B」が表示される

［重量結果］ fx =SWITCH('生産データ'[重量],122,"VG",121,"G",120,"-1",123,"+1","B")

	製品番号	重量	センサーA結果	センサーB結果	重量結果	列の追加
1	M2024080101	120	OK	OK	-1	
2	M2024080102	122	OK	OK	VG	
3	M2024080103	123	OK	OK	+1	
4	M2024080104	121	OK	OK	G	
5	M2024080105	124	OK	OK	B	
6	M2024080106	119	OK	OK	B	
7	M2024080107	122	OK	OK	VG	
8	M2024080108	122	OK	OK	VG	
9	M2024080109	122	OK	OK	VG	
10	M2024080110	122	Check	OK	VG	
11	M2024080111	124	OK	OK	B	
12	M2024080112	122	OK	OK	VG	
13	M2024080113	122	OK	OK	VG	
14	M2024080114	122	NG	OK	VG	
15	M2024080115	121	OK	OK	G	
16	M2024080116	122	OK	OK	VG	

使いこなしのヒント

「-1」「+1」を「"」で囲んでいるのはなぜ？

この計算列で求める値をすべて文字列にするため、「-1」「+1」も他の「結果」と同様に「"」（ダブルクォーテーション）で囲んでいます。文字列である「-1」「+1」は数値として計算に使用することはできません。

スキルアップ

日付テーブルで集計軸となる列を作成する

日付テーブルではデータ分析の軸とするため年度や四半期の列を追加したり、月を年度の期首から並べるための［並べ替え用］列を追加することがあります。これによって年度ごと、四半期ごとの集計が容易に行えるようになります。これらの列の作成にはSWICTH関数やIF関数が使われます。年度と［並べ替え用］列は、月の値が3以下かどうかの1つの条件で判定できるためIF関数を使います。四半期は、複数の条件を使って4つに結果を分岐する必要があるため、SWITCH関数を使います。

月の値が3以下なら1少ない、そうでなければそのままの年の値を返す

```
年度=IF(MONTH([Date])<=3,YEAR([Date])-1,YEAR([Date]))&"年度"
```

［Date］列の値を基に「年度」の列が作成できる

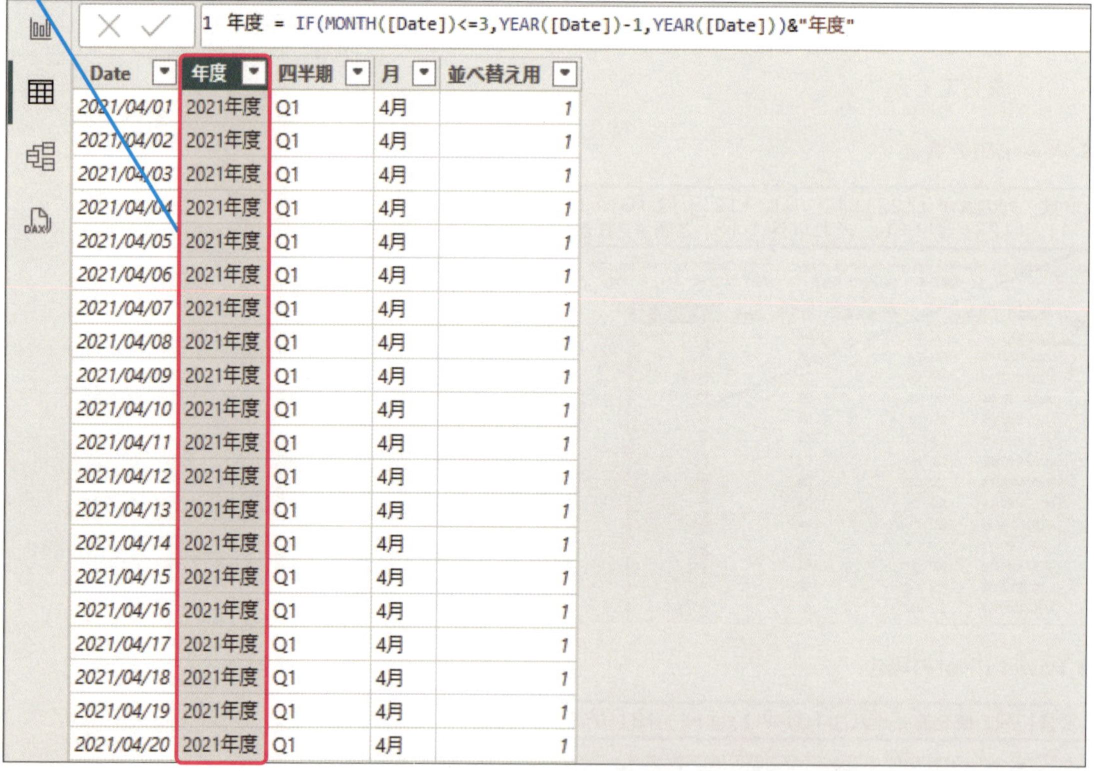

```
1 年度 = IF(MONTH([Date])<=3,YEAR([Date])-1,YEAR([Date]))&"年度"
```

Date	年度	四半期	月	並べ替え用
2021/04/01	2021年度	Q1	4月	1
2021/04/02	2021年度	Q1	4月	1
2021/04/03	2021年度	Q1	4月	1
2021/04/04	2021年度	Q1	4月	1
2021/04/05	2021年度	Q1	4月	1
2021/04/06	2021年度	Q1	4月	1
2021/04/07	2021年度	Q1	4月	1
2021/04/08	2021年度	Q1	4月	1
2021/04/09	2021年度	Q1	4月	1
2021/04/10	2021年度	Q1	4月	1
2021/04/11	2021年度	Q1	4月	1
2021/04/12	2021年度	Q1	4月	1
2021/04/13	2021年度	Q1	4月	1
2021/04/14	2021年度	Q1	4月	1
2021/04/15	2021年度	Q1	4月	1
2021/04/16	2021年度	Q1	4月	1
2021/04/17	2021年度	Q1	4月	1
2021/04/18	2021年度	Q1	4月	1
2021/04/19	2021年度	Q1	4月	1
2021/04/20	2021年度	Q1	4月	1

ポイント

- **LogicalTest**　［Date］列のシリアル値から「月」の値を取り出した結果が3以下であるか評価する
- **ResultTrue**　条件を満たす場合［Date］列のシリアル値から「年」の値を取り出したものから1を引く
- **ResultFalse**　条件を満たさない場合［Date］列のシリアル値から「年」の値を取り出す

月の値が3以下なら「Q4」、それ以降3か月ごとに「Q1」「Q2」「Q3」を返す

```
=SWITCH(True(),MONTH([Date])<=3,"Q4",MONTH([Date])<=6,"Q1",
MONTH([Date])<=9,"Q2","Q3")
```

[Date] 列の値が条件式に「True」であるか判定することで [四半期] の列が作成できる

```
1 四半期 = SWITCH(TRUE(),MONTH([Date])<=3,"Q4",MONTH([Date])<=6,"Q1",MONTH([Date])<=9,"Q2","Q3")
```

Date	年度	四半期	月	並べ替え用
2021/04/01	2021年度	Q1	4月	1
2021/04/02	2021年度	Q1	4月	1
2021/04/03	2021年度	Q1	4月	1
2021/04/04	2021年度	Q1	4月	1
2021/04/05	2021年度	Q1	4月	1
2021/04/06	2021年度	Q1	4月	1
2021/04/07	2021年度	Q1	4月	1

ポイント

- 式　True関数を指定する
- 値1　[Date] 列のシリアル値から「月」の値を取り出し、3以下かを評価する
- 結果1　条件を満たす場合「Q4」を返す
- 値2　値1を満たさなかった行の [Date] 列のシリアル値から「月」の値を取り出し、6以下かを評価する
- 結果2　条件を満たす場合「Q1」を返す
- 値3　値2を満たさなかった行の [Date] 列のシリアル値から「月」の値を取り出し、9以下かを評価する
- Else　どの条件も満たさなかった場合「Q3」を返す

[Date] 列の月の値が3以下なら+9、そうでなければ-3した値を返す

並べ替え用=IF(MONTH([Date])<=3,MONTH([Date])+9,MONTH([Date])-3)

[Date] 列の値が3以下かどうかを判定して、[並べ替え] 列を作成できる

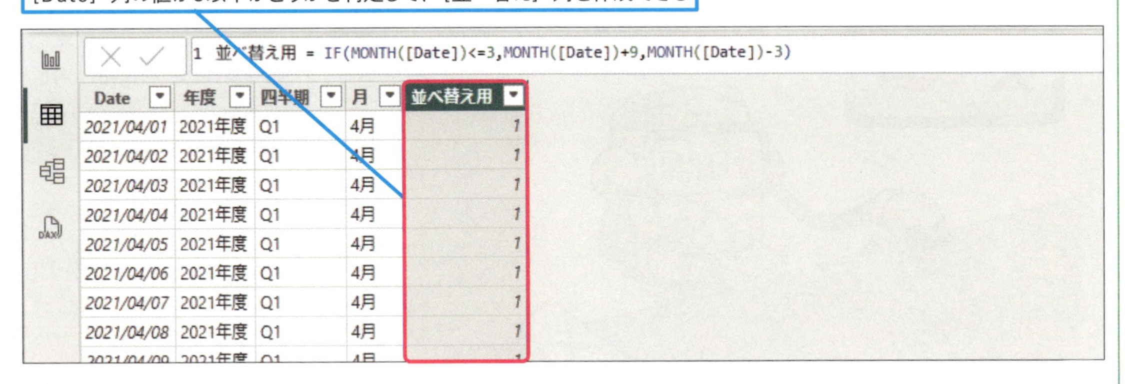

ポイント

- LogicalTest　[Date] 列のシリアル値から「月」の値を取り出した結果が3以下であるか評価する
- ResultTrue　条件を満たす場合 [Date] 列のシリアル値から「月」の値を取り出したものに9を足す
- ResultTrue　条件を満たす場合 [Date] 列のシリアル値から「月」の値を取り出したものから3を引く

レッスン
36 エラーになる場合の処理を決める

IFERROR関数

DAXのIFERROR関数もExcelワークシート関数と似ています。このレッスンでは［在庫数］を［入数］で割って［出荷可能箱数］を求めていますが、入数「0」のアイテムでエラーが発生するので、IFERROR関数を使って修正します。

論理関数　対応アプリ Power BI Power Pivot

式の結果や値がエラーになる場合の処理を決めておく

=IFERROR(値,ValueIfError)

IFERROR関数は式の結果がエラーになる場合に返す値をあらかじめ決めておく関数です。1つ目の引数の結果がエラーの場合2つ目の引数を返します。エラーではない場合は、そのまま1つ目の引数の結果を返します。2つ目の引数には、定数や文字列の他、式を指定して別の計算をさせることも可能です。

引数

値	エラーの発生する可能性のある式や値を指定する
ValueIfError	「値」の結果がエラーの場合に返す値を指定する

エラーになった場合に指定した値を表示できる

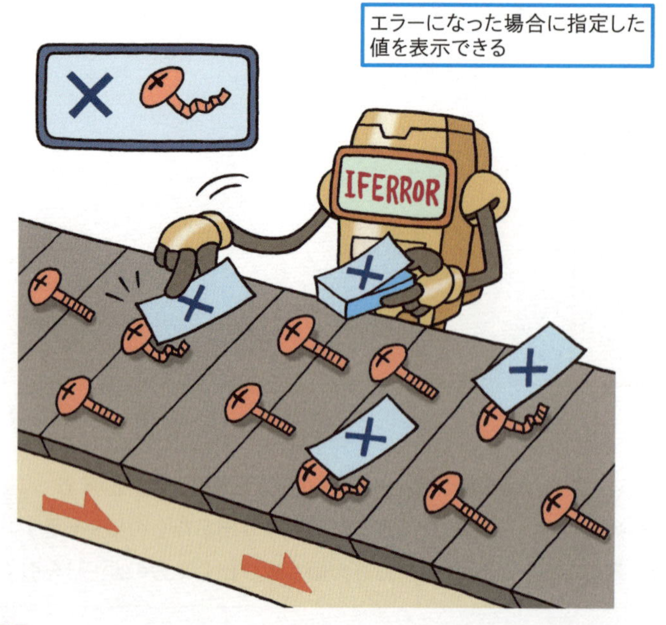

キーワード

Excelワークシート関数 P.215
アイテム P.216
定数 P.217

使いこなしのヒント

ビジュアルに表示されていた「無限大」とは

「無限大」はこのレッスンの例のように、分母に0を使った計算結果に表示されるエラー値の一種です。数値を0で割ることはできないため、エラーとなります。

分母が0になっている場合、エラーとして「無限大」と表示される

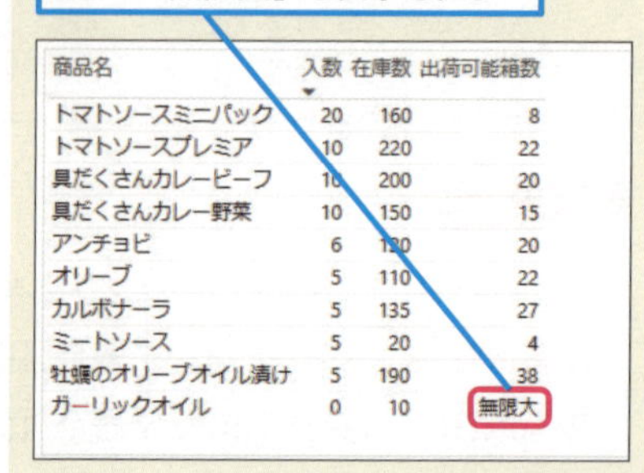

商品名	入数	在庫数	出荷可能箱数
トマトソースミニパック	20	160	8
トマトソースプレミア	10	220	22
具だくさんカレービーフ	10	200	20
具だくさんカレー野菜	10	150	15
アンチョビ	6	120	20
オリーブ	5	110	22
カルボナーラ	5	135	27
ミートソース	5	20	4
牡蠣のオリーブオイル漬け	5	190	38
ガーリックオイル	0	10	無限大

練習用ファイル ▸ L036_IFERROR関数.pbix ／ L36_IFERROR関数.xlsx

使用例 [在庫数] を [入り数] で割りエラーになる場合は「出荷停止中」と表示する

=IFERROR('入出庫リスト'[在庫数]/'入出庫リスト'[入数],"出荷停止中")

ポイント

値	出荷可能箱数を求めるため［在庫数］／［入数］を指定する
ValueIfError	エラーの場合に返す値「"出荷停止中"」を指定する

● Power BIの場合

1 ［入出庫リスト］テーブルの［出荷可能箱数］メジャーを選択

2 メジャーの式を上記に修正

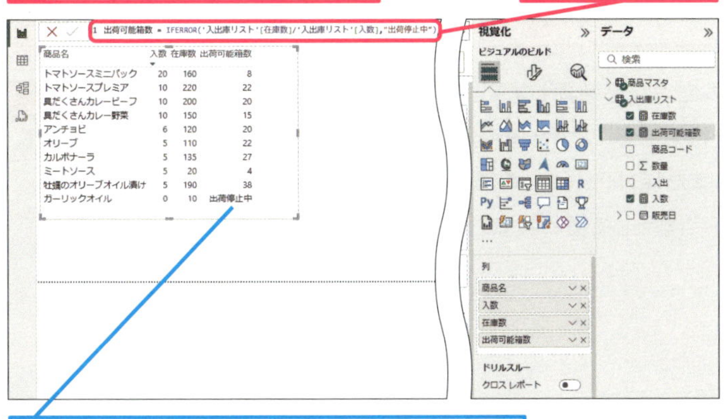

ビジュアルで、「ガーリックオイル」の出荷可能箱数が「無限大」から「出荷停止中」に変わる

● Power Pivotの場合

1 42ページの使いこなしのヒントを参考に［出荷可能箱数］メジャーの式を上記に修正

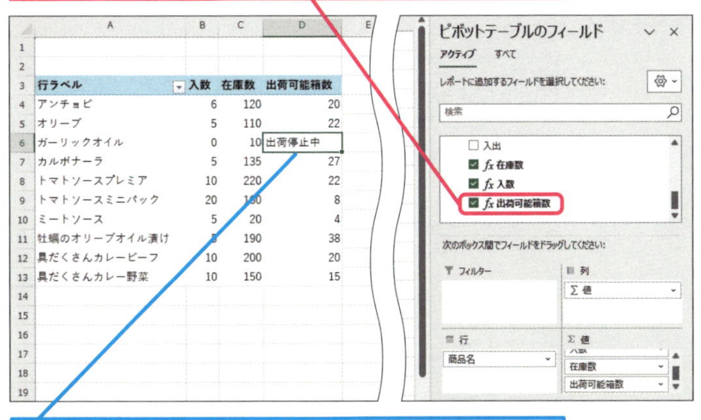

ピボットテーブルで、「ガーリックオイル」の出荷可能箱数が「#NUM!」から「出荷停止中」に変わる

使いこなしのヒント

ピボットテーブルに表示されていた「#NUM!」とは

「#NUM!」はビジュアルの「無限大」と同様、分母に0を使った計算結果に表示されるエラー値の一種です。

使いこなしのヒント

さらにスマートに処理するには

このレッスンの例の場合、レッスン11で学んだDIVIDE関数を使うと、もっとスマートに同じ結果を求められます。3つ目の引数でエラーの場合の処理を指定できます。

［在庫数］を［入数］で割った値を、エラーの場合は「出荷停止中」を返す

=DIVIDE('入出庫リスト'[在庫数],'入出庫リスト'[入数],"出荷停止中")

レッスン
37 エラーになるか判断する

ISERROR関数

想定しない値が集計データに含まれる場合など、数式の結果がエラーになる場合があります。このレッスンでは、ISERROR関数で［入数］で［在庫数］を割った結果がエラーになる場合は「True」、ならない場合は「False」と表示させるメジャーを作成します。

論理関数 対応アプリ Power BI Power Pivot

エラーになる場合はTrue、ならない場合はFalseを返す

=ISERROR(値)

ISERROR関数は式の結果がエラーになるかどうかを判断します。ISERROR関数の引数は1つのみです。式を指定することが一般的ですが値も指定できます。結果は「True」または「False」の真偽値で返されるため、IF関数など他の関数の引数として使われています。

キーワード

書式	P.216
総計	P.217
ビジュアル	P.217

引数

値 エラーの発生する可能性のある式や値を指定する

使いこなしのヒント

IF関数の中で利用すると?

ISERROR関数を単独で使用すると結果は「True」「False」の真偽値で返りますが、関数に慣れない人には意味が分かりにくいものです。IF関数の条件式として、1つ目の引数にこのレッスンで作成したメジャーを使用すると、エラーが発生する行に"出荷停止中"と表示させるメジャーを作成できます。

メジャー［エラー確認］の結果がTrueの場合「出荷停止中」と返す

=IF('入出庫リスト'[エラー確認],"出荷停止中")

作成したメジャーで［True］となっている場合に「出荷停止中」と表示される

商品名	入数	在庫数	エラー確認	IF処理
アンチョビ	6	120	False	
オリーブ	5	110	False	
ガーリックオイル	0	10	True	出荷停止中
カルボナーラ	5	135	False	
トマトソースプレミア	10	220	False	
トマトソースミニパック	20	160	False	
ミートソース	5	20	False	
牡蠣のオリーブオイル漬け	5	190	False	
具だくさんカレービーフ	10	200	False	
具だくさんカレー野菜	10	150	False	

練習用ファイル ▸ L037_ISERROR関数.pbix ／ L037_ISERROR関数.xlsx

使用例 ［在庫数］／［入数］がエラーになる場合はTrueを、ならない場合はFalseを返す

=ISERROR('入出庫リスト'[在庫数]/'入出庫リスト'[入数])

ポイント

値　エラーの有無を確認するため［在庫数］/［入数］を指定する

● Power BIの場合

1 ［入出庫リスト］テーブルに上記式の「エラー確認」というメジャーを作成

2 ビジュアルを選択し、［エラー確認］を［列］に追加

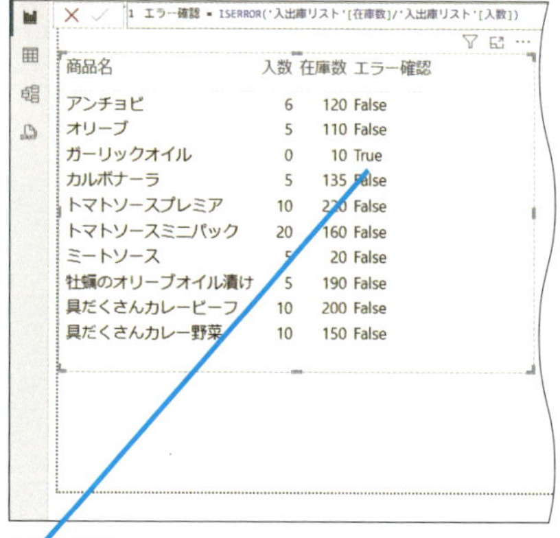

商品名	入数	在庫数	エラー確認
アンチョビ	6	120	False
オリーブ	5	110	False
ガーリックオイル	0	10	True
カルボナーラ	5	135	False
トマトソースプレミア	10	220	False
トマトソースミニパック	20	160	False
ミートソース	5	20	False
牡蠣のオリーブオイル漬け	5	190	False
具だくさんカレービーフ	10	200	False
具だくさんカレー野菜	10	150	False

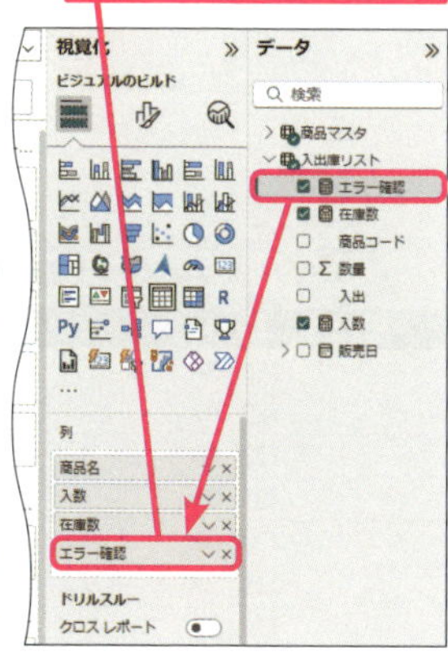

式の結果がエラーになる場合「True」と表示される

● Power Pivotの場合

1 ［入出庫リスト］テーブルに上記式の「エラー確認」というメジャーを作成

2 フィールドリスト内の［エラー確認］を［値］ボックスに追加

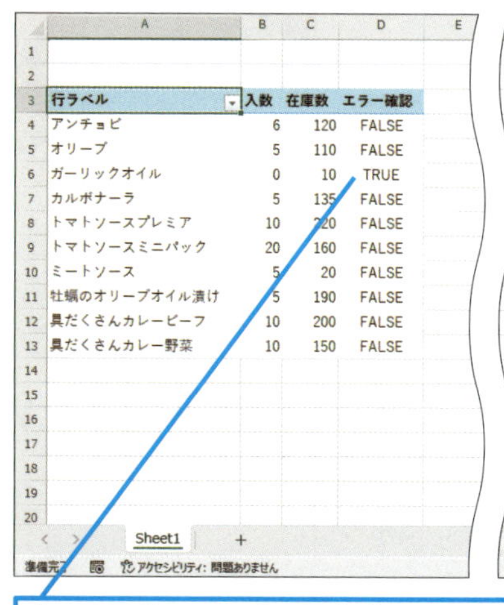

行ラベル	入数	在庫数	エラー確認
アンチョビ	6	120	FALSE
オリーブ	5	110	FALSE
ガーリックオイル	0	10	TRUE
カルボナーラ	5	135	FALSE
トマトソースプレミア	10	220	FALSE
トマトソースミニパック	20	160	FALSE
ミートソース	5	20	FALSE
牡蠣のオリーブオイル漬け	5	190	FALSE
具だくさんカレービーフ	10	200	FALSE
具だくさんカレー野菜	10	150	FALSE

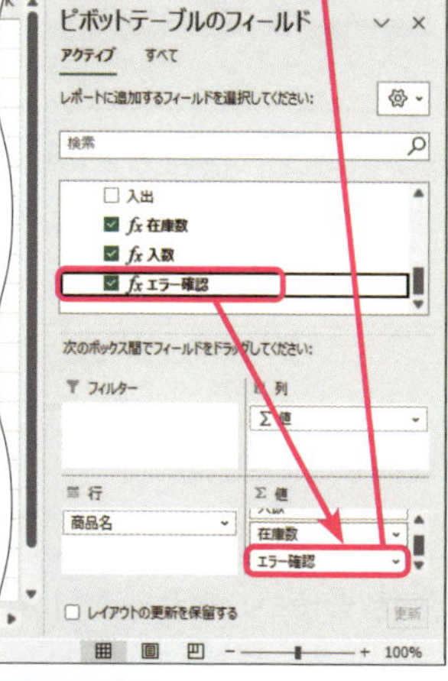

式の結果がエラーになる場合「True」と表示される

使いこなしのヒント

ビジュアルのテーブルに合計行が無いのはなぜ?

［ビジュアルの書式設定］-［ビジュアル］-［合計］の［値］スイッチをオフにしているため、列の合計を求める集計行が表示されません。このテーブルのように、アイテムの合計を求める意味が無い場合には、非表示にしておきましょう。

使いこなしのヒント

ピボットテーブルに合計行が無いのはなぜ?

［デザイン］-［総計］ボタンから［行と列の集計を行わない］を選択しているため、列の合計を求める集計行が表示されません。このテーブルのように、アイテムの合計を求める意味が無い場合には、非表示にしておきましょう。

この章のまとめ

フィルターや条件指定による操作はDAXの肝

フィルター関数では、集計の基となるテーブルを条件に応じて変化させてから関数の中で使用することや、ビジュアルやピボットテーブルでのフィルターを無効にするなど、複雑な計算をするための下準備ができます。また、論理関数を使えば、結果を自在に分けて新たな集計軸を作成することができます。この章で学んだ関数を使いこなすことで、さらに深い集計や分析が行えるようになりますので、しっかり練習して実務で活用できるようになりましょう。

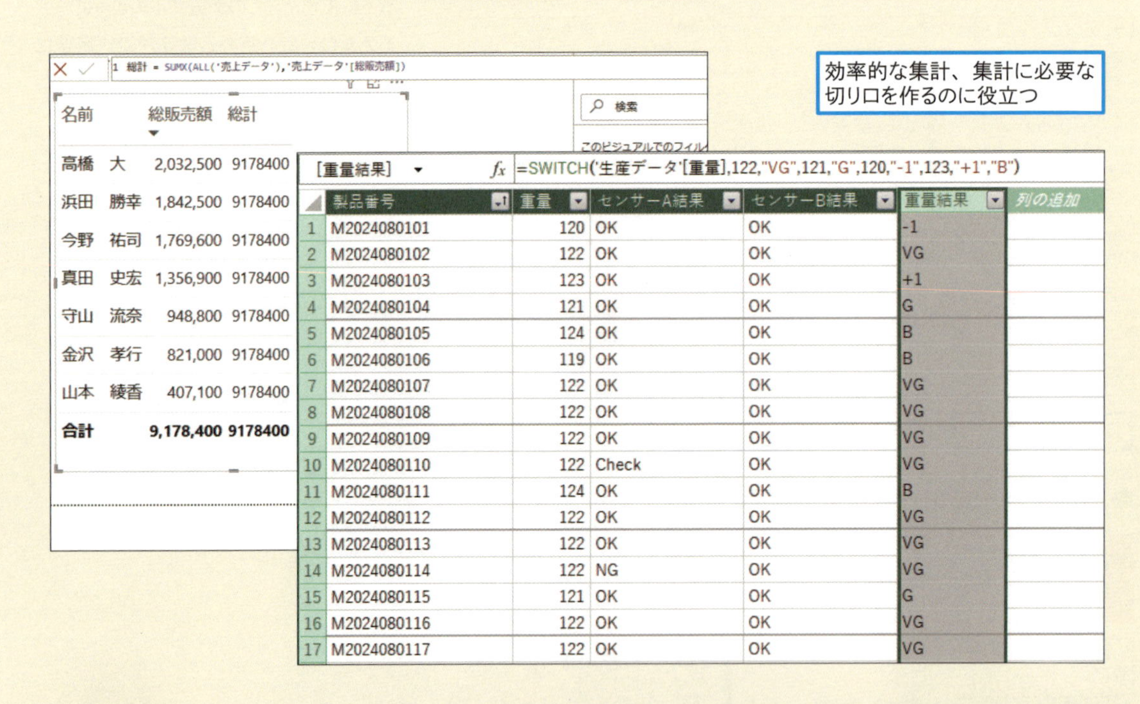

名前	総販売額	総計
高橋 大	2,032,500	9178400
浜田 勝幸	1,842,500	9178400
今野 祐司	1,769,600	9178400
真田 史宏	1,356,900	9178400
守山 流奈	948,800	9178400
金沢 孝行	821,000	9178400
山本 綾香	407,100	9178400
合計	**9,178,400**	**9178400**

	製品番号	重量	センサーA結果	センサーB結果	重量結果	列の追加
1	M2024080101	120	OK	OK	-1	
2	M2024080102	122	OK	OK	VG	
3	M2024080103	123	OK	OK	+1	
4	M2024080104	121	OK	OK	G	
5	M2024080105	124	OK	OK	B	
6	M2024080106	119	OK	OK	B	
7	M2024080107	122	OK	OK	VG	
8	M2024080108	122	OK	OK	VG	
9	M2024080109	122	OK	OK	VG	
10	M2024080110	122	Check	OK	VG	
11	M2024080111	124	OK	OK	B	
12	M2024080112	122	OK	OK	VG	
13	M2024080113	122	OK	OK	VG	
14	M2024080114	122	NG	OK	VG	
15	M2024080115	121	OK	OK	G	
16	M2024080116	122	OK	OK	VG	
17	M2024080117	122	OK	OK	VG	

新しいテーブルを作る関数ってほんとに便利ですね！　最初は「難しそうだし使わないかも」と思っていたけど、テーブルの作成と集計が一気にできて効率的！

ね！　もし分からなくなったら**レッスン26**でいわれた通り、実際にテーブルを作っちゃえば理解も深まるしね。

そうそう。この章で学んだ関数を使いこなせるようになると、活用の幅がぐんと広がるから、焦らず着実に理解してほしい！

活用編

第6章

日付や時刻を使った計算をしよう

時系列を軸とした集計を相対的に行えるのもDAXの特徴の1つです。時系列の集計に必要な日付テーブルと、日付テーブルの中でよく使われる日付時刻関数、昨年対比や前月比などをメジャーで簡単に集計するために必要なタイムインテリジェンス関数を中心に紹介します。

レッスン

38 Introduction この章で学ぶこと 日付テーブルを関数で操作しよう

第2章で日付テーブルの基本を解説しました。この章では、新たに集計の切り口となる列を作成したり、特定の期間の日付テーブルを作成したりする関数を解説します。それらの関数が分析や集計においてどう役立つのか、ここで押さえておきましょう。

日付データを基に集計の切り口となる列を追加する

確か、第3章のレッスン14で日付テーブルのデータを使って新しい列が追加できることを少し触れられていましたね。

よく覚えていたね。日付テーブルのデータを基に［年］や［月］など、新たな列を追加して集計の切り口にできることは解説したよね。この章ではそういった日付テーブルの中でよく使われる日付や時刻を扱う関数を解説するよ。

● DATEDIFF関数

DATEDIFF関数は2つの日付の間隔を求められる。この例では現在の日付と［入会日］列の差を月数で求めている

```
1 契約月数 = DATEDIFF([入会日],[今日],MONTH)
```

会員ID	名前	生年月日	入会日	今日	契約月数
N0001	浜本　正幸	1985年3月15日	2023年12月1日	2024/10/18	10
N0002	山本　一夫	1979年1月4日	2023年12月18日	2024/10/18	10
N0003	谷口　咲綾	1991年4月25日	2024年1月21日	2024/10/18	9
N0004	澤田　雄大	1975年8月31日	2024年2月18日	2024/10/18	8
N0005	中村　睦美	1997年5月15日	2024年2月20日	2024/10/18	8
N0006	小金井　光子	2001年11月15日	2024年3月2日	2024/10/18	7
N0007	田之上　菊子	1992年5月27日	2024年3月10日	2024/10/18	7

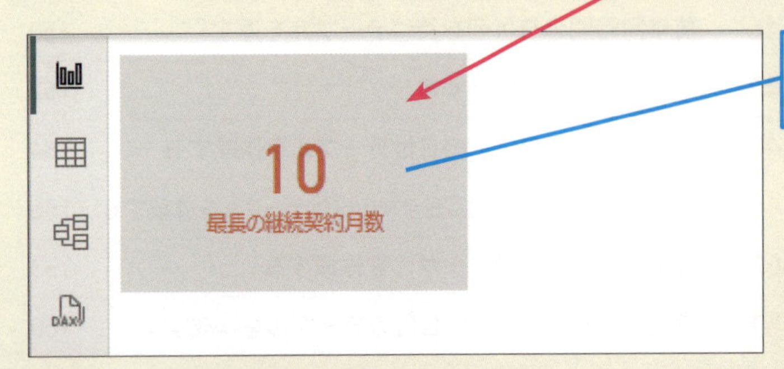

契約月数が求められれば、最大値を表示することで最も長い契約月数が表示できる

特定の期間の日付を持つ日付テーブルを作成する

「特定の期間の日付テーブル」?? これってどんなときに役立つんですか?

PREVIOUSMONTH関数を例に考えてみよう! この関数は基準となる日付の前月の日付列を持つテーブルを作成するんだけど、これを使ってメジャーを作れば前月のデータと常に比較集計できるよ。

● PREVIOUSMONTH関数の使用例

この例では［日付テーブル］の［Date］列の前月の値を求めている。CALCULATE関数の引数にすることで、前月の販売額合計がスライサーで選択している月の番号によってフィルターされる

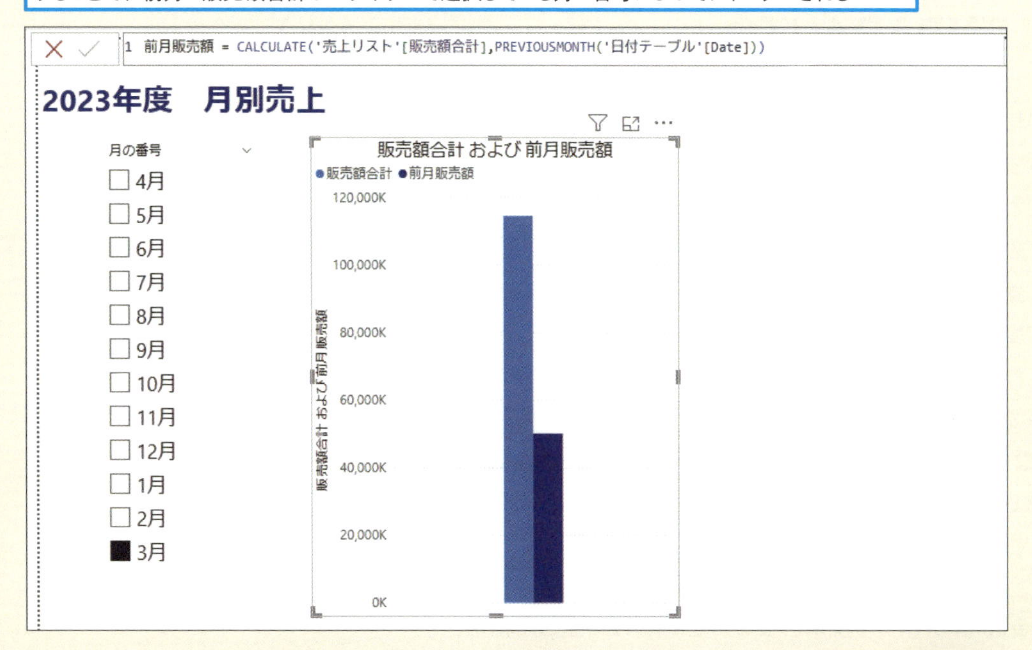

この例だと、関数を使って前月の日付を求めていることで、前月の販売額が集計できているんですね。

んーと、つまり、こういった関数は、ある期間に対して、その一部の期間を集計したいときに使うってことなんでしょうか?

そう! タイムインテリジェンス関数を使えば、特定の期間の累計や、ある期間に対する比率を求めることが簡単にできるようになるんだ。第3章ではほんの少し触れた程度だから、ここでそれが具体的にイメージできるようになってね。

レッスン
39 日付の値から日付テーブルを自動で作成する

CALENDARAUTO関数

DAXでは「日付テーブル」と呼ばれる特別なテーブルをデータモデル内に作成することで年度ごとや月ごとなど時系列に沿った集計を自在に行えるようになります。このレッスンでは「2022年4月～ 2025年3月」の日付データを持つ日付テーブルを作成します。

日付と時刻関数　対応アプリ Power BI Power Pivot

データモデル内の日付列を基に日付テーブルを作成する

=CALENDARAUTO(FiscalYearEndMonth)

CALENDARAUTO関数を使えば、データモデル内の日付列の値を参照しながら自動的に日付テーブルを作成できます。このデータモデルでは［計量日］列に「2022年12月～ 2024年6月」までの日付データがありますが、年度末の月を3月とすると、2022年12月が含まれる年度の年始日である「2022/4/1」から、2024年6月が含まれる年度の末日である「2025/3/31」までの日付を持つ日付テーブルを作成します。引数として年度末月を指定するときは、月の値を1 ～ 12の整数で指定します。省略した場合「12」を指定したことになります。本書執筆時において、Power Pivotではこの関数で直接日付テーブルを作成できません。

引数

FiscalYearEndMonth	年度末となる月を1 ～ 12の整数で指定する。省略可

キーワード

データモデル	P.217
日付テーブル	P.217
日付テーブルとしてマーク	P.218

使いこなしのヒント

Power Pivotで日付テーブルを作成するには

Power Pivotでは［日付テーブル］ボタンから日付テーブルを作成すると、自動的にデータモデル内の日付の値を使って作成できます。ただし年度末月の設定はできないため、必要な場合は［デザイン］-［日付テーブル］-［範囲の更新］から日付の範囲を変更しましょう。なお､練習用ファイルは｢L039_日付テーブル作成.xlsx｣をお使いください。

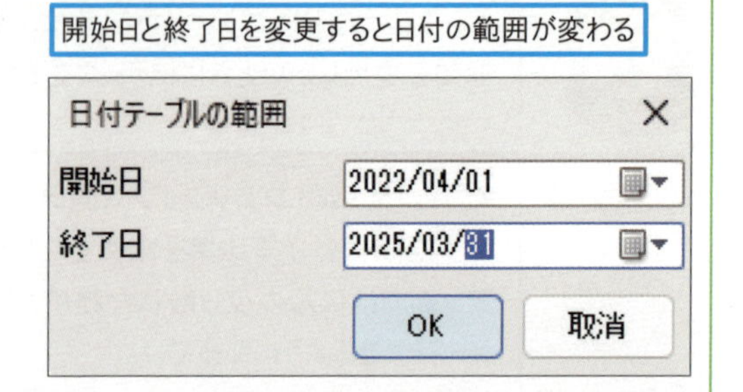

練習用ファイル ▸ L039_CALENDARAUTO関数.pbix

使用例 ［計量日］列の値を基に3月を年度末とする日付カレンダーを作成する

日付テーブル=**CALENDARAUTO**(3)

ポイント

FiscalYearEndMonth　年度末の月の値「3」を指定する

［テーブルビュー］で表示しておく

1 ［テーブルツール］タブをクリック

2 ［新しいテーブル］をクリック

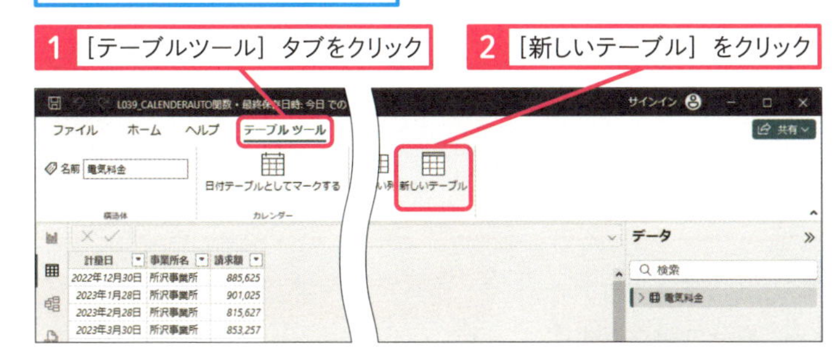

3 数式バーに上記の式を入力

4 Enter キーを押す

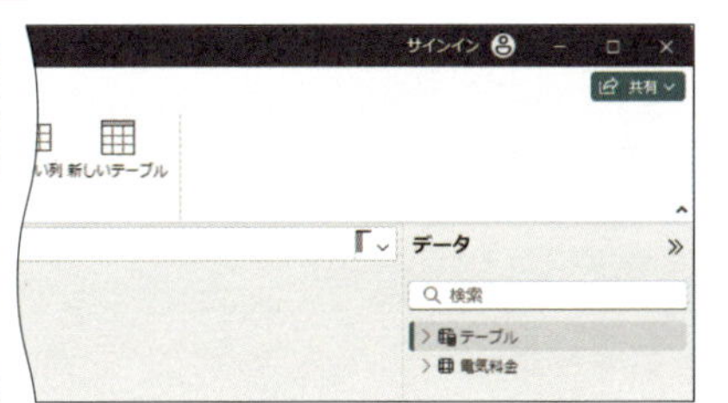

［DATE］列に「2022/04/01 ～ 2025/03/31」までの値を持つカレンダーが作成された

⚠ ここに注意

作成した日付テーブルをデータモデルの中で正しく利用するためには、リレーションシップの設定が必要です。また、作成した日付テーブルは［日付テーブルとしてマーク］も設定する必要があります。詳細はレッスン18を確認しましょう。

使いこなしのヒント

元データの日付が更新されたら？

CALENDARAUTO関数で作成された日付テーブルは、取得先データが更新されるにしたがって更新されます。例えばこのレッスンの練習用ファイルでは、［電気料金］テーブルの元データに「2025/4/1」以降のデータが追加されたものを読み込むと、「2026/3/31」までの範囲を持つ日付テーブルに変わります。

レッスン

40 日付から「月」を取り出す

MONTH関数

このレッスンでは、月ごとに集計しやすくするため「月」の列を作成します。MONTH関数を使って［Date］列から取り出した月を表す値に、「&」（アンパサンド）を使って文字列の「月」をつなぎます。各行ごとに月の値が取り出されることを確認しましょう。

日付と時刻関数 対応アプリ Power BI Power Pivot

日付データから月を表す数値を返す

=MONTH(日付)

MONTH関数は、日付データから「月」の値を取り出します。日付データの列を指定する他、直接日付の値を入力する、日付の値を返す式を指定できます。

キーワード

&	P.215
DATETIME形式	P.215
テキスト形式の日付	P.217

引数

日付　DATETIME形式、またはテキスト形式の日付を指定する

スキルアップ

DAY関数で月の「上旬」「中旬」「下旬」を求める

DAY関数は日付データから「日」の値を取り出します。関数の書式はMONTH関数と同様に、引数にDATETIME形式、またはテキスト形式の日付を指定します。実務では他の式の中で利用されることが多く、例えば上旬、中旬、下旬に分けて集計したい場合、SWITCH関数とDAY関数を組み合わせて列を作成できます。

［Date］列の値を基に「上旬」「中旬」「下旬」に分けられる

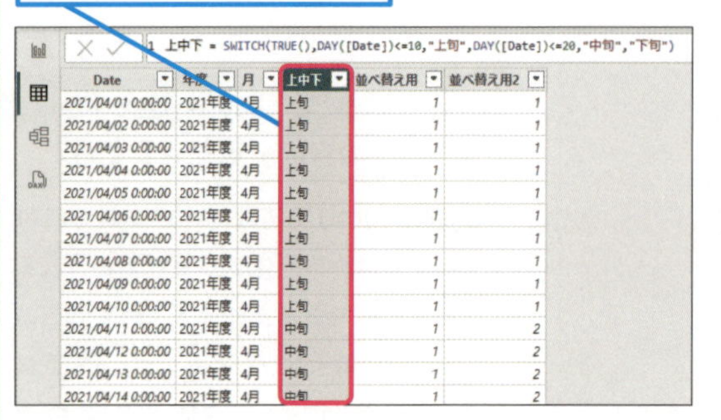

［行］に指定することで「上旬」「中旬」「下旬」で値を集計できる

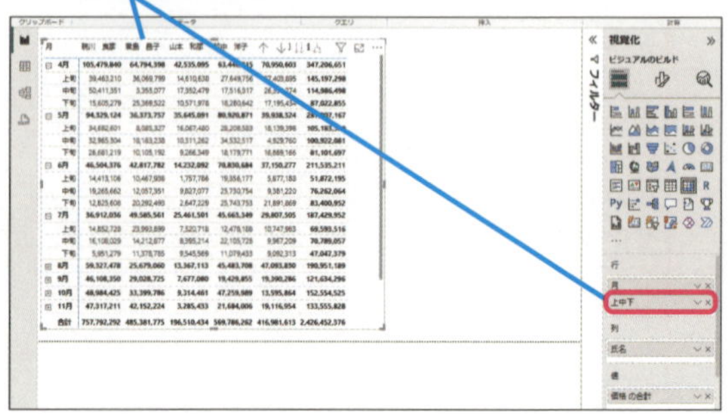

10日、20日を区分に、月の「上旬」「中旬」「下旬」を求める

=SWITCH(TRUE(),DAY([Date])<=10,"上旬",DAY([Date])<=20,"中旬","下旬")

練習用ファイル ▸ L040_MONTH関数.pbix ／ L040_MONTH関数.xlsx

使用例 ［Date］列の値から月を表す列を作成する

```
=MONTH([Date])&"月"
```


ポイント

| Date 日付データが格納されている［Date］列を指定する

● Power BIの場合

［Date］列から月の値を抽出した［月］列が作成される

```
1 月 = MONTH([Date])&"月"
```

Date	年	年度	四半期	月	並べ替え用
2022/04/01	2022	2022年度	Q1	4月	1
2022/04/02	2022	2022年度	Q1	4月	1
2022/04/03	2022	2022年度	Q1	4月	1
2022/04/04	2022	2022年度	Q1	4月	1
2022/04/05	2022	2022年度	Q1	4月	1
2022/04/06	2022	2022年度	Q1	4月	1
2022/04/07	2022	2022年度	Q1	4月	1
2022/04/08	2022	2022年度	Q1	4月	1
2022/04/09	2022	2022年度	Q1	4月	1
2022/04/10	2022	2022年度	Q1	4月	1
2022/04/11	2022	2022年度	Q1	4月	1
2022/04/12	2022	2022年度	Q1	4月	1
2022/04/13	2022	2022年度	Q1	4月	1

使いこなしのヒント

DATETIME形式の日付とは?

「2024/1/1 12:30:45」のように、日付と時刻の値を1つに持つことのできるデータ型です。小数点以下の秒の情報も保持できるため、精度の高い計算が行えます。

使いこなしのヒント

テキスト形式の日付とは?

「"2024年1月2日"」や「"January 2, 2024"」のように、日付の表現として文字列も含めることのできるデータ型です。ユーザーにとって分かりやすい日付や時刻の表記は、国や地域によって異なるため、使用しているコンピューターの［設定］-［時刻と言語］の設定を使用してテキスト表現を解釈しています。

使いこなしのヒント

「年」や「年度」の列はどうやって作られている?

このレッスンでは日付の値から「月」を取り出しましたが、YEAR関数を使うと「年」の値を取り出せます。また、IF関数と組み合わせることで［年度］列を作成しています。詳細はレッスン31を参照してください。

［年度］や［年］は［Date］列を使いながらIF関数で作成できる

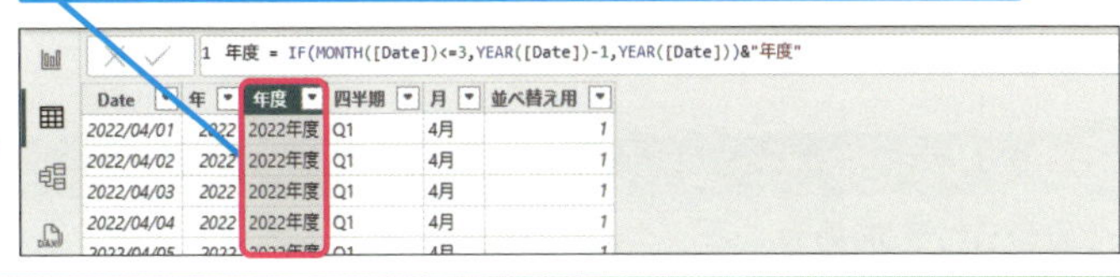

使いこなしのヒント

「四半期」列はどうやって作られている?

SWITCH関数を使って3つの条件を指定し、「Q1～Q4」の4つの結果に分岐させています。SWITCH関数の詳細はレッスン35で確認しましょう。

［四半期］列があることで、このフィールドを集計軸にして四半期ごとの売上などを集計できる

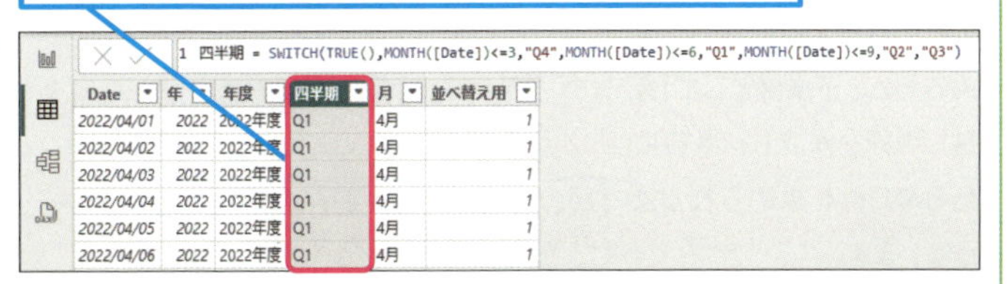

レッスン
41 指定された日付を作成する

DATE関数

DATE関数は年、月、日の値を組み合わせて日付を作成する関数です。このレッスンでは［Date］列の日付が所属する月の「1日」を求める計算列を作成します。他の関数や式の中で使用されることが多い関数です。

日付と時刻関数　　対応アプリ Power BI Power Pivot

年、月、日を表す数値を組み合わせて日付データを返す

=DATE(年, 月, 日付)

DATE関数を使うと、「年」「月」「日」を表す数値から日付を作成できます。引数には「=DATE(2024,1,15)」のように、年、月、日の値を指定することが一般的です。ただし月の引数を12を超えて指定することも可能です。例えば「=DATE(2024,13,15)」と指定すると、年の値が繰り上げられて「2025/1/15」を求めることができます。日付の引数に該当月の末尾を超えた値を指定した場合も同様に月の値が繰り上げられます。

引数

年	年を表す数値を指定する
月	月を表す数値を指定する
日付	日を表す数値を整数で指定する

キーワード

DATETIME形式　P.215
データ型　P.217

使いこなしのヒント

月末を求めるときはどうしたら?

DATE関数で求められた日付データは計算に利用できます。該当日から1を引くと前日が求められるため、「=DATE([年],MONTH([Date]),1)-1」とすることで前月の末日を求めることができます。あるいは、末日を求めるためのEOMONTH関数を使うこともできます。

スキルアップ

今日の日付を求める

TODAY関数は、現在の日付の値を返す関数です。引数はなく、計算されるたびに今日の日付を取得しなおします。右の例では［入会日］列との今日までの期間を求めるための下準備として[今日］の列を作成し、各行に当日の日付を求められるようにします。

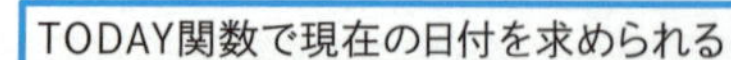

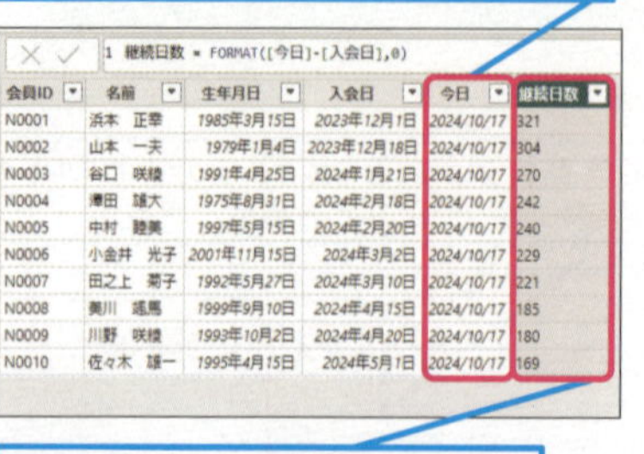
1 継続日数 = FORMAT([今日]-[入会日],0)

会員ID	名前	生年月日	入会日	今日	継続日数
N0001	浜本　正幸	1985年3月15日	2023年12月1日	2024/10/17	321
N0002	山本　一夫	1979年1月4日	2023年12月18日	2024/10/17	304
N0003	谷口　咲穂	1991年4月25日	2024年1月21日	2024/10/17	270
N0004	澤田　雄大	1975年8月31日	2024年2月18日	2024/10/17	242
N0005	中村　睦美	1997年5月15日	2024年2月20日	2024/10/17	240
N0006	小金井　光子	2001年11月15日	2024年3月2日	2024/10/17	229
N0007	田之上　菊子	1992年5月27日	2024年3月10日	2024/10/17	221
N0008	美川　遥馬	1999年9月10日	2024年4月15日	2024/10/17	185
N0009	川野　咲穂	1993年10月2日	2024年4月20日	2024/10/17	180
N0010	佐々木　雄一	1995年4月15日	2024年5月1日	2024/10/17	169

現在の日付から入会日を引くことで継続日数が求められる

各行に現在の日付を求める

=TODAY()

現在の日付から入会日を引いた最大値を求めると最長の継続日数も求められる

練習用ファイル ▸ L041_DATE関数.pbix ／ L041_DATE関数.xlsx

使用例 ［Date］列の行の日付が含まれる月の1日を求める

```
=DATE([年],MONTH([Date]),1)
```

ポイント

- **年**　年を表す数値を持つ［年］列を指定する
- **月**　MONTH関数で月を表す数値を［Date］列から取り出して指定する
- **日付**　日を表す数値として「1」を指定する

● Power BIの場合

各月の月初日を格納した列が作成される

```
1 月初日 = DATE([年],MONTH([Date]),1)
```

Date	年	年度	四半期	月	並べ替え用	日	月初日
2022/04/01	2022	2022年度	Q1	4月	1	1	2022/04/01
2022/04/02	2022	2022年度	Q1	4月	1	2	2022/04/01
2022/04/03	2022	2022年度	Q1	4月	1	3	2022/04/01
2022/04/04	2022	2022年度	Q1	4月	1	4	2022/04/01
2022/04/05	2022	2022年度	Q1	4月	1	5	2022/04/01
2022/04/06	2022	2022年度	Q1	4月	1	6	2022/04/01
2022/04/07	2022	2022年度	Q1	4月	1	7	2022/04/01
2022/04/08	2022	2022年度	Q1	4月	1	8	2022/04/01
2022/04/09	2022	2022年度	Q1	4月	1	9	2022/04/01
2022/04/10	2022	2022年度	Q1	4月	1	10	2022/04/01
2022/04/11	2022	2022年度	Q1	4月	1	11	2022/04/01
2022/04/12	2022	2022年度	Q1	4月	1	12	2022/04/01
2022/04/13	2022	2022年度	Q1	4月	1	13	2022/04/01
2022/04/14	2022	2022年度	Q1	4月	1	14	2022/04/01
2022/04/15	2022	2022年度	Q1	4月	1	15	2022/04/01
2022/04/16	2022	2022年度	Q1	4月	1	16	2022/04/01

● Power Pivotの場合

各月の月初日を格納した列が作成される

```
[月初日]  fx =DATE([年],MONTH([Date]),1)
```

	Date	年	年度	四半期	月	並べ替え用	日	月初日
1	2022/04/01	2022	2022年度	Q1	4月	1	1	2022/04/01
2	2022/04/02	2022	2022年度	Q1	4月	1	2	2022/04/01
3	2022/04/03	2022	2022年度	Q1	4月	1	3	2022/04/01
4	2022/04/04	2022	2022年度	Q1	4月	1	4	2022/04/01
5	2022/04/05	2022	2022年度	Q1	4月	1	5	2022/04/01
6	2022/04/06	2022	2022年度	Q1	4月	1	6	2022/04/01
7	2022/04/07	2022	2022年度	Q1	4月	1	7	2022/04/01
8	2022/04/08	2022	2022年度	Q1	4月	1	8	2022/04/01
9	2022/04/09	2022	2022年度	Q1	4月	1	9	2022/04/01
10	2022/04/10	2022	2022年度	Q1	4月	1	10	2022/04/01
11	2022/04/11	2022	2022年度	Q1	4月	1	11	2022/04/01
12	2022/04/12	2022	2022年度	Q1	4月	1	12	2022/04/01
13	2022/04/13	2022	2022年度	Q1	4月	1	13	2022/04/01
14	2022/04/14	2022	2022年度	Q1	4月	1	14	2022/04/01
15	2022/04/15	2022	2022年度	Q1	4月	1	15	2022/04/01
16	2022/04/16	2022	2022年度	Q1	4月	1	16	2022/04/01

使いこなしのヒント

2つ目の引数が［月］列だとダメなのはなぜ?

［年］列には数値が格納されているためDATE関数の1つ目の引数として指定できましたが、［月］列は各月の値に文字列が結合され、データ型が文字列であるため引数として指定するとエラーになります。そのためこのレッスンではMONTH関数を使って［Date］列から月の値を取り出し、2つ目の引数に指定しています。

［月］列は［Date］列から取り出した月の値に「月」という文字列を連結している

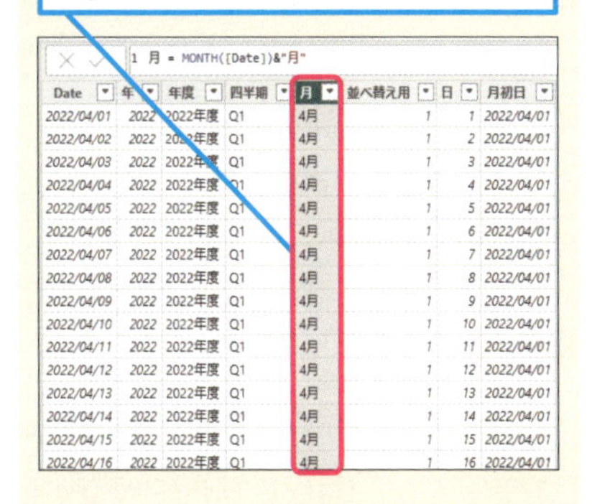

使いこなしのヒント

求めた列の値から時刻部分を表示させないようにするには

日付の値を求める式を作成するとDATETIME形式の値が作られ、列には時刻の値も表示されるのが一般的です。日付部分のみ表示したい場合は、対象列を選択し、列の［書式設定］を変更しましょう。

レッスン

42 2つの日付の間隔を求める

DATEDIFF関数

2つの日付の間隔を求めるには、DATEDIFF関数を使います。このレッスンでは、入会日翌月の1日を初日として1か月ごとに契約が更新される会員契約を想定し、会員リストにある入会日から有効な契約の月数を求める列を作成します。

日付と時刻関数　対応アプリ Power BI Power Pivot

2つの日付の間にある間隔の境界数を返す

=DATEDIFF(Date1, Date2, Interval)

3つ目の引数［Interval］として指定した間隔で測ったときに、2つの日付の間にいくつ境界があるかを返す関数です。1つ目の引数に「"2024/10/28"」を、2つ目の引数に「"2024/11/1"」を指定している場合、Intervalが「MONTH」であれば2つ目の引数が翌月に到達しているため「1」が返ります。「YEAR」を指定してすると2つ目の引数が翌年に到達していないため「0」が返ります。Excelワークシートで利用できるDATEDIFF関数とは挙動が異なるので注意しましょう。

引数

- Date1　1つ目の日付または時刻を指定する
- Date2　2つ目の日付または時刻を指定する
- Interval　3つの日付を比較するときに使用する間隔を指定する。値は次のいずれか

値	説明
SECOND	「秒」を単位に指定する
MINUTE	「分」を単位に指定する
HOUR	「時」を単位に指定する
DAY	「日」を単位に指定する
WEEK	「週」を単位に指定する
MONTH	「月」を単位に指定する
QUARTER	「四半期」を単位に指定する
YEAR	「年」を単位に指定する

キーワード

Excelワークシート関数 P.215
条件式 P.216
日付テーブル P.217

使いこなしのヒント

［今日］の列は必要？

この練習用ファイルでは、TODAY関数の働きを分かりやすくするために［今日］を求める計算列を作成しましたが、このレッスン内で［今日］列を参照している部分はすべて「=TODAY()」に置き換えることができます。計算列は使用せず、直接TODAY関数を式の中に記述するのが実務では一般的です。

［入会日］から何度月を跨いだかを求める

= DATEDIFF([入会日], TODAY(), MONTH)

練習用ファイル ▸ L042_DATEDIFF関数.pbix ／ L042_DATEDIFF関数.xlsx

使用例 ［入会日］から何度月を跨いだかを求める

=DATEDIFF([入会日],[今日],MONTH)

ポイント

Date1	1つ目の日付として［入会日］列を指定する
Date2	2つ目の日付として［今日］列を指定する
Interval	間隔を月とするため［MONTH］を指定する

● Power BIの場合

入会日と今日の日付の間隔が求められ、各行に契約月数が表示される

1 契約月数 = DATEDIFF([入会日],[今日],MONTH)

会員ID	名前	生年月日	入会日	今日	契約月数
N0001	浜本　正幸	1985年3月15日	2023年12月1日	2024/10/18	10
N0002	山本　一夫	1979年1月4日	2023年12月18日	2024/10/18	10
N0003	谷口　咲綾	1991年4月25日	2024年1月21日	2024/10/18	9
N0004	澤田　雄大	1975年8月31日	2024年2月18日	2024/10/18	8
N0005	中村　睦美	1997年5月15日	2024年2月20日	2024/10/18	8
N0006	小金井　光子	2001年11月15日	2024年3月2日	2024/10/18	7
N0007	田之上　菊子	1992年5月27日	2024年3月10日	2024/10/18	7
N0008	美川　颯馬	1999年9月10日	2024年4月15日	2024/10/18	6
N0009	川野　咲綾	1993年10月2日	2024年4月20日	2024/10/18	6
N0010	佐々木　雄一	1995年4月15日	2024年5月1日	2024/10/18	5

● Power Pivotの場合

入会日と今日の日付の間隔が求められ、各行に契約月数が表示される

[契約月数]　fx =DATEDIFF([入会日],[今日],MONTH)

	会員ID	名前	生年月日	入会日	今日	契約月数
1	N0001	浜本 ...	1985/03/15...	2023/12/...	2024/09/30	9
2	N0002	山本 ...	1979/01/04...	2023/12/...	2024/09/30	9
3	N0003	谷口 ...	1991/04/25...	2024/01/...	2024/09/30	8
4	N0004	澤田 ...	1975/08/31...	2024/02/...	2024/09/30	7
5	N0005	中村 ...	1997/05/15...	2024/02/...	2024/09/30	7
6	N0006	小金井...	2001/11/15...	2024/03/...	2024/09/30	6
7	N0007	田之上...	1992/05/27...	2024/03/...	2024/09/30	6
8	N0008	美川 ...	1999/09/10...	2024/04/...	2024/09/30	5
9	N0009	川野 ...	1993/10/02...	2024/04/...	2024/09/30	5
10	N0010	佐々木...	1995/04/15...	2024/05/...	2024/09/30	4

使いこなしのヒント

生年月日から年齢を求めるときはどうしたら?

DATEDIFF関数は年齢を求めるような計算には適していません。

=YEAR([今日])-YEAR([生年月日])

上記の式でその年の誕生日を迎えた時の年齢を求めることができます。今日現在の年齢を求めたいときはIF関数を使って結果を分岐させましょう。

=IF([今日]<DATE(YEAR([今日]),MONTH([生年月日]),DAY([生年月日])),YEAR([今日])-YEAR([生年月日])-1,YEAR([今日])-YEAR([生年月日]))

その年の年齢や今日現在の年齢を求められる

レッスン

43 曜日や年始からの週の数を求める

WEEKDAY関数・WEEKNUM関数

曜日を軸に集計結果を求める場合、WEEKDAY関数が活躍します。このレッスンでは、曜日を軸に集計する準備として日付テーブルに［曜日の番号］列を作成します。合わせて年始からの週の番号を求めるWEEKNUM関数についても学びましょう。

日付と時刻関数　対応アプリ Power BI Power Pivot

日付データから曜日を表す1～7の整数を返す

=WEEKDAY(日付, ReturnType)

WEEKDAY関数は、日付データから曜日を表す数値を求める関数です。引数の［日付］はDATETIME形式で指定するのが原則です。テキスト形式の日付を指定しても結果が求められますが、［設定］アプリの［時刻と言語］の設定などの要因によって予期しない結果が返る場合もあります。

引数

日付	DATETIME形式の日付を指定する
ReturnType	1～7の数値と対応する曜日の種類を指定する

数値	説明
1	日曜日を1とし、土曜日を7とする。省略可
2	月曜日を1とし、日曜日を7とする
3	月曜日を0とし、日曜日を6とする

● ReturnTypeで「1」を指定した場合

2024/12/16 → 2

2024/12/17 → 3

2024/12/18 → 4

キーワード

使いこなしのヒント

「日曜日」などのように文字列を返すには?

SWITCH関数を使って対応する整数に条件を設定し、曜日を表示させる方法がありますが、FORMAT関数を使って日付データを曜日の書式で文字列に変換する方法もあります。FORMAT関数についてはレッスン59で詳しく紹介します。

練習用ファイル ▸ L043_WEEKDAY関数.pbix ／ L043_WEEKDAY関数.xlsx

使用例 ［Date］列の値から各行に日曜日を1とする曜日の番号を求める

```
=WEEKDAY([Date],1)
```

ポイント

- **日付**　曜日を求める日付データが格納されている[Date]列を指定する
- **ReturnType**　日曜日を1、土曜日を7として返すため「1」を指定する

● Power BIの場合

各行に曜日を表す整数が表示される

1 曜日の番号 = WEEKDAY([Date],1)

Date	年	年度	四半期	月	並べ替え用	日	月初日	曜日の番号
2022/04/01	2022	2022年度	Q1	4月	1	1	2022/04/01	6
2022/04/02	2022	2022年度	Q1	4月	1	2	2022/04/01	7
2022/04/03	2022	2022年度	Q1	4月	1	3	2022/04/01	1
2022/04/04	2022	2022年度	Q1	4月	1	4	2022/04/01	2
2022/04/05	2022	2022年度	Q1	4月	1	5	2022/04/01	3
2022/04/06	2022	2022年度	Q1	4月	1	6	2022/04/01	4
2022/04/07	2022	2022年度	Q1	4月	1	7	2022/04/01	5
2022/04/08	2022	2022年度	Q1	4月	1	8	2022/04/01	6
2022/04/09	2022	2022年度	Q1	4月	1	9	2022/04/01	7
2022/04/10	2022	2022年度	Q1	4月	1	10	2022/04/01	1
2022/04/11	2022	2022年度	Q1	4月	1	11	2022/04/01	2
2022/04/12	2022	2022年度	Q1	4月	1	12	2022/04/01	3
2022/04/13	2022	2022年度	Q1	4月	1	13	2022/04/01	4
2022/04/14	2022	2022年度	Q1	4月	1	14	2022/04/01	5
2022/04/15	2022	2022年度	Q1	4月	1	15	2022/04/01	6
2022/04/16	2022	2022年度	Q1	4月	1	16	2022/04/01	7
2022/04/17	2022	2022年度	Q1	4月	1	17	2022/04/01	1

● Power Pivotの場合

各行に曜日を表す整数が表示される

[曜日の番号] ▾ fx =WEEKDAY([Date],1)

	Date	年	年度	四半期	月	並...	日	月初日	曜日の番号	列の追加
1	2022/04/01	2022	2022年度	Q1	4月	1	1	2022/04/01	6	
2	2022/04/02	2022	2022年度	Q1	4月	1	2	2022/04/01	7	
3	2022/04/03	2022	2022年度	Q1	4月	1	3	2022/04/01	1	
4	2022/04/04	2022	2022年度	Q1	4月	1	4	2022/04/01	2	
5	2022/04/05	2022	2022年度	Q1	4月	1	5	2022/04/01	3	
6	2022/04/06	2022	2022年度	Q1	4月	1	6	2022/04/01	4	
7	2022/04/07	2022	2022年度	Q1	4月	1	7	2022/04/01	5	
8	2022/04/08	2022	2022年度	Q1	4月	1	8	2022/04/01	6	
9	2022/04/09	2022	2022年度	Q1	4月	1	9	2022/04/01	7	
10	2022/04/10	2022	2022年度	Q1	4月	1	10	2022/04/01	1	
11	2022/04/11	2022	2022年度	Q1	4月	1	11	2022/04/01	2	
12	2022/04/12	2022	2022年度	Q1	4月	1	12	2022/04/01	3	
13	2022/04/13	2022	2022年度	Q1	4月	1	13	2022/04/01	4	
14	2022/04/14	2022	2022年度	Q1	4月	1	14	2022/04/01	5	
15	2022/04/15	2022	2022年度	Q1	4月	1	15	2022/04/01	6	
16	2022/04/16	2022	2022年度	Q1	4月	1	16	2022/04/01	7	
17	2022/04/17	2022	2022年度	Q1	4月	1	17	2022/04/01	1	

使いこなしのヒント

番号で求めた曜日に使い道はあるの？

例えば週の前半と後半を分けて集計をする場合、「[曜日の番号] <=3」のように指定することで日曜日から火曜日までを範囲として取り出すことができます。また、[ReturnType] を「3」と指定して「[曜日の番号] >=5」と指定すれば週末（土日）のみを取り出した集計もできます。

対応アプリ Power BI Power Pivot

その日付が年始から数えて何週目にあるかを求める

=WEEKNUM(日付, ReturnType)

WEEKNUM関数を使うと、[日付] がその年の始めから何週目かを求めることができます。日付テーブルに週の番号列があると、前年同期との1週間ごとの売上比較などを精緻に求めることができます。特に曜日によって元データが大きく変動する集計を行う場合、月ごとの集計よりも週番号で指定した期間を比較する方が適切な分析を行えます。

引数

日付	DATETIME形式の日付を指定する
ReturnType	その年最初の週の始まり方を規定する

番号	説明
1	日曜日を週の始まりとする。省略可
2	月曜日を週の始まりとする
11	月曜日を週の始まりとする
12	火曜日を週の始まりとする
13	水曜日を週の始まりとする
14	木曜日を週の始まりとする
15	金曜日を週の始まりとする
16	土曜日を週の始まりとする
17	日曜日を週の始まりとする
21	月曜日を週の始まりとする。主に欧州で使用されるISO8601暦対応

● ReturnTypeで「1」を指定した場合

2024/12/16 → 51

2024/12/22 → 52

2024/12/29 → 53

使いこなしのヒント

結局何を週の開始曜日として指定するのが一般的なの？

1月のカレンダーを頭の中に思い浮かべてみましょう。日曜日始まりのカレンダーを使って週を数えたいのであれば「1」を指定します。「1」は省略も可能です。最も一般的に使われていると言えるでしょう。月曜日始まりのカレンダーで週を数えたいなら「2」を指定します。それ以外の指定の仕方は特殊な場合のみ利用すると考えて良いでしょう。

練習用ファイル ▸ L043_WEEKNUM関数.pbix ／ L043_WEEKNUM関数.xlsx

使用例 ［Date］列の日付データが年始から数えて何週目に含まれるかを求める

```
=WEEKNUM([Date],1)
```

ポイント

日付	週番号を求める日付データが格納されている［Date］列を指定する
ReturnType	日曜日を週の開始として数えるため「1」を指定する

● Power BIの場合

各行に年始から数えて何週目かを表す整数が表示される

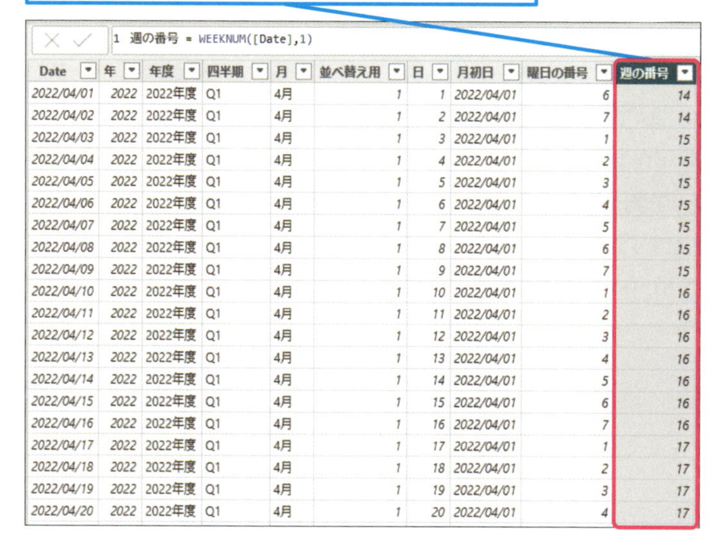

1 週の番号 = WEEKNUM([Date],1)

Date	年	年度	四半期	月	並べ替え用	日	月初日	曜日の番号	週の番号
2022/04/01	2022	2022年度	Q1	4月	1	1	2022/04/01	6	14
2022/04/02	2022	2022年度	Q1	4月	1	2	2022/04/01	7	14
2022/04/03	2022	2022年度	Q1	4月	1	3	2022/04/01	1	15
2022/04/04	2022	2022年度	Q1	4月	1	4	2022/04/01	2	15
2022/04/05	2022	2022年度	Q1	4月	1	5	2022/04/01	3	15
2022/04/06	2022	2022年度	Q1	4月	1	6	2022/04/01	4	15
2022/04/07	2022	2022年度	Q1	4月	1	7	2022/04/01	5	15
2022/04/08	2022	2022年度	Q1	4月	1	8	2022/04/01	6	15
2022/04/09	2022	2022年度	Q1	4月	1	9	2022/04/01	7	15
2022/04/10	2022	2022年度	Q1	4月	1	10	2022/04/01	1	16
2022/04/11	2022	2022年度	Q1	4月	1	11	2022/04/01	2	16
2022/04/12	2022	2022年度	Q1	4月	1	12	2022/04/01	3	16
2022/04/13	2022	2022年度	Q1	4月	1	13	2022/04/01	4	16
2022/04/14	2022	2022年度	Q1	4月	1	14	2022/04/01	5	16
2022/04/15	2022	2022年度	Q1	4月	1	15	2022/04/01	6	16
2022/04/16	2022	2022年度	Q1	4月	1	16	2022/04/01	7	16
2022/04/17	2022	2022年度	Q1	4月	1	17	2022/04/01	1	17
2022/04/18	2022	2022年度	Q1	4月	1	18	2022/04/01	2	17
2022/04/19	2022	2022年度	Q1	4月	1	19	2022/04/01	3	17
2022/04/20	2022	2022年度	Q1	4月	1	20	2022/04/01	4	17

● Power Pivotの場合

各行に年始から数えて何週目かを表す整数が表示される

［週の番号］ fx =WEEKNUM([Date],1)

	Date	年	年度	四半期	月	並…	日	月初日	曜日	週の番号	列の追加
1	2022/04/01	2022	2022年度	Q1	4月	1	1	2022/04/01	6	14	
2	2022/04/02	2022	2022年度	Q1	4月	1	2	2022/04/01	7	14	
3	2022/04/03	2022	2022年度	Q1	4月	1	3	2022/04/01	1	15	
4	2022/04/04	2022	2022年度	Q1	4月	1	4	2022/04/01	2	15	
5	2022/04/05	2022	2022年度	Q1	4月	1	5	2022/04/01	3	15	
6	2022/04/06	2022	2022年度	Q1	4月	1	6	2022/04/01	4	15	
7	2022/04/07	2022	2022年度	Q1	4月	1	7	2022/04/01	5	15	
8	2022/04/08	2022	2022年度	Q1	4月	1	8	2022/04/01	6	15	
9	2022/04/09	2022	2022年度	Q1	4月	1	9	2022/04/01	7	15	
10	2022/04/10	2022	2022年度	Q1	4月	1	10	2022/04/01	1	16	
11	2022/04/11	2022	2022年度	Q1	4月	1	11	2022/04/01	2	16	
12	2022/04/12	2022	2022年度	Q1	4月	1	12	2022/04/01	3	16	
13	2022/04/13	2022	2022年度	Q1	4月	1	13	2022/04/01	4	16	
14	2022/04/14	2022	2022年度	Q1	4月	1	14	2022/04/01	5	16	
15	2022/04/15	2022	2022年度	Q1	4月	1	15	2022/04/01	6	16	
16	2022/04/16	2022	2022年度	Q1	4月	1	16	2022/04/01	7	16	
17	2022/04/17	2022	2022年度	Q1	4月	1	17	2022/04/01	1	17	

使いこなしのヒント

週の番号は何に使うの？

曜日によって値が大きく変わるようなデータを前年同期と比較する場合、同じ曜日の並びの期間を指定する方が適切な分析結果を得られる場合があります。週の番号を使ってフィルターするなどして、同時期の週のデータだけを取り出して比較する場合などに便利に使用できます。

レッスン
44 指定された時刻を作成する

TIME関数

時刻の値を自在に操りたいときに使われるのがTIME関数です。時刻の集計をする場面では、必須といっても良いくらいよく使われる関数です。このレッスンでは、[入庫時刻]列に記録された時刻から5分後の時刻を返す[計算開始時刻]列を作成します。

日付と時刻関数　対応アプリ Power BI Power Pivot

時、分、秒の値から時刻データを返す

=TIME(時, Minute, 秒)

TIME関数は「時」「分」「秒」の値を使って時刻のデータを作成できます。「時」に23より大きな値が指定された場合は、24で割った余りが1日の端数となり「時」の値として返ります。「Minute」や「分」に59より大きな値が指定された場合は、それぞれ60で割った余りが「時」や「分」の端数となり、それぞれの値として返ります。商の部分は繰り上がって使用されます。例：=TIME (0,133,5) →"2:13:05"

引数

時	時を表す数値を指定する
Minute	分を表す数値を指定する
秒	秒を表す数値を指定する

キーワード

DATETIME形式　P.215
日付テーブル　P.217
シリアル値　P.216

スキルアップ
時刻から「時」を取り出すには

HOUR関数は、時刻データから「時」にあたる部分を0～23の整数値として返します。引数として指定するのは時刻を返す式、または列を参照する、値を直接入力する方法があります。原則としてDATETIME形式の時刻を引数としますが、「"12:34:56"」のようにコロンで区切られたテキスト形式の時刻も使用できます。以下では入庫の時間帯ごとに集計をすることを前提に［入庫時刻］列から「時」の値を取り出し「時台」を後ろにつなぐ［入庫時間帯］列を作成しています。

取引ID	車室番号	入庫時刻	出庫時刻	入庫時間帯
P-0001	1	2024/07/27 8:15:30	2024/07/27 9:08:20	8時台
P-0002	3	2024/07/27 9:17:26	2024/07/27 10:00:08	9時台
P-0003	5	2024/07/27 9:20:36	2024/07/27 13:35:08	9時台
P-0004	2	2024/07/27 9:38:05	2024/07/27 10:59:00	9時台
P-0005	1	2024/07/27 9:48:04	2024/07/27 16:35:09	9時台
P-0006	4	2024/07/27 10:56:09	2024/07/27 13:05:38	10時台
P-0007	3	2024/07/27 11:29:45	2024/07/27 16:45:07	11時台

各行に入庫時刻の時間帯が表示される

[入庫時刻]列から「時」の値を取り出して「時台」とつないだ文字列を返す
入庫時間帯=HOUR([入庫時刻])&"時台"

練習用ファイル ▸ L044_TIME関数.pbix ／ L044_TIME関数.xlsx

使用例 ［入庫時刻］から「時」「分」「秒」の値を取り出し5分後の時刻にする

```
=TIME(HOUR([入庫時刻]),MINUTE([入庫時刻])+5,SECOND([入庫時刻]))
```


ポイント

- **時** HOUR関数で［入庫時刻］から時を表す数値を取り出して指定する
- **Minute** MINUTE関数で［入庫時刻］から分を表す数値を取り出し5を足した値を指定する
- **秒** SECOND関数で［入庫時刻］から秒を表す数値を取り出して指定する

● Power BIの場合

各行に入庫時刻から5分後の時間が表示される

1 計算開始時刻 = TIME(HOUR([入庫時刻]),MINUTE([入庫時刻])+5,SECOND([入庫時刻]))

取引ID	車室番号	入庫時刻	出庫時刻	入庫時間帯	計算開始時刻
P-0001	1	2024/07/27 8:15:30	2024/07/27 9:08:20	8時台	8:20:30
P-0002	3	2024/07/27 9:17:26	2024/07/27 10:00:08	9時台	9:22:26
P-0003	5	2024/07/27 9:20:36	2024/07/27 13:35:08	9時台	9:25:36
P-0004	2	2024/07/27 9:38:05	2024/07/27 10:59:00	9時台	9:43:05
P-0005	1	2024/07/27 9:48:04	2024/07/27 16:35:09	9時台	9:53:04
P-0006	4	2024/07/27 10:56:09	2024/07/27 13:05:38	10時台	11:01:09
P-0007	3	2024/07/27 11:29:45	2024/07/27 16:45:07	11時台	11:34:45
P-0008	2	2024/07/27 12:39:05	2024/07/27 18:05:03	12時台	12:44:05
P-0009	5	2024/07/27 14:50:39	2024/07/27 15:15:40	14時台	14:55:39
P-0010	4	2024/07/27 15:55:30	2024/07/27 18:10:49	15時台	16:00:30

● Power Pivotの場合

各行に入庫時刻から5分後の時間が表示される

[計算開始時... fx =TIME(HOUR([入庫時刻]),MINUTE([入庫時刻])+5,SECOND([入庫時刻]))

	取引ID	車室番号	入庫時刻	出庫時刻	入庫時間帯	計算開始時刻
1	P-0001	1	2024/07/27 8:15:30	2024/07/27 9:08:20	8時台	8:20:30
2	P-0002	3	2024/07/27 9:17:26	2024/07/27 10:00:08	9時台	9:22:26
3	P-0003	5	2024/07/27 9:20:36	2024/07/27 13:35:08	9時台	9:25:36
4	P-0004	2	2024/07/27 9:38:05	2024/07/27 10:59:00	9時台	9:43:05
5	P-0005	1	2024/07/27 9:48:04	2024/07/27 16:35:09	9時台	9:53:04
6	P-0006	4	2024/07/27 10:56:09	2024/07/27 13:05:38	10時台	11:01:09
7	P-0007	3	2024/07/27 11:29:45	2024/07/27 16:45:07	11時台	11:34:45
8	P-0008	2	2024/07/27 12:39:05	2024/07/27 18:05:03	12時台	12:44:05
9	P-0009	5	2024/07/27 14:50:39	2024/07/27 15:15:40	14時台	14:55:39
10	P-0010	4	2024/07/27 15:55:30	2024/07/27 18:10:49	15時台	16:00:30

使いこなしのヒント

「秒」や「分」の値を取り出せる

MINUTE関数は、日付データから「分」の値を0～59の整数値として取り出します。SECOND関数は、日付データから「秒」の値を0～59の整数値として取り出します。引数はスキルアップで解説しているHOUR関数と同じく、DATETIME形式の時刻を指定します。

使いこなしのヒント

作成された列の日付が「1899/12/30」になるのは?

TIME関数では時刻部分のみの値をDATETIME形式で返します。そのため日付部分のデータは無いのですが、列の書式設定が［"2001/03/14 13:30:55"］のように日付も表示させるものが選択されている場合、値が無いことが明示されるために「1899/12/30」が表示されます。時刻のみ表示で良い場合は［"13:30:55"］の書式を選んでおくと良いでしょう。

使いこなしのヒント

5分前の時刻を求めたい場合は?

計算終了時刻を出庫時刻の5分前にしたい場合にはMINUTE関数で求めた分の値から5を引けば、5分前の時刻を作成できます。

［入庫時刻］から「時」「分」「秒」の値を取り出し5分前の時刻にする

```
=TIME(HOUR([出庫時刻]),
MINUTE([出庫時刻])-5,
SECOND([出庫時刻]))
```

レッスン

45 前月や前四半期の日付列を持つテーブルを作成する

PREVIOUSMONTH関数

前月のデータと比較集計をする場合に使用するのがPREVIOUSMONTH関数です。このレッスンでは、スライサーで抽出する月の集計結果と、前月の集計結果とを比較するためのメジャーを作成します。合わせて前四半期のデータを取り出して集計する関数も学びましょう。

タイムインテリジェンス関数　対応アプリ Power BI Power Pivot

指定された日付の前の月に対応する日付のテーブルを返す

=PREVIOUSMONTH(Dates)

PREVIOUSMONTH関数は基準になる日付の、前月の日付をすべて持つ列を含むテーブルを返します。PREVIOUSMONTH関数が求める「前月」とは、指定された日付の最小の日を基準日としています。基準日の指定には、記述されるメジャーが対象とする日付データだけでなく、ビジュアルやピボットテーブルでフィルターされた結果も含むことが大きな特徴です。この関数で求められるのは日付列を持つテーブルなので、原則として他の式の中で参照するために使われます。

引数

| Dates　日付を含む列を指定する

キーワード

ビジュアル　P.217
ピボットテーブル　P.218

使いこなしのヒント

「前月」を求める考え方

この例では、ページで2023年が、スライサーで11月が指定されており、[売上リスト] テーブルの [契約日] 列を見ると、その範囲の最小値は「2023/11/1」です。PREVIOUSMONTH関数ではその前月、つまり「2023/10/1 ～ 2023/10/30」までの日付を列に持つテーブルを返します。

スキルアップ

スライサーで指定した月と前月の値を比較する

PREVIOUSMONTH関数を使ってメジャーを作成すると、スライサーで集計対象となる月を切り替えるたびに、前月の値も合わせて表示させることができます。

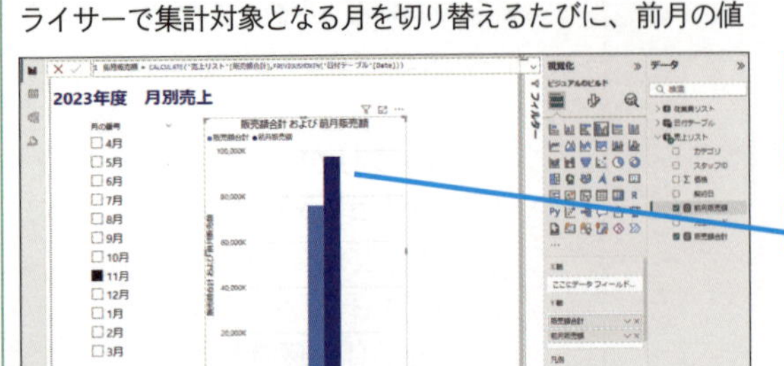

◆ ［前月販売額］メジャーの式
=CALCULATE('売上リスト'[当月販売額],
PREVIOUSMONTH('日付テーブル'[Date]))

選択中の月の前月の販売額がグラフに表示される

タイムインテリジェンス関数　対応アプリ Power BI Power Pivot

指定された日付の前の四半期に対応する日付のテーブルを返す

=PREVIOUSQUARTER(Dates)

PREVIOUSQUARTER関数は基準になる日付の、前四半期の日付をすべて持つ列を含むテーブルを返します。PREVIOUSQUARTER関数が求める「前月」とは、指定された日付の最小の日を基準日としています。基準日の指定には、記述されるメジャーが対象とする日付データだけでなく、ビジュアルやピボットテーブルでフィルターされた結果も含むことが大きな特徴です。この関数で求められるのは日付列を持つテーブルなので、原則として他の式の中で参照するために使われます。

引数

Dates　日付を含む列を指定する

使いこなしのヒント

ページフィルターを2024年度にすると何も表示されない!

2024年11月のデータは［売上リスト］テーブルにありません。そのためPREVIOUSMONTH関数が探すべき基準日が［売上リスト］テーブルの［契約日］列に見つからないことになり、前月の日付をテーブルとして返すことができないため、何も表示されないことになります。

練習用ファイル ▸ L045_PREVIOUSQUARTER関数.pbix ／ L045_PREVIOUSQUARTER関数.xlsx

使用例　スライサーで選択する月の前月の値を集計する

=CALCULATE('売上リスト'[当月販売額],PREVIOUSQUARTER('日付テーブル'[Date]))

ポイント

Dates　「前四半期」の日付を求めるため、日付テーブルの［Date］列を指定する

● Power BIの場合

1 ［売上リスト］テーブルに上記式の「前四半期販売額」というメジャーを作成

2 ビジュアルを選択し、［前四半期販売額］を［Y軸］に追加

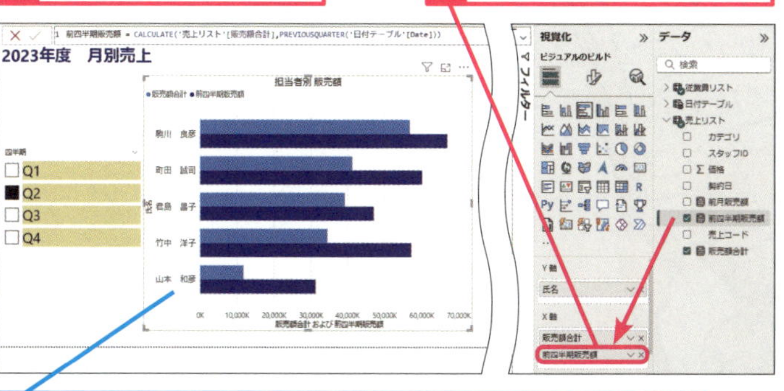

スライサーを切り替えると、前四半期の販売額がグラフに表示される

使いこなしのヒント

「前四半期」を求める考え方を詳しく知りたい

このレッスンの練習用ファイルでは、ページで2023年度が、スライサーでQ2が指定されています。PREVIOUSQUARTER関数では前四半期の、つまり「2023年度Q1=2023/4/1～2023/6/30」の日付を列に持つテーブルを返します。

レッスン

46 前年同時期の日付列を持つテーブルを返す

SAMEPERIODLASTYEAR関数

長い期間にわたるデータを集計する場合、集計結果を年度で比較をする場面はよくあります。このレッスンでは、スライサーで抽出する年度のデータをマトリックステーブルで集計し、前年同期と比較するメジャーを作成します。

タイムインテリジェンス関数　対応アプリ Power BI Power Pivot

基準となる期間の前年同期に対応する日付のテーブルを返す

=SAMEPERIODLASTYEAR(Dates)

SAMEPERIODLASTYEAR関数は基準になる期間の、ちょうど1年前の同期間をテーブルとして返します。SAMEPERIODLASTYEAR関数が求める「前年同期」とは、記述されるメジャーが対象とする期間だけでなく、ビジュアルやピボットテーブルでフィルターされた結果も含むことが大きな特徴です。この関数で求められるのは日付列を持つテーブルなので、原則として他の式の中で参照するために使われます。

引数

| **Dates** 日付を含む列を指定する

キーワード

スライサー P.217
タイムインテリジェンス関数 P.217
メジャー P.218

使いこなしのヒント

前年対比を求めるには

作成したメジャー［前年同期販売額］は必ず集計結果の前年同期の集計を求めるので、このメジャーを利用すれば前年対比を簡単に求めることができます。

［販売額合計］を［前年同期販売額］で割って前年対比を求める

=DIVIDE('売上リスト'[販売額合計],'売上リスト'[前年同期販売額])

前年対比が求められる

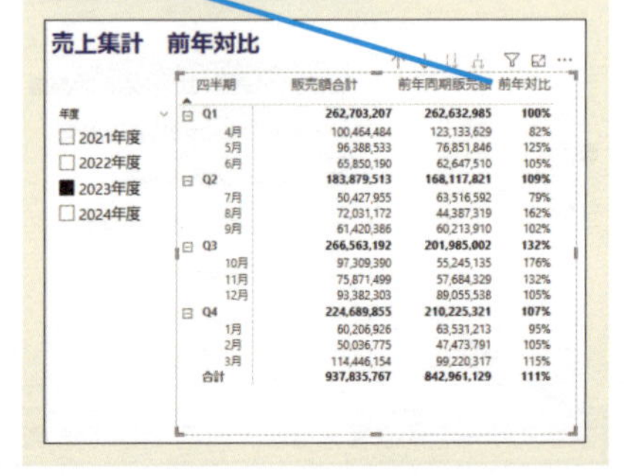

四半期	販売額合計	前年同期販売額	前年対比
Q1	262,703,207	262,632,985	100%
4月	100,464,484	123,133,629	82%
5月	96,388,533	76,851,846	125%
6月	65,850,190	62,647,510	105%
Q2	183,879,513	168,117,821	109%
7月	50,427,955	63,516,592	79%
8月	72,031,172	44,387,319	162%
9月	61,420,386	60,213,910	102%
Q3	266,563,192	201,985,002	132%
10月	97,309,390	55,245,135	176%
11月	75,871,499	57,684,329	132%
12月	93,382,303	89,055,538	105%
Q4	224,689,855	210,225,321	107%
1月	60,206,926	63,531,213	95%
2月	50,036,775	47,473,791	105%
3月	114,446,154	99,220,317	115%
合計	937,835,767	842,961,129	111%

練習用ファイル ▸ L046_SAMEPERIODLASTYEAR関数.pbix ／ L046_SAMEPERIODLASTYEAR関数.xlsx

使用例 スライサーやテーブルで抽出された集計結果の前年同期の集計を求める

=CALCULATE('売上リスト'[販売額合計],SAMEPERIODLASTYEAR('日付テーブル'[Date]))

ポイント

Dates　前年同期の日付を求めるため、日付テーブルの［Date］列を指定する

● Power BIの場合

1 ［売上リスト］テーブルに上記式の「前年同期販売額」というメジャーを作成

2 ビジュアルを選択し、［前年同期販売額］を［値］に追加

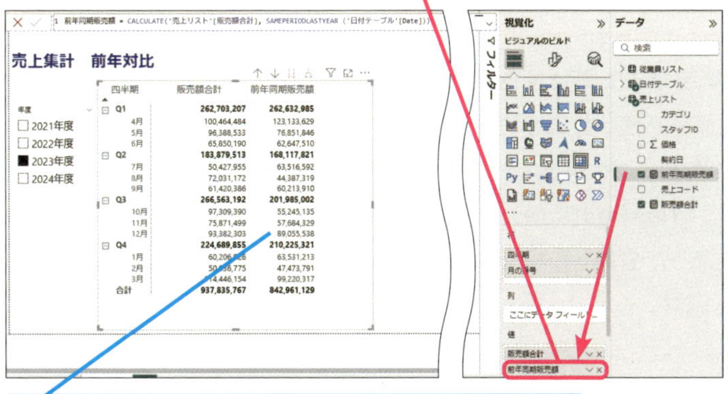

スライサーを切り替えると、前年同期の販売額が表示される

● Power Pivotの場合

1 ［売上リスト］テーブルに上記式の「前年同期販売額」というメジャーを作成

2 メジャー［前年同期販売額］メジャーを［値］ボックスに追加

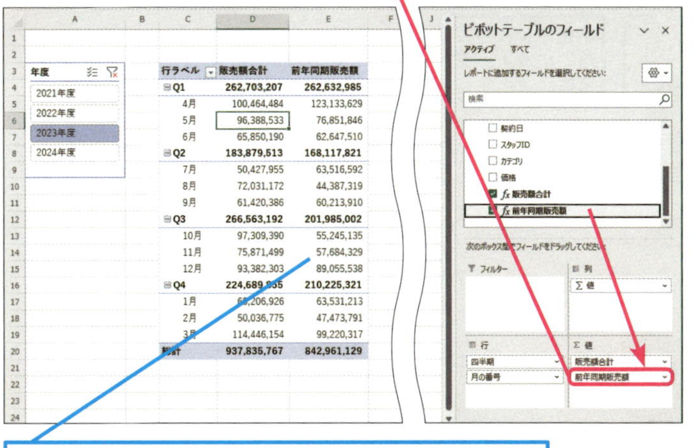

スライサーを切り替えると、前年同期の販売額が表示される

使いこなしのヒント

他のフィールドで集計しても使える

このレッスンでは時系列の関係が分かりやすくなるように、「四半期」と「月の番号」をマトリックスの軸として使用しましたが、［従業員リスト］テーブルの［氏名］や、［売上リスト］テーブルの［カテゴリ］に切り替えても同じように前年同期の集計を求めることができます。

レッスン

47 年ごとに売上を累計する

TOTALYTD関数

時系列のデータを集計する場合、累計を使用することもよくあります。累計を求めると、年度目標に到達するまでの歩みを確認できます。このレッスンでは、[販売額合計]を年度末である「3月31日」に向けて累計するメジャーを作成します。

タイムインテリジェンス関数 対応アプリ Power BI Power Pivot

指定した式の結果を年度末に向けて累計した値を返す

=TOTALYTD(式, Dates, [フィルター], [YearEndDate])

TOTALYTD関数は指定した式の結果を、年度末まで累計する関数です。引数である「式」には、関数や演算子を使った式を使用することも可能ですが、分かりやすい記述のため、このレッスンのようにメジャーを指定する方が一般的です。「YearEndDate」には、期末日を「"月/日"」の形式で指定しましょう。省略した場合は「"12/31"」が指定されたものとして累計されます。

引数

式	集計する式を指定する
Dates	日付を含む列を指定する
フィルター	設定するフィルター条件を指定する。省略可
YearEndDate	年の終了日を文字列で指定する。省略可

年度末に向けて月ごとのデータを累計できる

キーワード

使いこなしのヒント

年間目標に対しての達成率を求める場合は?

[販売額年間累計]を目標額で割れば達成率を求めることができます。年間販売目標額が「1,000,000,000」だとした場合、以下のメジャーを作成してビジュアルやピボットテーブルに追加すると各行にその時点での達成率を求められます。

[販売額年間累計]を目標値で割り、達成率を求める

```
=DIVIDE('売上リスト'[販売額年間累計],1000000000)
```

目標額に対する達成率が求められる

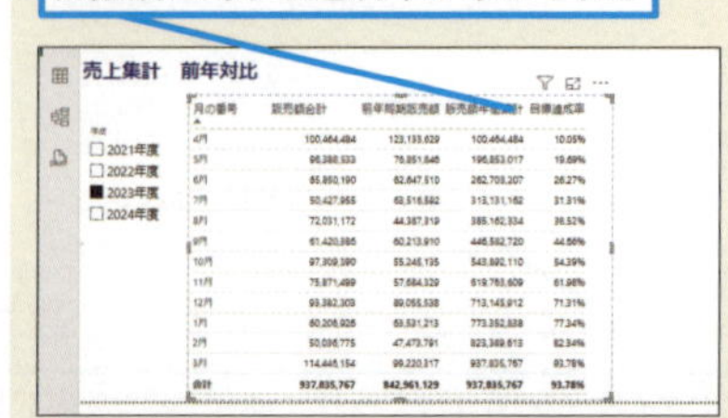

月の番号	販売額合計	前年同期販売額	販売額年間累計	目標達成率
4月	100,464,484	123,133,629	100,464,484	10.05%
5月	96,388,533	76,851,646	196,853,017	19.69%
6月	65,850,190	62,647,510	262,703,207	26.27%
7月	50,427,955	63,516,582	313,131,162	31.31%
8月	72,031,172	44,387,319	385,162,334	38.52%
9月	61,420,386	60,213,910	446,582,720	44.66%
10月	97,309,390	55,246,135	543,892,110	54.39%
11月	75,871,499	57,684,329	619,763,609	61.98%
12月	93,382,303	89,055,538	713,145,912	71.31%
1月	60,206,926	63,531,213	773,352,838	77.34%
2月	50,036,775	47,473,791	823,389,613	82.34%
3月	114,446,154	99,220,317	937,835,767	93.78%
合計	937,835,767	842,961,129	937,835,767	93.78%

練習用ファイル ▸ L047_TOTALYTD関数.pbix ／ L047_TOTALYTD関数.xlsx

使用例 ［販売額合計］を「3月31日」まで1年分ずつ累計する

=TOTALYTD('売上リスト'[販売額合計],'日付テーブル'[Date],"3/31")

ポイント

式	累計する式としてメジャー［販売額合計］を指定する
Dates	日付テーブルの［Date］列を指定する
フィルター	省略
YearEndDate	期末日である「3月31日」をテキスト形式の日付で指定する

● Power BIの場合

1 ［売上リスト］テーブルに上記式の「販売額年間累計」というメジャーを作成

2 ビジュアルを選択し、［販売額年間累計］を［値］に追加

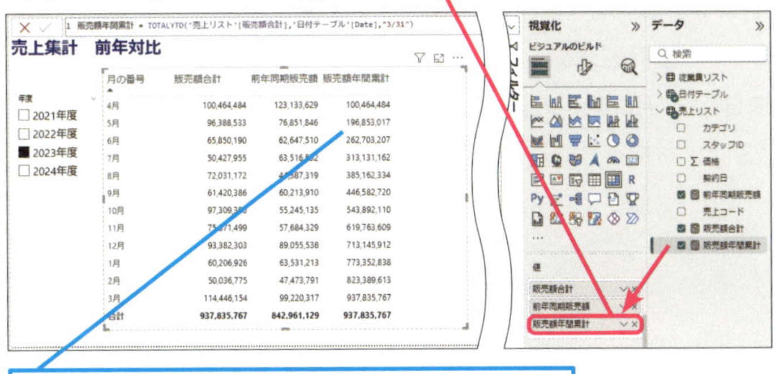

スライサーを切り替えると、各年度の累計が求められる

● Power Pivotの場合

1 ［売上リスト］テーブルに上記式の「販売額年間累計」というメジャーを作成

2 メジャー［販売額年間累計］メジャーを［値］ボックスに追加

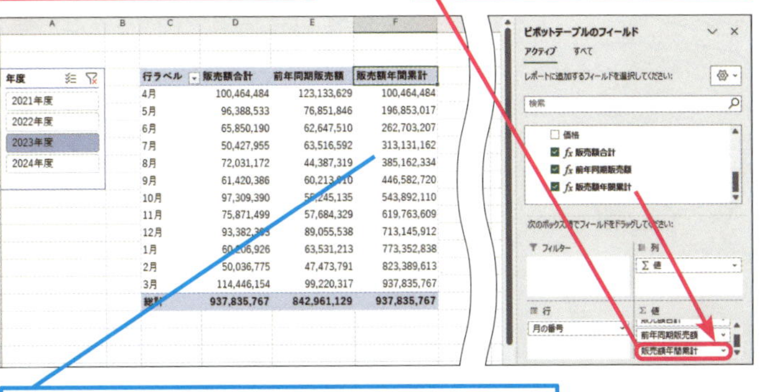

スライサーを切り替えると、各年度の累計が求められる

使いこなしのヒント

3月が期末になっているのに、引数でも指定が必要なの？

集計用のテーブルで［月の番号］が4月～3月の順に並んでいるのは、日付テーブルに作成した［並べ替え用］列の値で［月の番号］に並べ替えを設定しているからです。表でアイテムがどんな順番に並んでいるかと、集計で累計のタイミングの終わりをどこに指定するかは全く別の話です。もしこのレッスンで作成したメジャーの［YearEndDate］を省略した場合、「12月31日」までを累計することとなるため、表の並びは変わらないものの1月からはまた新たな累計値が求められることになります。

レッスン

48 年初から指定日までの日付テーブルを作成する

DATESYTD関数

累計を求める方法として、該当の期間の日付を持つテーブルを使う方法があります。このレッスンではDATESYTD関数で作成した、指定日までの日付データを持つ日付テーブルをCALCULATE関数のフィルターとして使用し、販売額の累計を求めます。

タイムインテリジェンス関数　対応アプリ Power BI Power Pivot

年初から指定された日までの連続した日付を持つテーブルを返す

=DATESYTD(Dates, [YearEndDate])

DATESYTD関数は、年初からビジュアルやテーブルの行などで指定された日までの日付テーブルを返す関数です。CALCULATE関数などのフィルターとして指定することで、さまざまな計算の期首からビジュアルやピボットテーブルで指定された日までの累計を求めることができます。「YearEndDate」には、期末日を「"月/日"」の形式で指定しましょう。省略した場合は「"12/31"」が指定されたものとして累計されます。

引数

Dates	日付を含む列を指定する
YearEndDate	年の終了日を文字列で指定する。省略可

キーワード

イテレータ関数 P.216
日付テーブル P.217
フィルター P.218

ここに注意

DATESYTD関数の動きは、ビジュアルやピボットテーブルで使用しながらでないと分かりにくいものです。このレッスンの例では、4月の行では年度の開始日である「2023/4/1」から最終日の「2023/4/30」までの日付テーブルが返されてCALCULATE関数の中で使用されています。5月の行では「2023/4/1」から「2023/5/31」まで、6月の行では「2023/4/1」から「2023/6/30」までのテーブルを使用しています。このため、各行で求められる集計結果は、各月の合計ではなく年始からの累計になるのです。

練習用ファイル ▸ L048_DATESYTD関数.pbix ／ L048_DATESYTD関数.xlsx

使用例 ［販売額合計］を「3月31日」まで1年分ずつ累計する

```
=CALCULATE('売上リスト'[販売額合計],DATESYTD('日付テーブル'[Date], "3/31"))
```

ポイント

Dates	日付テーブルの［Date］列を指定する
YearEndDate	期末日である「3月31日」をテキスト形式の日付で指定する

● Power BIの場合

1 ［売上リスト］テーブルに上記式の「D_販売額年間累計」というメジャーを作成

2 ビジュアルを選択し、［D_販売額年間累計］を［値］に追加

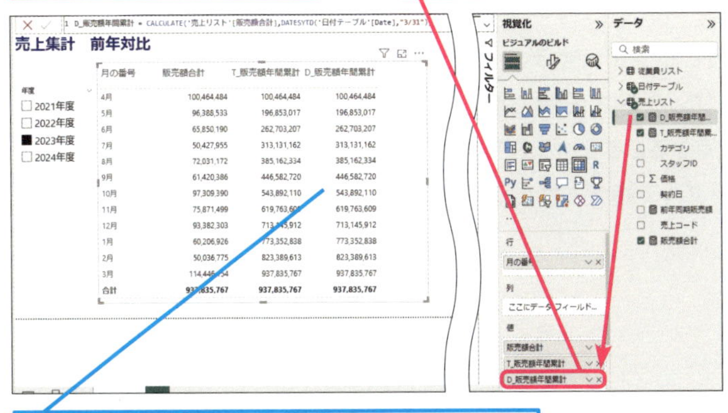

スライサーを切り替えると、各年度の累計が求められる

● Power Pivotの場合

1 ［売上リスト］テーブルに上記式の「D_販売額年間累計」というメジャーを作成

2 メジャー［D_販売額年間累計］メジャーを［値］ボックスに追加

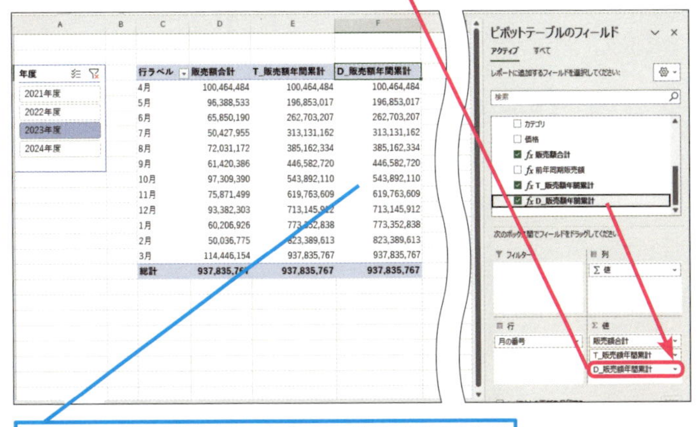

スライサーを切り替えると、各年度の累計が求められる

使いこなしのヒント

合計以外の累計もできるの?

このレッスンではSUM関数で作られたメジャー［販売額合計］を使ったため合計を累計しましたが、MAXやMAXX関数で最大値を求める、AVERAGEやAVERAGEX関数で平均値を求めることもできます。

使いこなしのヒント

「T_販売額年間累計」って?

前のレッスンでは、TOTALYTD関数を利用して販売額の年間累計を求めています。異なる関数を使っていますが、結果は同じであることを確認できます。合計以外の種類の累計を求める場合には、DATESYTD関数を使用する必要があります。

レッスン

49 四半期の開始日から指定日までの日付テーブルを作成する

DATESQTD関数

時系列による集計では、四半期ごとの累計もよく使用されます。DATESQTD関数を使うと、四半期の開始日から指定した日までのカレンダーを作成できます。このレッスンでは、CALCULATE関数のフィルターとして使用し、四半期ごとの販売額の累計を求めます。

タイムインテリジェンス関数　対応アプリ Power BI Power Pivot

四半期開始日から指定された日までの連続した日付を持つテーブルを返す

=DATESQTD(Dates)

DATESQTD関数は、四半期の開始日からビジュアルやテーブルの行などで指定された日までの日付テーブルを返す関数です。CALCULATE関数などのフィルターとして指定することで、さまざまな計算の期首からビジュアルやピボットテーブルで指定された日までの累計を求めることができます。

引数

Dates　日付を含む列を指定する

キーワード

日付テーブル　P.217
ピボットグラフ　P.218
ピボットテーブル　P.218

スキルアップ

月初から指定日までの日付テーブルを作成するには

DATESMTD関数は、月の開始日からビジュアルやテーブルの行などで指定された日までの日付テーブルを返す関数です。CALCULATE関数などのフィルターとして指定することで、さまざまな計算の月の開始日からビジュアルやピボットテーブルで指定された日までの累計を求めることができます。以下では、CALCULATE関数のフィルターとして使用し、月ごとの販売額の累計を求めています。

月の開始日から指定された日までの連続した日付を持つテーブルを返す
=DATESMTD(Dates)

［販売額合計］を月ごとに累計する
=CALCULATE('売上リスト'[販売額合計],
DATESMTD('日付テーブル'[Date]))

当月の累計が表示される

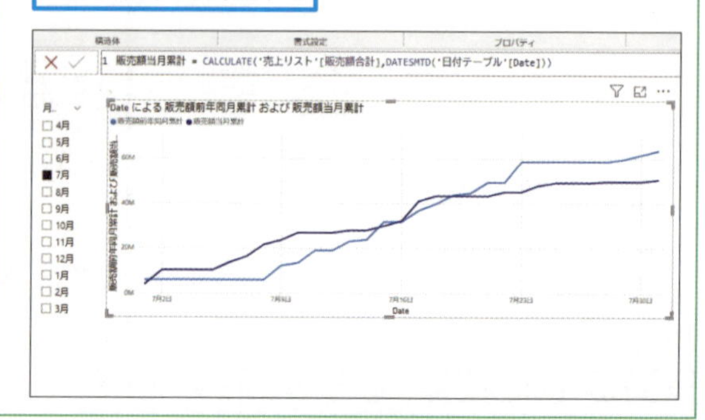

練習用ファイル ▸ L049_DATESQTD関数.pbix ／ L049_DATESQTD関数.xlsx

使用例 ［販売額合計］を四半期ごとに累計する

= CALCULATE('売上リスト'[販売額合計],DATESQTD('日付テーブル'[Date]))

ポイント

Dates	日付テーブルの［Date］列を指定する

● Power BIの場合

1 ［売上リスト］テーブルに上記式の「販売額四半期累計」というメジャーを作成

2 ビジュアルを選択し、［販売額年間累計］を［値］に追加

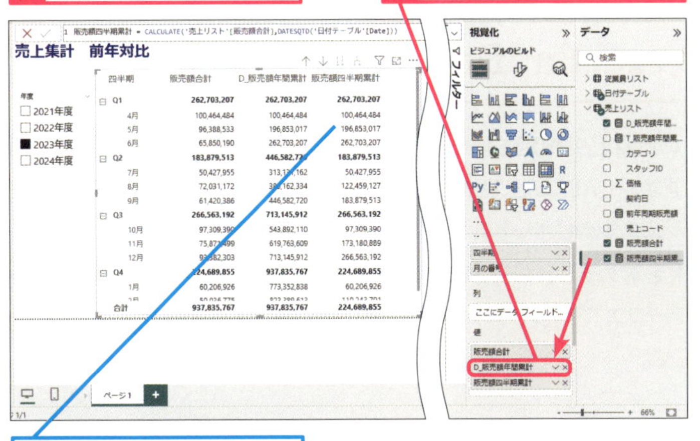

四半期ごとに累計が求められる

● Power Pivotの場合

1 ［売上リスト］テーブルに上記式の「販売額四半期累計」というメジャーを作成

2 メジャー［販売額四半期累計］メジャーを［値］ボックスに追加

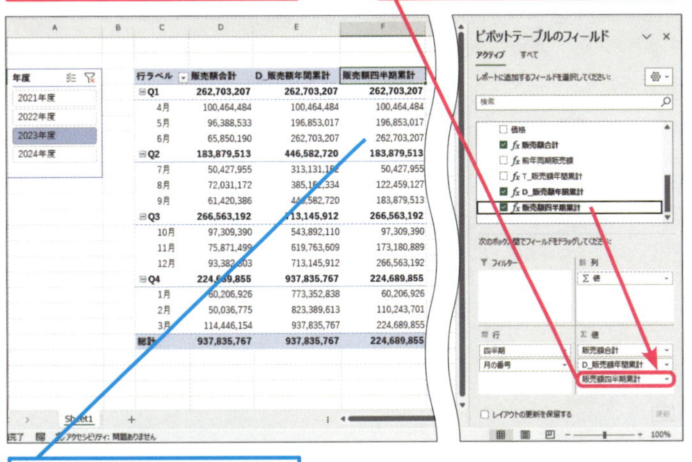

四半期ごとに累計が求められる

使いこなしのヒント

「合計」「総計」の行に第4四半期の累計が求められるのはなぜ？

DATESQTD関数では、その集計行で求めようとする集計期間の最終日を基準に、その日が含まれる期首までの日付をテーブルとして返しています。そのため、Power BIの「合計」やピボットテーブルの［総計］行であっても、四半期分のデータしか集計できないからです。

第4四半期の累計が表示される

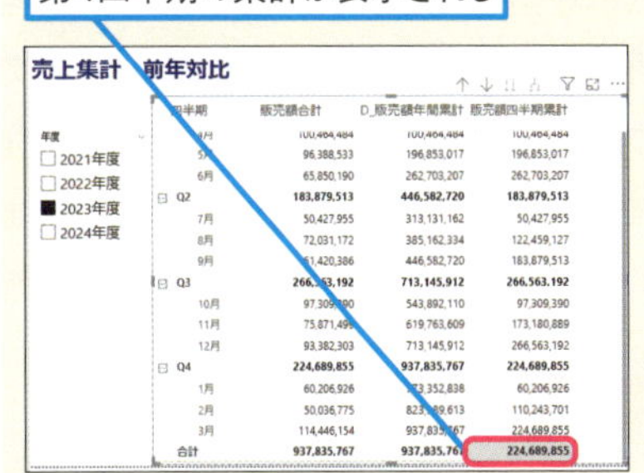

レッスン

50 翌年や翌月の日付テーブルを作成する

NEXTYEAR関数、NEXTMONTH関数

予算の集計などでは、先の日付のデータを集計に用いる場合もあります。NEXTYEAR関数やNEXTMONTH関数を使うと先の日付を持つテーブルを作成できます。このレッスンでは、CALCULATE関数のフィルターとして使用し、すべての行に翌月の販売額の合計を求めます。

タイムインテリジェンス関数　対応アプリ Power BI Power Pivot

指定された日の翌年1年間の連続した日付を持つテーブルを返す

=NEXTYEAR(Dates, [YearEndDate])

NEXTYEAR関数は、ビジュアルやテーブルの行などで指定された日の翌年1年間の日付を持つテーブルを返します。CALCULATE関数などのフィルターとして指定することで、ビジュアルやピボットテーブルで指定された日の翌年1年間の集計結果を求めることができます。指定された日は、ビジュアルやピボットテーブルで集計しようとしている期間のうち、最初の日付を基準とします。

引数

Dates	日付を含む列を指定する
YearEndDate	年の終了日を文字列で指定する。省略可

キーワード

テーブル　P.217
ピボットグラフ　P.218
ピボットテーブル　P.218

スキルアップ

翌年1年間の合計を求める

NEXTYEAR関数をCALCULATE関数の引数に使用すると、フィルターで抽出した日付を基に、その翌年1年間の集計を常に表示させるメジャーを作成できます。

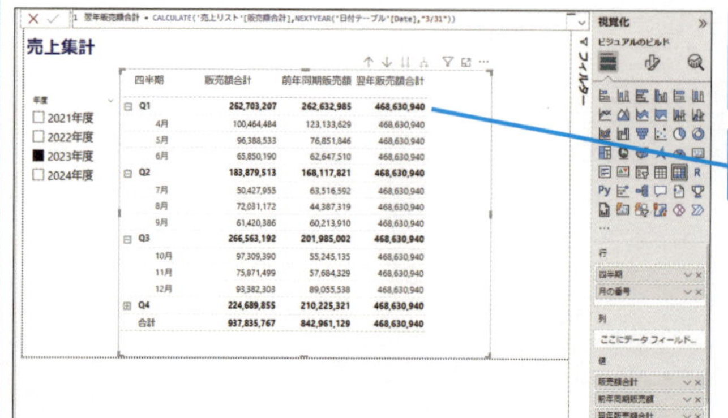

◆［翌年販売額合計］メジャーの式
=CALCULATE('売上リスト'[販売額合計],NEXTYEAR('日付テーブル'[Date],"3/31"))

テーブルの各行に翌年の販売額合計が求められる

タイムインテリジェンス関数　対応アプリ Power BI Power Pivot

指定された日の翌月1か月間の連続した日付を持つテーブルを返す

=NEXTMONTH(Dates)

NEXTMONTH関数は、ビジュアルやテーブルの行などで指定された日の翌月1か月間の日付を持つテーブルを返します。CALCULATE関数などのフィルターとして指定することで、ビジュアルやピボットテーブルで指定された日の翌月1か月間の集計結果を求めることができます。指定された日は、ビジュアルやピボットテーブルで集計しようとしている期間のうち、最初の日付を基準とします。

引数

| Dates　日付を含む列を指定する

練習用ファイル ▸ L050_NEXTMONTH関数.pbix ／ L057_NEXTMONTH関数.xlsx

使用例　翌月の［販売額合計］を求める

=CALCULATE('売上リスト'[販売額合計],NEXTMONTH('日付テーブル'[Date]))

ポイント

| Dates　日付テーブルの［Date］列を指定する

● Power BIの場合

1 ［売上リスト］テーブルに上記式の「翌月販売額合計」というメジャーを作成

2 ビジュアルを選択し、［翌月販売額合計］を［値］に追加

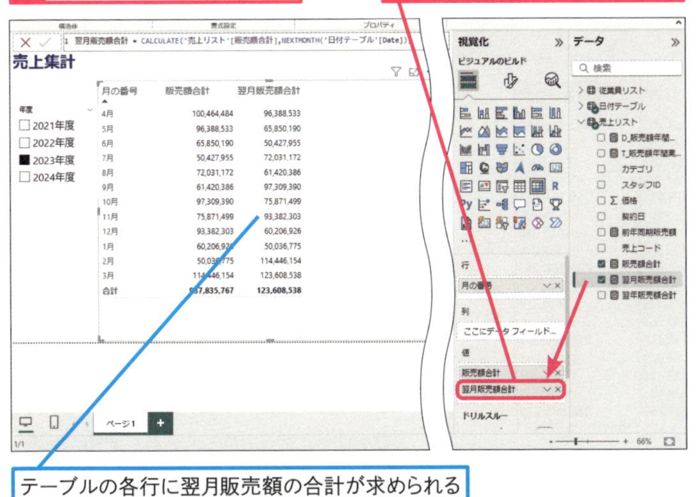

テーブルの各行に翌月販売額の合計が求められる

使いこなしのヒント

翌年同期の集計結果を求めるときはどうしたら良いの？

メジャー［前年同期販売額］では、SAMEPERIODLASTYEARを使って前年同期の集計結果を求めていますが、これは1年前の同期を求めることにしか使えません。翌年同期の集計結果を求めるにはレッスン51で紹介するDATEADD関数を使用します。

レッスン

51 指定した期間ずらした日付のテーブルを作成する

DATEADD関数

DATEADD関数はビジュアルやピボットテーブルで集計している期間を基準とし、指定しただけ期間をずらした日付のテーブルを返す関数です。このレッスンでは、「前々年同期」の販売額を求めるメジャーを作成します。

タイムインテリジェンス関数　　対応アプリ Power BI Power Pivot

基準となる期間から任意の期間ずらした同期に対応する日付のテーブルを返す

=DATEADD(Dates, NumberOfIntervals, Interval)

DATEADD関数は、3つ目の引数として指定する期間の単位を使って、2つ目の引数で指定した分だけずらした期間の日付を持つテーブルを返します。CALCULATE関数のフィルターに指定することで、ビジュアルやピボットテーブルで集計している期間を使って同期の集計を行うことができます。

引数

Dates	日付を含む列を指定する
NumberOfIntervals	ずらす期間を整数で指定する
Interval	ずらす単位を「Year」「Quarter」「Month」「Day」のいずれかで指定する

任意の期間ずらした日付テーブルを作成できるため、2年前の売上額の集計などが行える

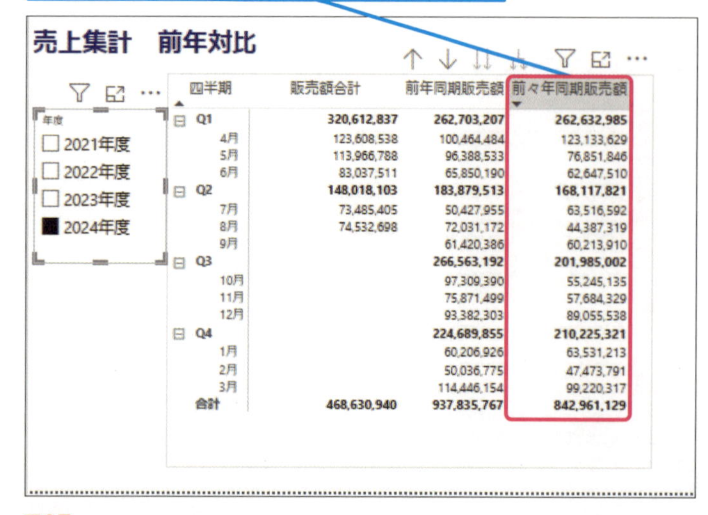

四半期	販売額合計	前年同期販売額	前々年同期販売額
Q1	**320,612,837**	**262,703,207**	**262,632,985**
4月	123,608,538	100,464,484	123,133,629
5月	113,966,788	96,388,533	76,851,846
6月	83,037,511	65,850,190	62,647,510
Q2	**148,018,103**	**183,879,513**	**168,117,821**
7月	73,485,405	50,427,955	63,516,592
8月	74,532,698	72,031,172	44,387,319
9月		61,420,386	60,213,910
Q3		**266,563,192**	**201,985,002**
10月		97,309,390	55,245,135
11月		75,871,499	57,684,329
12月		93,382,303	89,055,538
Q4		**224,689,855**	**210,225,321**
1月		60,206,926	63,531,213
2月		50,036,775	47,473,791
3月		114,446,154	99,220,317
合計	**468,630,940**	**937,835,767**	**842,961,129**

キーワード

スライサー	P.217
メジャー	P.218
フィルター	P.218

使いこなしのヒント

2つ目の引数の使い方は?

正の数を指定すると未来の期間を、負の数を指定すると過去の期間を取り出すことができます。例えば3つ目の引数に「YEAR」が指定されている場合、「2」と指定すれば翌々年同期のテーブルが返ります。このレッスンのように「-2」を指定すれば前々年同期です。そのため「-1」を指定するとSAMEPIRIODLASTYEAR関数を使ったときと同じく、前年同期の結果を求めることができます。

練習用ファイル ▸ L051_DATEADD関数.pbix ／ L051_DATEADD関数.xlsx

使用例 スライサーやテーブルで抽出された集計結果の前々年同期の集計を求める

```
=CALCULATE('売上リスト'[販売額合計],DATEADD('日付テーブル'[Date],-2,YEAR))
```

ポイント

Dates	前年同期の日付を求めるため、日付テーブルの［Date］列を指定する
NumberOfIntervals	前々年を求めるため「-2」を指定する
Interval	単位として「年」を使用するため「Year」を指定する

● Power BIの場合

1 ［売上リスト］テーブルに上記式の「前々年同期販売額」というメジャーを作成

2 ビジュアルを選択し、［前々年同期販売額］を［値］に追加

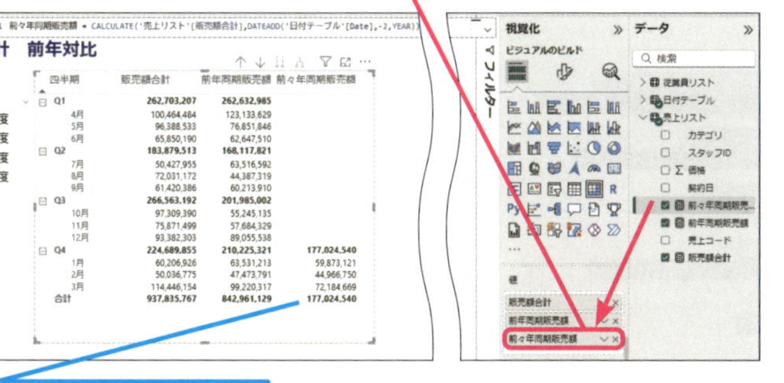

前々年同期の値が表示される

● Power Pivotの場合

1 ［売上リスト］テーブルに上記式の「前々年同期販売額」というメジャーを作成

2 メジャー［前々年同期販売額］メジャーを［値］ボックスに追加

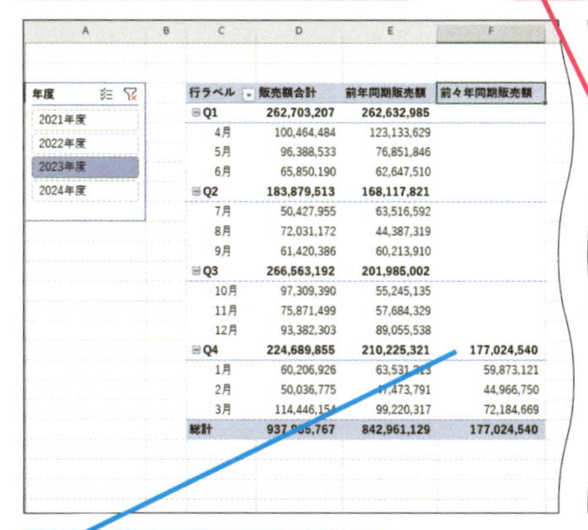

行ラベル	販売額合計	前年同期販売額	前々年同期販売額
Q1	262,703,207	262,632,985	
4月	100,464,484	123,133,629	
5月	96,388,533	76,851,846	
6月	65,850,190	62,647,510	
Q2	183,879,513	168,117,821	
7月	50,427,955	63,516,592	
8月	72,031,172	44,387,319	
9月	61,420,386	60,213,910	
Q3	266,563,192	201,985,002	
10月	97,309,390	55,245,135	
11月	75,871,499	57,684,329	
12月	93,382,303	89,055,538	
Q4	224,689,855	210,225,321	177,024,540
1月	60,206,926	63,531,213	59,873,121
2月	50,036,775	47,473,791	44,966,750
3月	114,446,154	99,220,317	72,184,669
総計	937,835,767	842,961,129	177,024,540

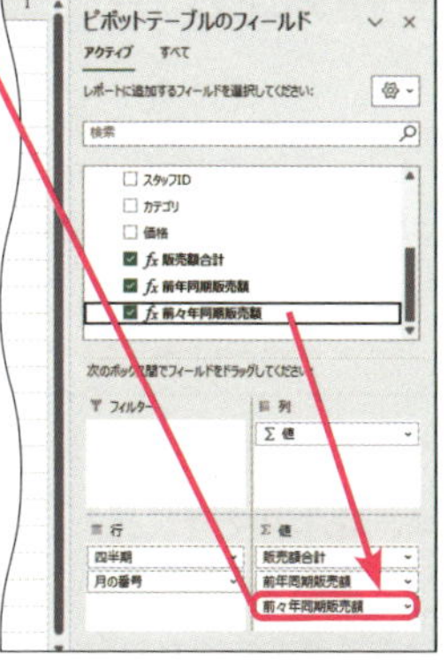

前々年同期の値が表示される

使いこなしのヒント

前々年同期対比を求める

このレッスンの例のように、前々年同期の集計結果を求めることができれば、対比を求めることも簡単にできます。

［販売額合計］を［前々年同期販売額］で割り、2年前同期との比率を求める

```
=DIVIDE([販売額合計],[前々年同期販売額])
```

この章のまとめ

時系列の集計を柔軟に行えるのがDAXの良さ

日付テーブルに集計軸となる列を作成することで、その列の値をフィルターとして集計を行えるようになります。通常のピボットテーブルでは求めにくい集計結果も簡単に集計できるようになるので、ぜひ日付テーブルを充実させて使いましょう。タイムインテリジェンス関数は、時系列の集計を柔軟に切り替えるために使われる関数です。Excelワークシート関数には無い概念の関数も多く、慣れないうちは戸惑うこともありますが、DAX関数を使うメリットの中でも最も大きなものの1つなので、使いこなせるよう経験を重ねてください。

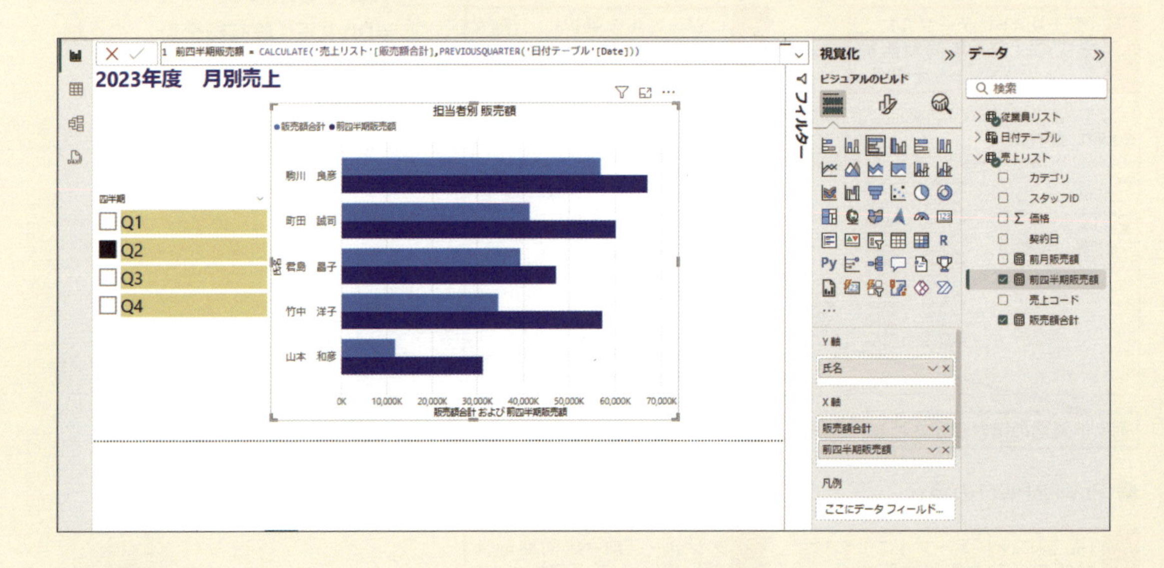

この章はいろんな関数が出てきましたね。一気に覚えられそうにないです……。

似た関数も多かったしね。先生、この章の中の関数ではまずどれから覚えたらいいんでしょう?

まずはSAMEPERIODLASTYEAR関数とTOTALYTD関数から覚えるといいよ。その他の関数は、復習のときに見たり、必要なときに参照したりして覚えよう!

活用編

第7章

集計元のテーブルを自在に操ろう

DAX式の中で「テーブル」を指定する際、データモデル内に表としてすでにあるテーブルの他、関数で作成したテーブルを利用することもできます。この章では、データモデルから新たなテーブルを返す「テーブル操作関数」について学びます。

レッスン

52 Introduction この章で学ぶこと 式内でテーブルを操作しよう

この章では、データモデル内のデータを操作して、新たにテーブルを作成できる関数を解説します。DAX関数には引数にテーブルを指定するものが多くあるので、そういった関数と組み合わせて使われます。この章でどんな関数を学ぶのか見てみましょう。

データモデルのデータから新たにテーブルを作成する

確かに、AVERAGEX関数とかFILTER関数とか、関数式の中でテーブルを指定するものって結構ありますよね。

よく使われる関数として挙げられていたSUMX関数もそうだよね。

テーブルが集計の基準になる関数はこれまでの章でもたくさん出てきたよね。テーブル操作関数を使えば、そういった関数の式の中で自分が求めるテーブルを作成できるんだ。

● VALUES関数の場合

指定したテーブルもしくは列の重複する値を削除して一意な値のみ含むテーブルを返す

列の重複する値を削除するため、一意の値のみを集計できる

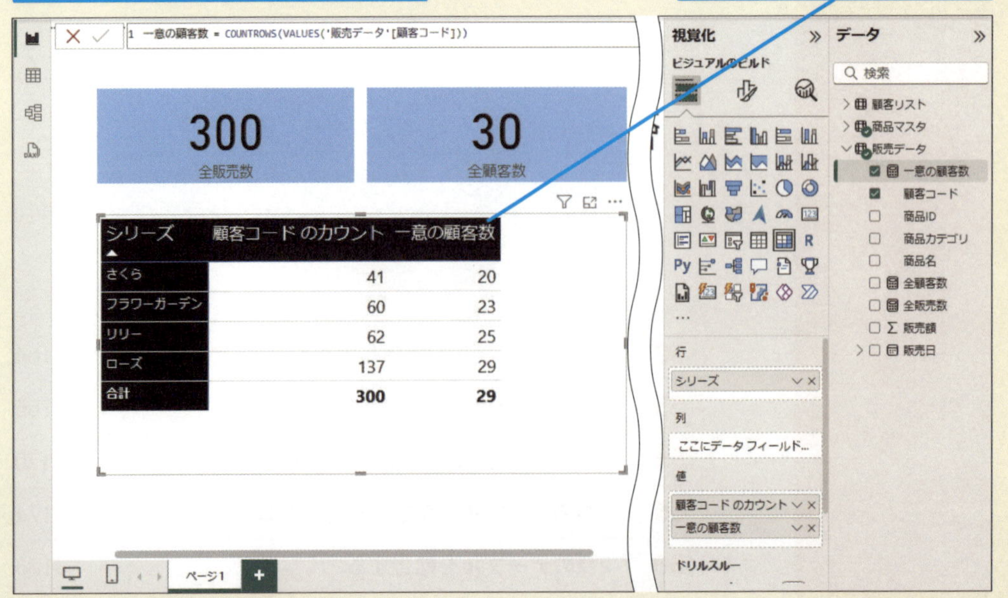

DAX式でより効率的に計算できる

実際にデータモデル内に新しいテーブルを作成するわけじゃなくて、あくまでイメージとして「テーブルを作成する」ってことは分かるんですけど、こういったテーブル操作関数を覚えるメリットって何ですか？

実態として存在するテーブルを作る手間が発生しないし、式の中で完結するから、その分、効率的に計算・可視化できるところがメリットだよ。

● SUMMARIZE関数

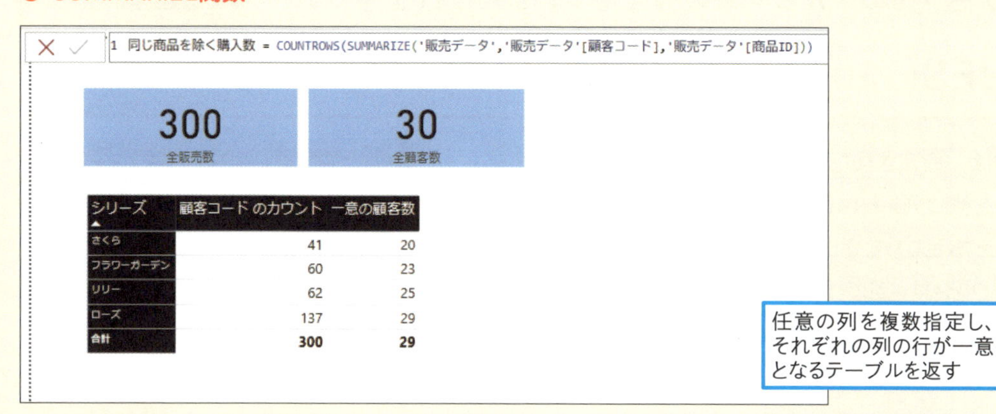

シリーズ	顧客コード のカウント	一意の顧客数
さくら	41	20
フラワーガーデン	60	23
リリー	62	25
ローズ	137	29
合計	300	29

任意の列を複数指定し、それぞれの列の行が一意となるテーブルを返す

● UNION関数

2つの表を結合したテーブルを作成する

確かに！　あとデータモデル内のデータも膨大にならずにも済みますね。

とはいえ、使い慣れないうちは、自分が求めようとしているテーブルがどんな形なのかイメージできないこともあるから、最初は実際にテーブルを作ってみるのも手だよ。

レッスン
53 一意の値を持つテーブルを作成する

VALUES関数

VALUES関数を使うと、大量のデータの中から一意の値を持つ行のみで作られたテーブルを作成することができます。このレッスンでは、一定の期間の販売データから一意の顧客IDのみを取り出してその数を数えるメジャーを作成します。

テーブル操作関数　対応アプリ Power BI Power Pivot

指定したテーブルの中から一意の値を持つ列または行を持つテーブルを返す

=VALUES(TableNameOrColumnName)

VALUES関数は、指定されたテーブルの列またはテーブル全体から、一意の値を持つ列または行を持つテーブルを引数として返します。引数に列を指定したときは、1列のテーブルが返ります。テーブルを指定した場合は、元のテーブルと同じ列を持つテーブルが返ります。

引数

TableNameOrColumnName	一意の値を返す対象となる列、または行を返す対象となるテーブルを指定する

[販売データ] テーブルの [顧客コード] は一意の値ではなく、同じ顧客コードも含まれる

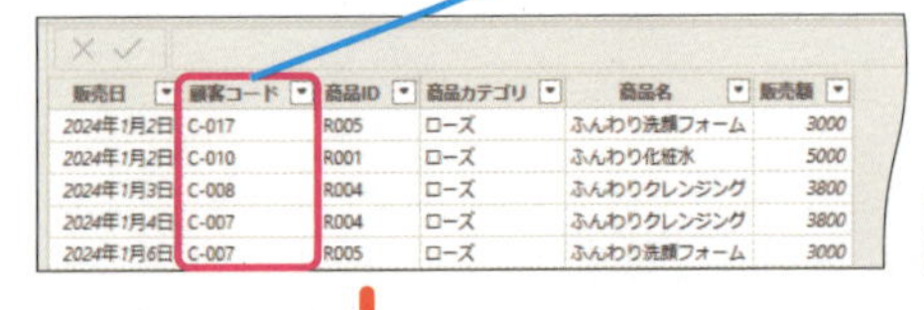

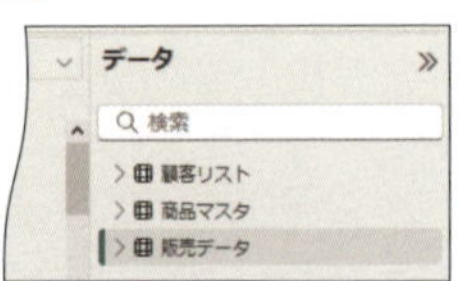

VALUES関数の引数に [顧客コード] を指定すると、一意の値だけで構成されたテーブルが返る

[顧客コード] が一意の値を持つ列のみで作られたテーブルを作成する

=VALUES('販売データ'[顧客コード])

キーワード

使いこなしのヒント

DISTINCTCOUNT関数との違いは?

このレッスンの例で作成する式は、VALUES関数の働きを分かりやすく伝えるためにCOUNTROWS関数と組み合わせていますが、DISTINCTCOUNT関数を単体で使っても同じ結果を得られます。VALUES関数は他の関数に一意の値でできたテーブルを渡すことができるので、CALCULATE関数やイテレータ関数の引数として使用できます。

練習用ファイル ▸ L053_VALUES関数.pbix ／ L053_VALUES関数.xlsx

使用例 ［販売データ］テーブルにある一意の［顧客コード］の数を数える

```
=COUNTROWS(VALUES('販売データ'[顧客コード]))
```

ポイント

TableNameOrColumnName	一意の購入者の数を求めるため［顧客コード］列を指定する

● Power BIの場合

1 ［データ］ペインで［販売データ］を選択

2 上記式の「一意の顧客数」というメジャーを新規作成

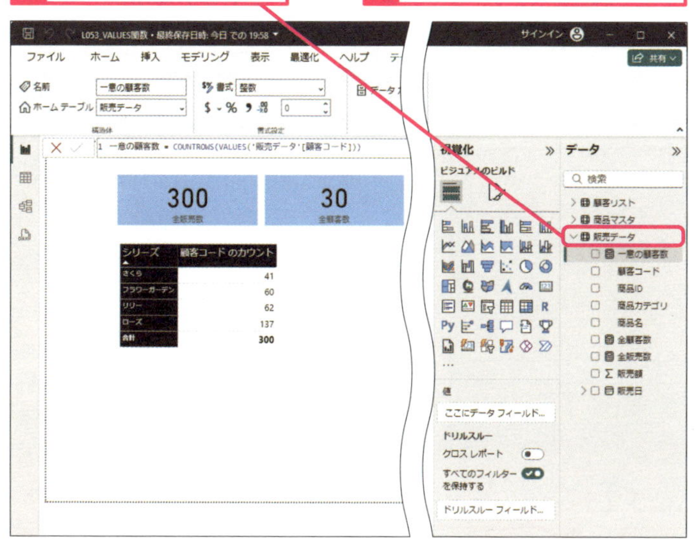

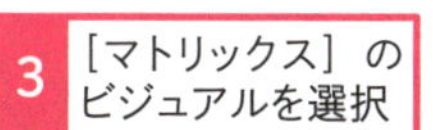

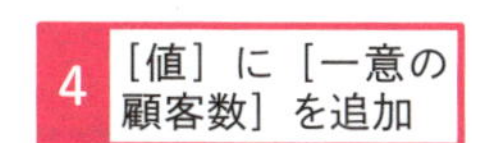

3 ［マトリックス］のビジュアルを選択

4 ［値］に［一意の顧客数］を追加

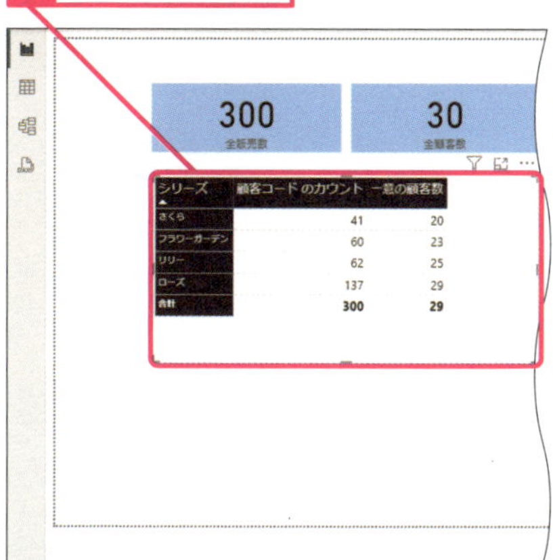

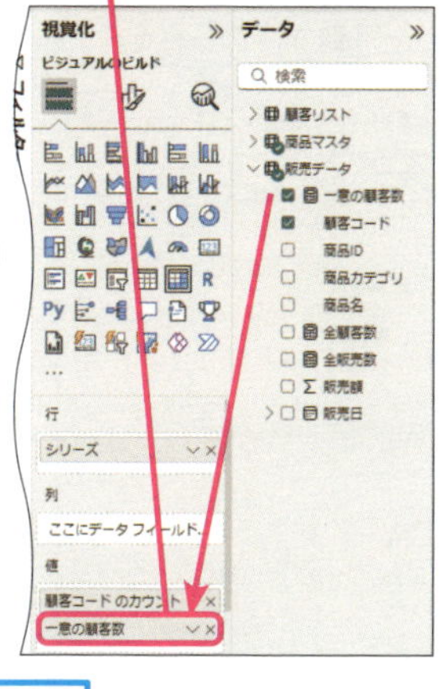

テーブルの各行に各商品の購入者数が求められる

使いこなしのヒント

「顧客コードのカウント」って何?

Power BIでは「顧客コードのカウント」、Power Pivotでは「カウント／顧客コード」という列がそれぞれ作成されています。これは［販売データ］テーブルの［顧客コード］列を直接、ビジュアルまたはピボットテーブルの値として使用し、その数を数えさせているものです。重複も数えられるため、「延べ顧客数」が求められています。

［販売データ］テーブルにある［顧客コード］列のデータの数を数えている

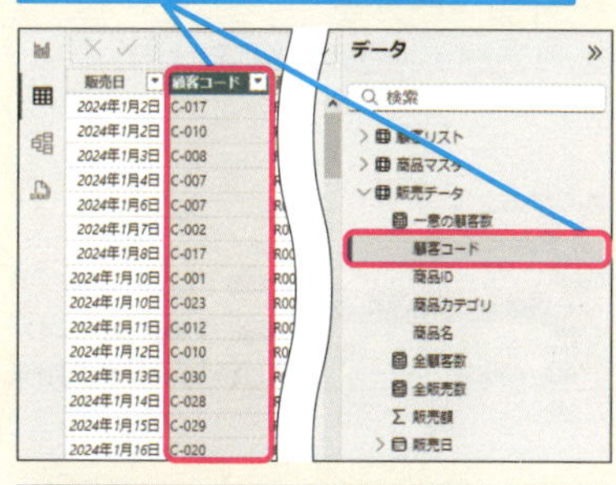

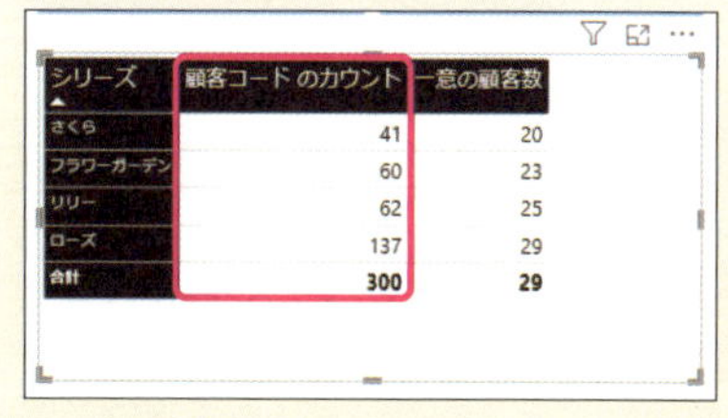

シリーズ	顧客コード のカウント	一意の顧客数
さくら	41	20
フラワーガーデン	60	23
リリー	62	25
ローズ	137	29
合計	300	29

● Power Pivotの場合

1 [Power Pivot] タブをクリック

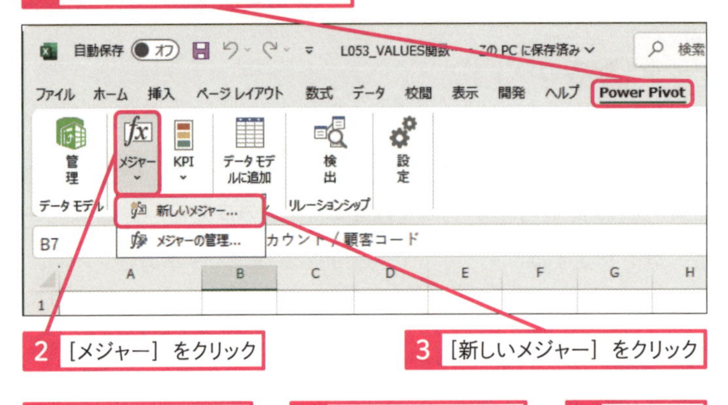

2 [メジャー] をクリック

3 [新しいメジャー] をクリック

4 [テーブル名] で [販売データ] を選択

5 [メジャー名] に「一意の顧客数」と入力

6 使用例の式を入力

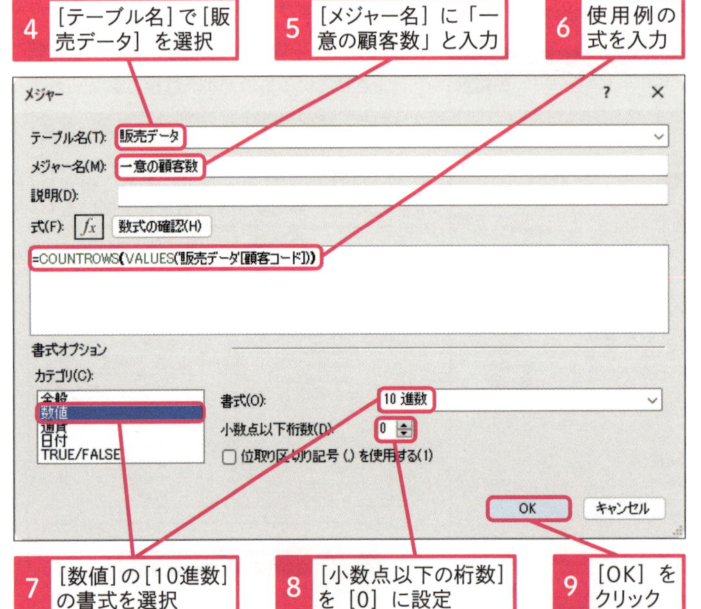

7 [数値] の [10進数] の書式を選択

8 [小数点以下の桁数] を [0] に設定

9 [OK] をクリック

10 [値] ボックスに [一意の顧客数] をドラッグして追加

各行に一意の顧客数が求められる

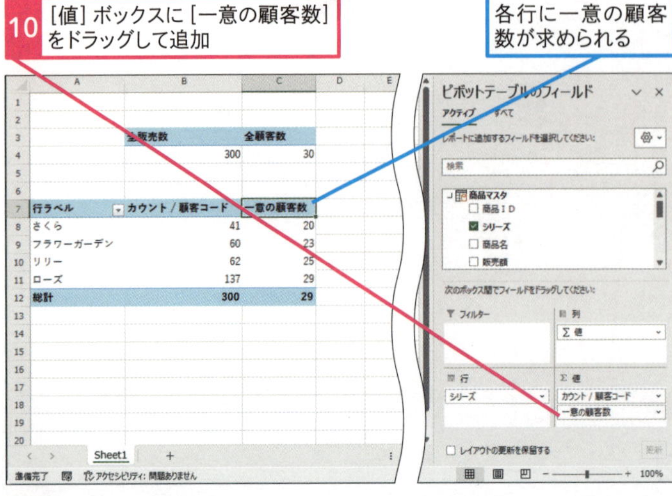

使いこなしのヒント

「全販売数」「全顧客数」とは?

Power BIではカードのビジュアルに、それぞれに [販売データ] テーブルの [商品ID] 列と、[顧客リスト] テーブルの [顧客コード] 列の行の数をCOUNT関数で数えるメジャーを値として指定しています。Power Pivotでは、同様に作成したメジャーをそれぞれピボットテーブルの値として指定しています。

全顧客数は「30」となっている

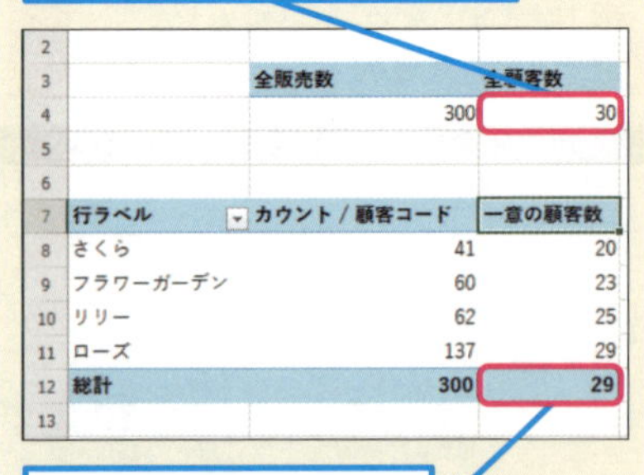

[一意の顧客数] の [総計] は「29」となっている

顧客リストの全顧客が購入しているわけではないことが分かる

これにより、全販売数や全顧客数に対してどのくらいの顧客が購入しているのか、ページ上で確認しやすくなります。例えば、「一意の顧客数」は全体で29となっており、顧客リストの全顧客がこの期間に購入しているわけではないことが明確になります。

スキルアップ

COUNTROWS関数とは?

使用例の式で使っているCOUNTROWS関数はテーブルの行数を数える関数です。COUNT関数と似ていますが、対象に空白が含まれる場合の結果が異なります。COUNT関数は列を指定して値のある行の数を返すので空白は数えられません。それに対しCOUNTROWS関数は、引数として指定したテーブル全体をとらえ、行の数を返します。どこかの列に空白が含まれたとしてもそれは結果的に無視されることになります。

テーブルの行数を数える

=COUNTROWS(表)

引数

表　行の数を求めたいテーブルを指定する

● COUNTROWS関数を使ったメジャーの式

［商品マスタ］テーブルの行数を数える

=COUNTROWS('商品マスタ')

● COUNT関数を使ったメジャーの式

［商品マスタ］テーブルの［商品ID］列の値がある行数を数える

=COUNT('商品マスタ'[商品ID])

［商品マスタ］テーブルの［商品ID］列には空白がある

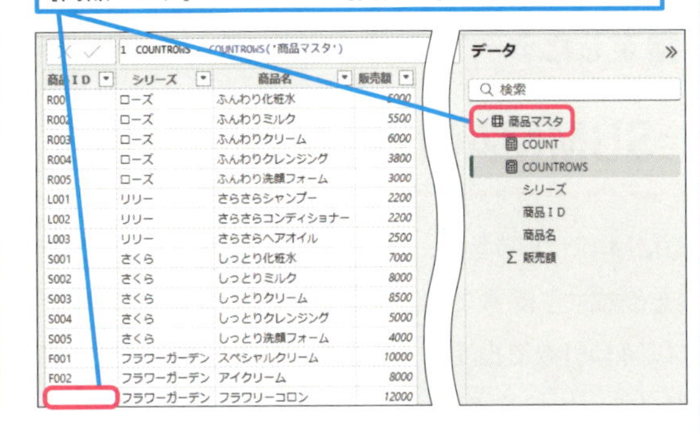

● Power BIの場合

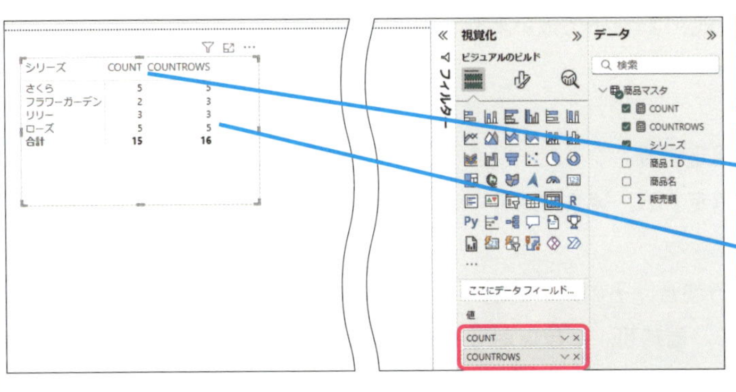

COUNT関数とCOUNTROWS関数を使ったメジャーがマトリックスの［値］に指定されている

COUNT関数は値のある行の数を返すため空白を数えていない

COUNTROWS関数はテーブルの行の数を返すため、空白は無視されている

● Power Pivotの場合

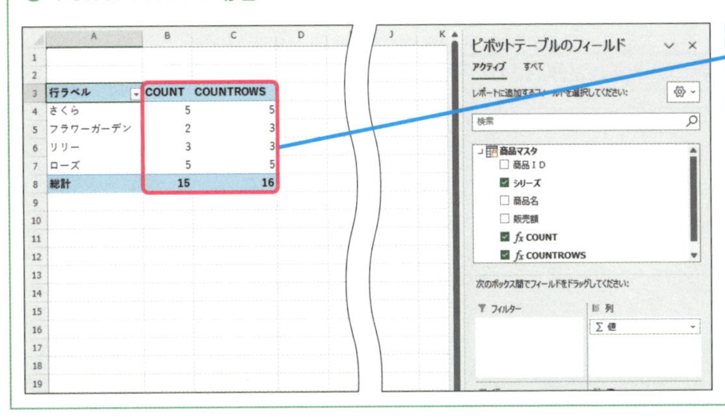

Power BIと同様に、COUNTROWS関数は空白が無視されているため、COUNT関数と集計結果が異なる

レッスン

54 複数の列を持つテーブルを作成する

SUMMARIZE関数

SUMMARIZE関数を使うと、任意の列を複数指定し、それぞれの列の行が一意となるテーブルを返すことができます。このレッスンでは一定の期間の販売データから、1人の顧客が同じ商品を複数購入している行は削除し、残りの行数を数えるメジャーを作成します。

テーブル操作関数　対応アプリ Power BI Power Pivot

指定したテーブルの中から個別の行を持つテーブルを返す

=SUMMARIZE(表, [GroupBy_ColumnName1],…, [名前1], [式1],…)

SUMMARIZE関数は、データモデル内のデータから新たなテーブルを作成する関数です。2つ目の引数として指定した列に対し、それ以降の引数で指定する列をグループ化できます。グループ化する列には、リレーションシップの関係がある別のテーブルの列を指定できます。3つ目と4つ目の引数を使って、式を含む列をテーブルに追加することも可能です。引数［名前］と［式］はセットで扱います。

引数

表	基となるテーブルを指定する
GroupBy_ColumnName1	グループ化する列を指定する。複数指定可
名前	式を含む列を作成する場合、その列の名前を「"」で囲んで指定する。省略可。複数指定可
式	作成する列で使用する式を指定する。省略可。複数指定可

［顧客コード］と［商品ID］両方で一意の行を持つテーブルが作成される

練習用ファイル ▸ L054_SUMMARIZE関数.pbix ／ L054_SUMMARIZE関数.xlsx

使用例 ［顧客コード］と［商品ID］両方で一意の行を持つテーブルを返す

```
=COUNTROWS(SUMMARIZE('販売データ','販売データ'[顧客コード],'販売データ'[商品ID]))
```


ポイント

表	基となるテーブル［販売データ］を指定する
GroupBy_ColumnName1	テーブルの基準となる列［顧客コード］を指定する
GroupBy_ColumnName2	テーブルの基準となる列［商品ID］を指定する

● Power BIの場合

1 ［データ］ペインで［販売データ］を選択

2 上記式の「同じ商品を除く購入数」というメジャーを新規作成

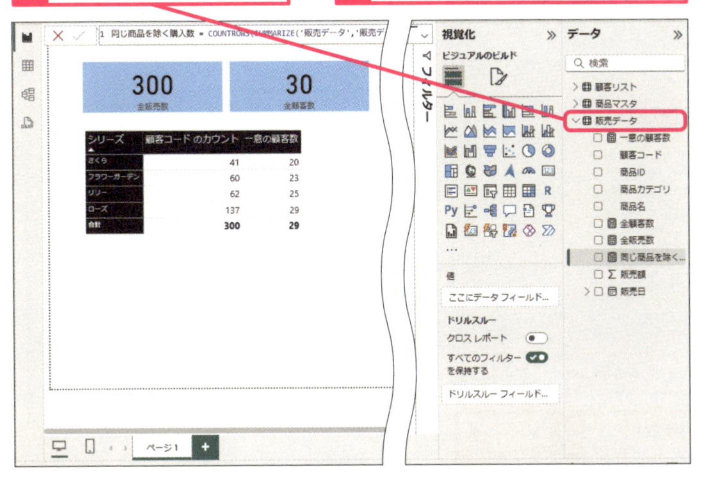

3 ［マトリックス］のビジュアルを選択

4 ［値］に［同じ商品を除く購入数］を追加

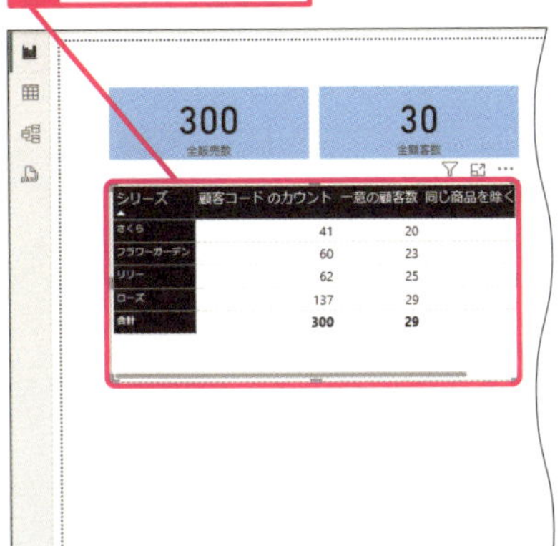

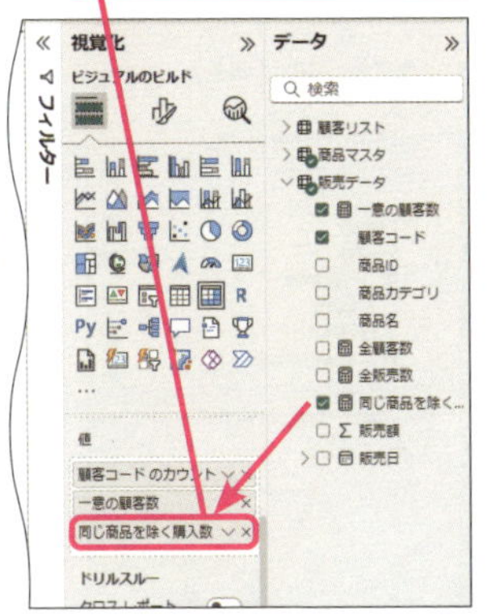

同じ商品を除く購入数が求められる

使いこなしのヒント

Power BIならテーブルビューにテーブルを追加できる

Power BIでは［新しいテーブル］ボタンからテーブルを追加しこのレッスンで作成したDAX式を数式バーに入力することで、目に見える形のテーブルを作ることもできます。SUMMARIZE関数を始めとするテーブル操作関数は、慣れないとどんなテーブルを作成しているかイメージが分かりにくいものです。テーブルビューを使って理解を深めましょう。

1 ［ホーム］タブをクリック

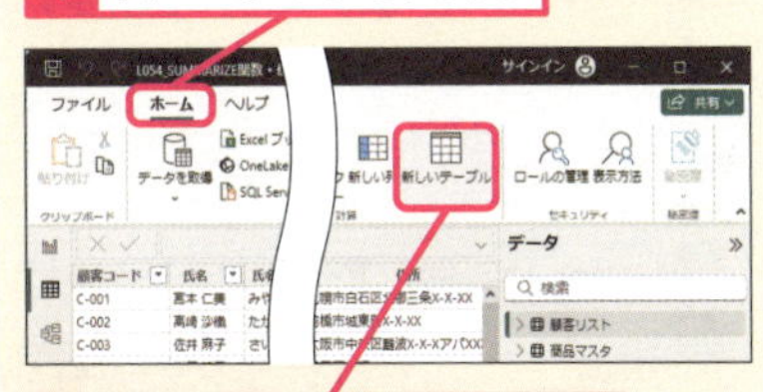

2 ［新しいテーブル］をクリック

3 「SUMMARIZE関数のテーブル = SUMMARIZE('販売データ','販売データ'[顧客コード],'販売データ'[商品ID])」と入力

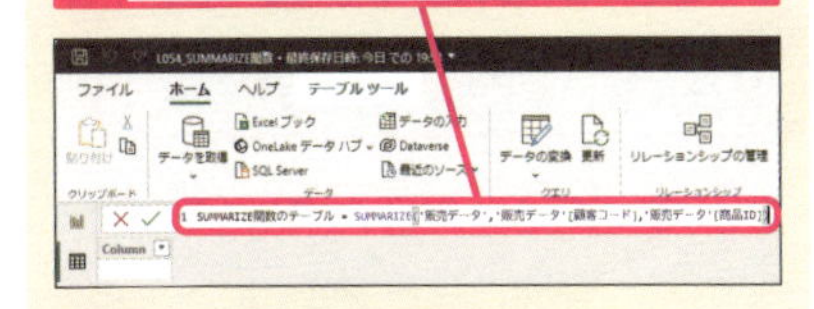

4 Enter キーを押す

テーブルが作成された

1 SUMMARIZE関数のテーブル = SUMMARIZE('

顧客コード	商品ID
C-017	R005
C-010	R005
C-008	R005
C-007	R005
C-023	R005
C-002	R005

● Power Pivotの場合

1 ［Power Pivot］タブをクリック

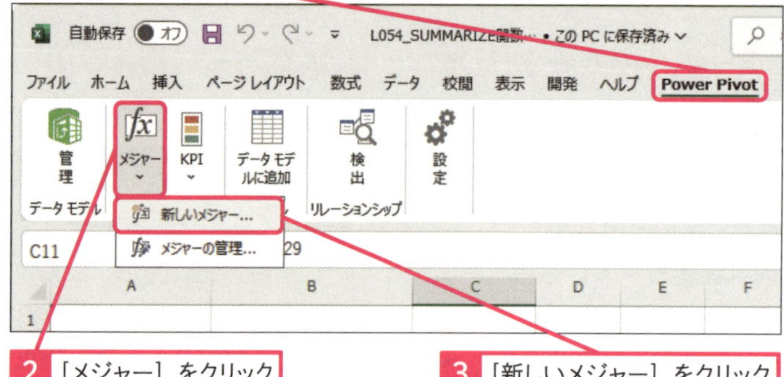

2 ［メジャー］をクリック

3 ［新しいメジャー］をクリック

4 ［テーブル名］で［販売データ］を選択

5 ［メジャー名］に「同じ商品を除く購入数」と入力

6 使用例の式を入力

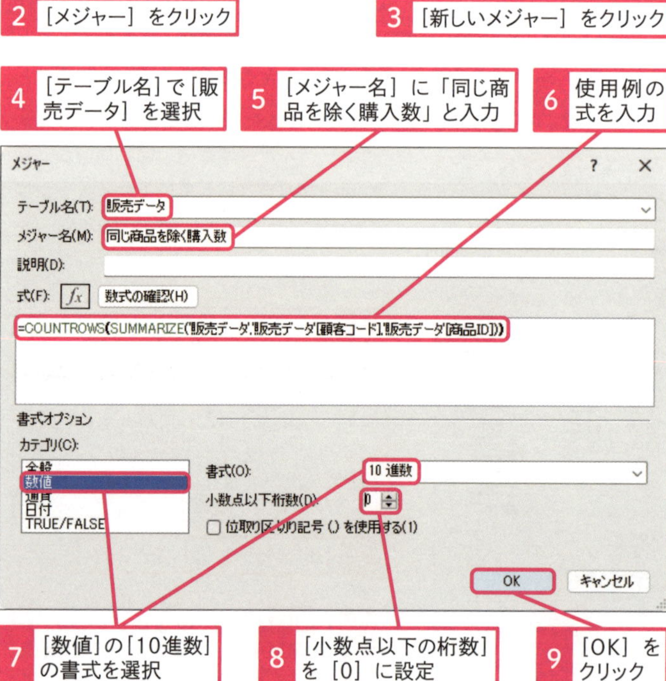

7 ［数値］の［10進数］の書式を選択

8 ［小数点以下の桁数］を［0］に設定

9 ［OK］をクリック

10 ［値］ボックスに［同じ商品を除く購入数］をドラッグして追加

各行に同じ商品を除く購入数が求められる

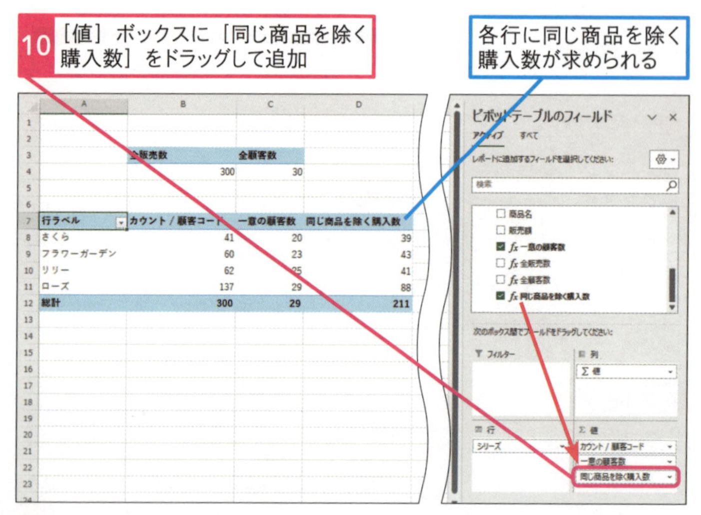

使いこなしのヒント

リレーションされた別のテーブルの列を指定することもできる

このレッスンではテーブルのイメージを分かりやすくするため、引数に指定する列はいずれも［販売データ］テーブルのものを使用しました。リレーションシップの設定がされている場合、別のテーブルの列を指定することもできます。このため、このレッスンで作成したメジャーは次のように記述しても同じ結果を得られます。

［販売データ］テーブルを基に［氏名］と［商品名］列の個別の行を数える

=COUNTROWS(SUMMARIZE('販売データ','顧客リスト'[氏名],'商品マスタ'[商品名]))

上記式を入力しても、同じ結果を得られる

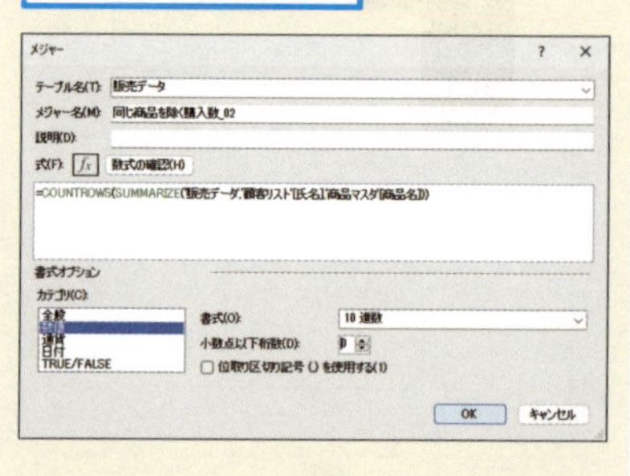

スキルアップ

SUMMARIZE関数を使って集計テーブルを作成する

SUMMARIZE関数は指定したテーブルを基にグループ化を行う関数なので、テーブルの形で集計結果を求めるためにもよく使われています。データモデルが大きく、複雑な場合は一旦SUMMARIZE関数でシンプルな形のテーブルを作成し、そのテーブルを基にビジュアルやピボットテーブルで集計をする方が分かりやすいこともあります。

［販売データ］を基に集計した、［商品名］と［販売額合計］列を持つテーブルを作る

=SUMMARIZE('販売データ','商品マスタ'[商品名],"販売額合計",SUM('販売データ'[販売額]))

ポイント

表	基となる［販売データ］テーブルを指定する
GroupBy_ColumnName1	集計の基準となる［商品名］列を指定する
名前	式を使って作成する列の列名「販売額合計」を「"」で囲んで指定する
式	［販売額］列を合計するためSUM関数を使って指定する

● ［販売データ］テーブル

販売日	顧客コード	商品ID	商品カテゴリ	商品名	販売額
2024年1月2日	C-017	R005	ローズ	ふんわり洗顔フォーム	3000
2024年1月2日	C-010	R001	ローズ	ふんわり化粧水	5000
2024年1月3日	C-008	R004	ローズ	ふんわりクレンジング	3800
2024年1月4日	C-007	R004	ローズ	ふんわりクレンジング	3800
2024年1月6日	C-007	R005	ローズ	ふんわり洗顔フォーム	3000
2024年1月7日	C-002	R004	ローズ	ふんわりクレンジング	3800
2024年1月8日	C-017	R003	ローズ	ふんわりクリーム	6000
2024年1月10日	C-001	R003	ローズ	ふんわりクリーム	6000
2024年1月10日	C-023	R001	ローズ	ふんわり化粧水	5000
2024年1月11日	C-012	R002	ローズ	ふんわりミルク	5500
2024年1月12日	C-010	R002	ローズ	ふんわりミルク	5500
2024年1月13日	C-030	R001	ローズ	ふんわり化粧水	5000
2024年1月14日	C-028	R002	ローズ	ふんわりミルク	5500

［商品名］の一意の値を取り出し、商品ごとの販売合計額を求めたい

各商品の販売額の合計が集計されたテーブルが作成される

```
1 商品別販売額集計 = SUMMARIZE('販売データ','商品マスタ'[商品名],"販売額合計",SUM('販売データ'[販売額]))
```

商品名	販売額合計
ふんわり化粧水	150000
ふんわりミルク	104500
ふんわりクリーム	174000
ふんわりクレンジング	117800
ふんわり洗顔フォーム	84000
さらさらシャンプー	44000
さらさらコンディショナー	48400
さらさらヘアオイル	50000
しっとり化粧水	56000
しっとりミルク	64000
しっとりクリーム	68000
しっとりクレンジング	50000
しっとり洗顔フォーム	28000
スペシャルクリーム	200000

レッスン
55 2つのテーブルの差をテーブルとして返す

EXCEPT関数

EXCEPT関数を使うと、2つの表を比較したテーブルを作成できます。このレッスンでは通常使用している［商品マスタ_R］テーブルと、特別な期間にだけ使用する［商品マスタ_S］テーブルの差から、期間限定商品の個数を求めます。

テーブル操作関数　対応アプリ Power BI Power Pivot

1つ目のテーブルから2つ目のテーブルにある行を削除したテーブルを返す

```
=EXCEPT(LeftTable,RightTable)
```

EXCEPT関数は、基となるテーブルから別のテーブルにある行を削除したテーブルを返す関数です。結果的に基のテーブルにあって比較するテーブルには無い行が残ります。比較するテーブルにはあるが、基のテーブルには無い行については無視されます。

引数

LeftTable　基となるテーブルを指定する
RightTable　基となるテーブルと比較するテーブルを指定する

● ［商品マスター_R］テーブル

商品ID	シリーズ	商品名	販売額
R001	ローズ	ふんわり化粧水	5000
R002	ローズ	ふんわりミルク	5500
R003	ローズ	ふんわりクリーム	6000
R004	ローズ	ふんわりクレンジング	3800
R005	ローズ	ふんわり洗顔フォーム	3000
L001	リリー	さらさらシャンプー	2200
L002	リリー	さらさらコンディショナー	2200
L003	リリー	さらさらヘアオイル	2500
F001	フラワーガーデン	スペシャルクリーム	10000
F002	フラワーガーデン	アイクリーム	8000
F003	フラワーガーデン	フラワリーコロン	12000

● ［商品マスター_S］テーブル

商品ID	シリーズ	商品名	販売額
R001	ローズ	ふんわり化粧水	5000
R002	ローズ	ふんわりミルク	5500
R003	ローズ	ふんわりクリーム	6000
R004	ローズ	ふんわりクレンジング	3800
R005	ローズ	ふんわり洗顔フォーム	3000
L001	リリー	さらさらシャンプー	2200
L002	リリー	さらさらコンディショナー	2200
L003	リリー	さらさらヘアオイル	2500
S001	さくら	しっとり化粧水	7000
S002	さくら	しっとりミルク	8000
S003	さくら	しっとりクリーム	8500
S004	さくら	しっとりクレンジング	5000
S005	さくら	しっとり洗顔フォーム	4000
F001	フラワーガーデン	スペシャルクリーム	10000
F002	フラワーガーデン	アイクリーム	8000
F003	フラワーガーデン	フラワリーコロン	12000

```
1 EXCEPT関数テーブル = EXCEPT('商品マスタ_S','商品マスタ_R')
```

商品ID	シリーズ	商品名	販売額
S001	さくら	しっとり化粧水	7000
S002	さくら	しっとりミルク	8000
S003	さくら	しっとりクリーム	8500
S004	さくら	しっとりクレンジング	5000
S005	さくら	しっとり洗顔フォーム	4000

［商品マスター_R］テーブルにあって比較する［商品マスター_S］テーブルには無い行が返る

キーワード

関数	P.216
テーブル	P.217
フィールド	P.218

使いこなしのヒント

2つの表の列名は同じでないといけない?

2つのテーブルは列の配置で比較されるため、列名が異なっていても指定できます。列の数は同じである必要があります。列名が異なっている場合、返される列の名前は基となるテーブルの列名が使用されます。

練習用ファイル ▸ L055_EXCEPT関数.pbix ／ L055_EXCEPT関数.xlsx

使用例 ［商品マスタ_S］にあって［商品マスタ_R］に無い行の数を返す

```
=COUNTROWS(EXCEPT('商品マスタ_S','商品マスタ_R'))
```

ポイント

LeftTable　期間限定商品を含むテーブル［商品マスタ_S］を指定する

RightTable　通常期間に使用するテーブル［商品マスタ_R］を指定する

● Power BIの場合

1 ［販売データ］テーブルに上記式の「シーズン商品の数」というメジャーを作成

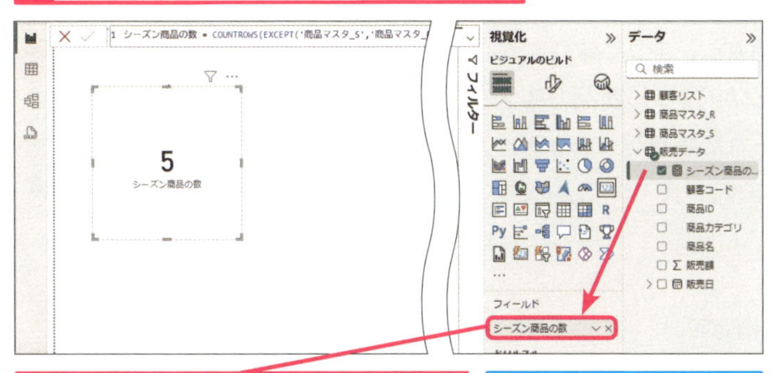

2 カードのビジュアルを選択し、［シーズン商品の数］を［フィールド］に追加

カードに［シーズン商品の数］が表示される

● Power Pivotの場合

1 ［販売データ］テーブルに上記式の「シーズン商品の数」というメジャーを作成

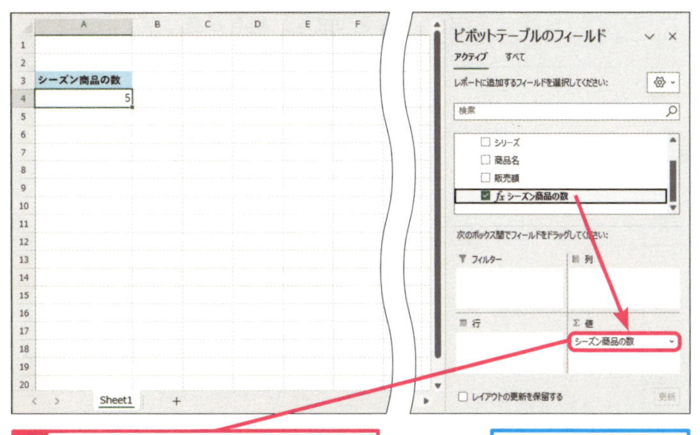

2 フィールドリスト内の［シーズン商品の数］を［値］ボックスに追加

シーズン商品の数が表示される

使いこなしのヒント

指定した表に重複行が含まれているときはどうなるの？

［LeftTable］として指定したテーブルに重複行がある場合、重複行は削除されずそのまま残ります。［RightTable］にある行は一意の行であっても重複行であっても同じように扱われます。

使いこなしのヒント

2つのテーブルに重複する行を取り出すには？

2つのテーブルを比較して重複した行を持つテーブルを作成するときは、INTERSECT関数を使用します。

1つ目のテーブルにある行のうち、2つ目のテーブルにある行を残す

```
=INTERSECT(LeftTable,RightTable)
```

レッスン

56 2つのテーブルを結合する

UNION関数

UNION関数を使うと、2つの表を結合したテーブルを作成できます。このレッスンでは通常使用している［商品マスタ_R］テーブルと、期間限定商品のみで構成された［商品マスタ_S］テーブルを結合し、限定商品販売期間の商品数を求めます。

テーブル操作関数　対応アプリ Power BI Power Pivot

1つ目のテーブルに2つ目のテーブルの行を結合したテーブルを返す

=UNION(表1,表2…)

UNION関数は基となる表に別の表の行を追加し、1つに結合する関数です。このレッスンでは2つの商品マスタから1つの商品マスタテーブルを作成していますが、月ごとに分けられた販売データのテーブルを1つに結合する場合などにも利用できます。

引数

| 表　結合するテーブルを指定する。複数指定可

表1

商品ID	シリーズ	商品名	販売額

表2

商品ID	シリーズ	商品名	販売額

商品ID	シリーズ	商品名	販売額

キーワード
データモデル　P.217
テーブル　P.217
フィールド　P.218

使いこなしのヒント

2つのテーブルの列名は同じでないといけない？

2つのテーブルは列の配置を使って結合されるので、列名が異なっていても問題ありませんが、列の数は同じである必要があります。列名が異なっている場合、返される列の名前は基となるテーブルの列名が使用されます。

ここに注意

2つのテーブルに全く同じ行があったとしても、重複行として削除されることはありません。UNION関数で作られるテーブルには、元のテーブルの行数を合計した数の行が作られます。

練習用ファイル ▸ L056_UNION関数.pbix ／ L056_UNION関数.xlsx

使用例 ［商品マスタ_R］に［商品マスタ_S］を追加した行の数を返す

```
=COUNTROWS(UNION('商品マスタ_R','商品マスタ_S'))
```

ポイント

表1　基となるテーブル［商品マスタ_R］を指定する
表2　追加する行を持つテーブル［商品マスタ_S］を指定する

● Power BIの場合

1 ［販売データ］テーブルに上記式の「全商品アイテム数」というメジャーを作成

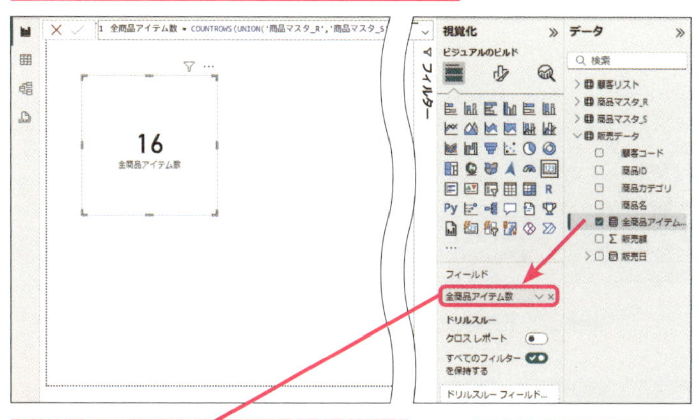

2 カードのビジュアルを選択し、［全商品アイテム数］を［フィールド］に追加

カードに全商品のアイテム数が表示される

● Power Pivotの場合

1 ［販売データ］テーブルに上記式の「全商品アイテム数」というメジャーを作成

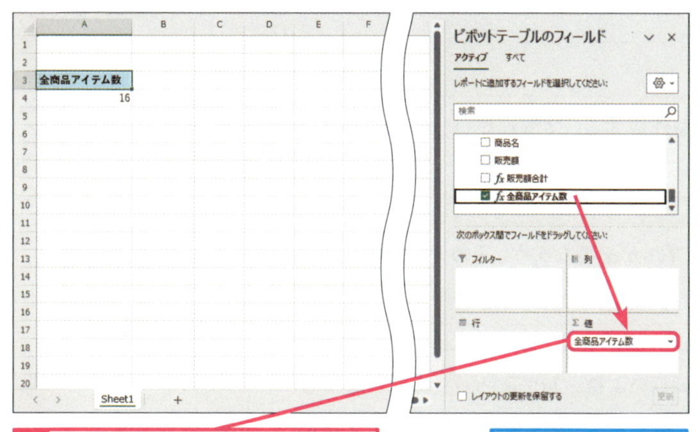

2 フィールドリスト内の［全商品アイテム数］を［値］ボックスに追加

全商品のアイテム数が表示される

使いこなしのヒント

販売データを結合してSUMX関数の引数に指定する

［完成］フォルダーにある「L056_UNION関数_参考完成.pbix」「L056_UNION関数_参考完成.xlsx」は、販売データが月ごとに分かれたテーブルを持つデータモデルを扱っています。そのため、複数月のデータを集計するには、事前にそれらのテーブルを結合する必要があります。この練習用ファイルの例では、UNION関数を使って1月と2月の販売データを持つテーブルを結合し、SUMX関数の引数として使用することで1月と2月の販売額の合計を求めています。

［販売データ1］と［販売データ2］を結合し、［販売額］列を合計する

```
=SUMX(UNION('販売データ1',
'販売データ2'),'販売データ1'[販
売額])
```

販売データが月ごとに分かれているテーブルを持っている

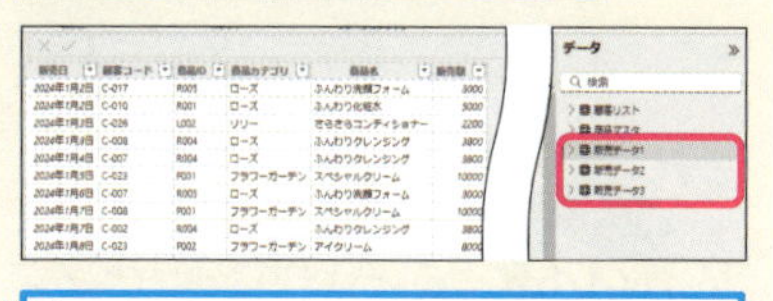

［販売データ1］と［販売データ2］をUNION関数で結合し、SUM関数で販売額を合計している

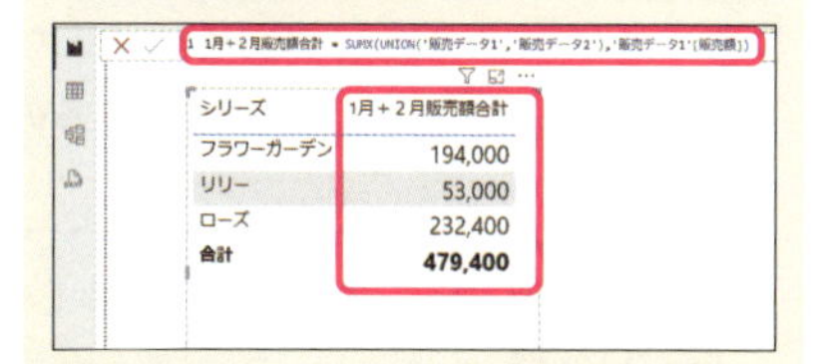

この章のまとめ

テーブル操作関数を使って思いのままに集計しよう

SUMX関数などよく使われる関数には、引数としてテーブルを指定するものが多くあります。そこで指定するテーブルが集計の基準となるわけですが、そのテーブルそのものを自分の求める形にできるのがテーブル操作関数です。使い慣れないうちは、自分が求めようとしているテーブルがどんな形なのかイメージできないこともありますが、簡単なものからトライしていくことで徐々に使い方が理解できるようになってきます。Power BIの新規テーブル作成機能なども使いながら、テーブル操作関数の使い方に慣れていきましょう。

テーブル操作関数ならDAX式の中で新たにテーブルを作成して集計・分析できる

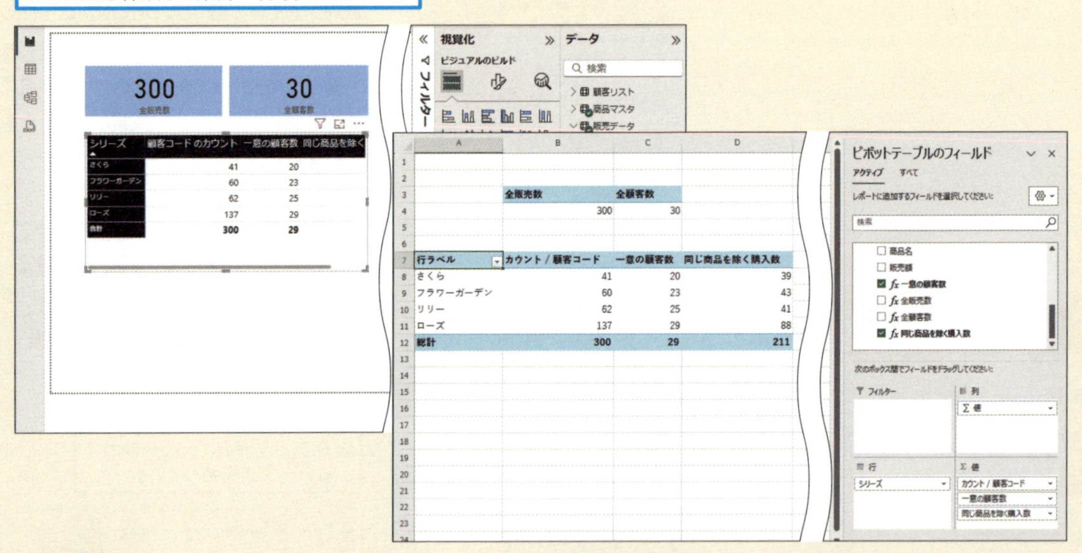

式の中で新しいテーブルを作成するって慣れないとなかなかイメージできないよね。

そうそう。どんなテーブルが必要なのか、元のテーブルからどういうテーブルができるのか、理解できていないと使いこなせないよね。

一気に考えると少しややこしいよね。**レッスン54**でも解説した通り、Power BIのテーブル作成機能も活用しながら、理解を深めていくといいよ。

活用編

第8章

知っておくと便利な その他の関数

この章では文字列関数を皮切りに、これまでの章では紹介しきれなかった便利な関数をご紹介します。比較的分かりやすいシンプル関数もありますが、DAXの世界を深く覗けるような複雑な使い方をする関数もあります。最後まで楽しく学んでいきましょう!

レッスン
57 Introduction この章で学ぶこと
予測に役立つ関数を知ろう

文字列を操作する関数や、将来のデータの予測に役立つ関数など、ここまでの章で解説しきれなかった便利な関数を本章では解説します。この章でどんな関数を学ぶのか見てみましょう。

文字列を変換・整形する関数

ついに最終章ですね。この章ではどんな関数を学ぶんでしょうか?

文字列を操作する関数から紹介しきれなかった便利な関数まで解説していくよ!

● CONCATENATE関数

2つの文字列を結合して1つの文字列にする

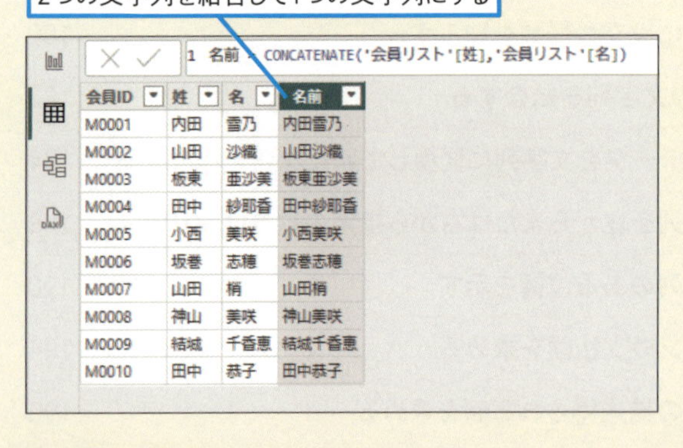

```
1 名前 = CONCATENATE('会員リスト'[姓],'会員リスト'[名])
```

会員ID	姓	名	名前
M0001	内田	雪乃	内田雪乃
M0002	山田	沙織	山田沙織
M0003	板東	亜沙美	板東亜沙美
M0004	田中	紗耶香	田中紗耶香
M0005	小西	美咲	小西美咲
M0006	坂巻	志穂	坂巻志穂
M0007	山田	梢	山田梢
M0008	神山	美咲	神山美咲
M0009	結城	千香恵	結城千香恵
M0010	田中	恭子	田中恭子

● FORMAT関数

値を文字列に変換する

```
1 曜日 = FORMAT('来店履歴'[来店日],"aaaa")
```

伝票番号	来店日	会員ID	利用メニュー	曜日
T2410001	2024年10月3日	M0001	FR-02	木曜日
T2410002	2024年10月3日	M0002	PA-03	木曜日
T2410003	2024年10月3日	M0005	PA-01	木曜日
T2410004	2024年10月4日	M0001	FR-01	金曜日
T2410005	2024年10月4日	M0002	PB-03	金曜日
T2410006	2024年10月4日	M0010	PA-05	金曜日
T2410007	2024年10月5日	M0006	PA-05	土曜日
T2410008	2024年10月5日	M0005	FR-01	土曜日
T2410009	2024年10月5日	M0010	PB-02	土曜日
T2410010	2024年10月5日	M0008	PB-03	土曜日
T2410011	2024年10月6日	M0005	FR-01	日曜日

● FIND関数

文字列の中から指定した文字列の位置を返す

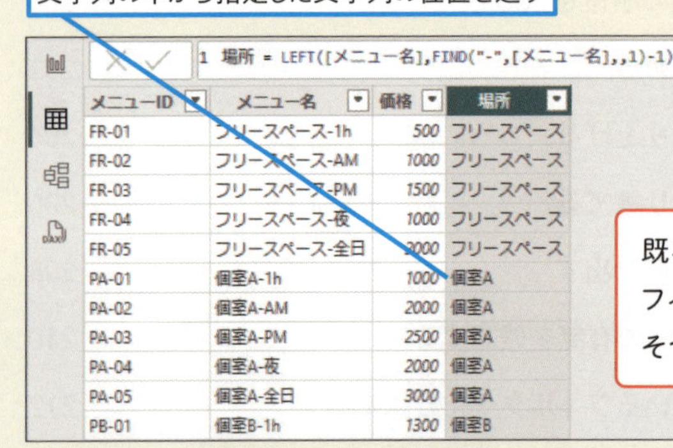

```
1 場所 = LEFT([メニュー名],FIND("-",[メニュー名],,1)-1)
```

メニューID	メニュー名	価格	場所
FR-01	フリースペース-1h	500	フリースペース
FR-02	フリースペース-AM	1000	フリースペース
FR-03	フリースペース-PM	1500	フリースペース
FR-04	フリースペース-夜	1000	フリースペース
FR-05	フリースペース-全日	2000	フリースペース
PA-01	個室A-1h	1000	個室A
PA-02	個室A-AM	2000	個室A
PA-03	個室A-PM	2500	個室A
PA-04	個室A-夜	2000	個室A
PA-05	個室A-全日	3000	個室A
PB-01	個室B-1h	1300	個室B

既存の列から集計の切り口になるフィールドを作成するときに役立ちそうな関数ですね!

予測や分析に役立つ関数

それからこの章では財務に関する処理を行う関数も紹介するよ!

● PMT関数

ローンの支払額を求める

● XNPV関数

投資の現在価値を求める

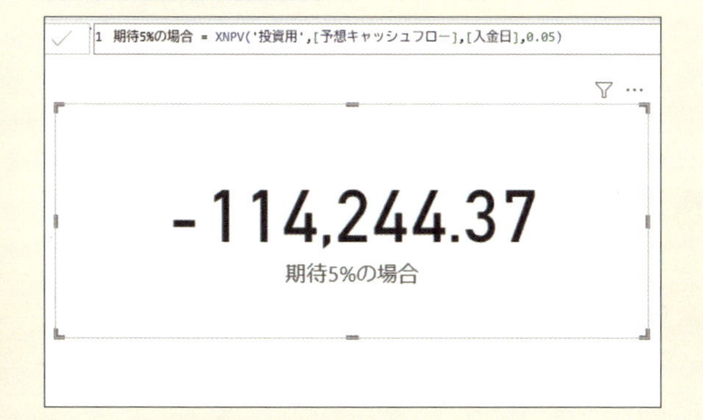

● FV関数

積立の結果、どのくらいのリターンが得られるかを求める

変わった関数ですね! こんな計算もできるなんて知りませんでした。

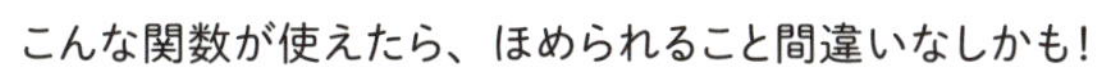

一部の関数はPowerPivotでは現状使えないものもあるから、注意してね。この他にも、端数処理に役立つ関数などを解説していくよ。

レッスン

58 2つの文字列を結合する

CONCATENATE関数

2つの文字列を結合したいときはCONCATENATE関数を利用できます。このレッスンでは、同姓や同名の人がいる［会員リスト］を基に、［姓］列と［名］列にある値をつないで［名前］の列を作成します。これにより［名前］で正しく集計できるようになります。

文字列関数　対応アプリ Power BI Power Pivot

2つの文字列を結合して1つの文字列にする

```
=CONCATENATE(Text1,Text2)
```

CONCATENATE関数は、引数として指定された2つの文字列を結合し、1つの文字列として返します。このレッスンの例では列を引数として指定していますが、引数に直接文字列を入力することも可能です。文字列を引数にする場合は、「"」（ダブルクォーテーション）で囲んで入力します。

引数

Text1	先につなぐ文字列を指定する。
Text2	後につなぐ文字列を指定する。

キーワード

&	P.215
関数	P.216
データ型	P.217

使いこなしのヒント

3つ以上の文字列を結合したい場合は?

Excelワークシート関数のCONCATENATE関数は255までの文字列を結合できますが、DAX関数の場合には2つの文字列しか結合できません。3つ以上の文字列を結合したい場合には、CONCATENATE関数をネストする、あるいは「&」（アンパサンド）で結合する方法を使います。

● CONCATENATE関数で結合する場合

［会員ID］［姓］［名］列を結合する

```
=CONCATENATE('会員リスト'[会員ID],'CONCATENATE('会員リスト'[姓],
'会員リスト'[名]))
```

●「&」で結合する場合

［会員ID］［姓］［名］列を結合する

```
='会員リスト'[会員ID]&'会員リスト'[姓]&'会員リスト'[名]
```

練習用ファイル ▸ L058_CONCATENATE関数.pbix ／ L058_CONCATENATE関数.xlsx

使用例 ［会員リスト］テーブルに［氏］列と［名］列を結合した列を作る

=CONCATENATE('会員リスト'[姓],'会員リスト'[名])

ポイント

Text1　先につなぐ文字列として［姓］列を指定する

Text2　後につなぐ文字列として［名］列を指定する

● Power BIの場合

［来店履歴］テーブルに新しい列を追加する

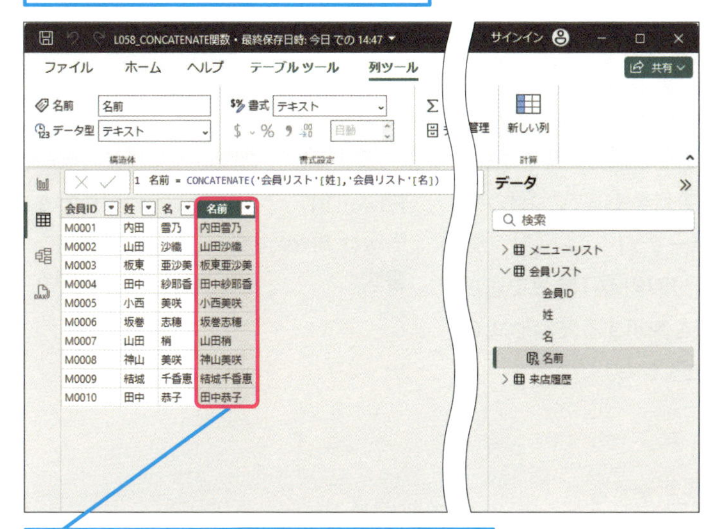

会員ID	姓	名	名前
M0001	内田	雪乃	内田雪乃
M0002	山田	沙織	山田沙織
M0003	板東	亜沙美	板東亜沙美
M0004	田中	紗耶香	田中紗耶香
M0005	小西	美咲	小西美咲
M0006	坂巻	志穂	坂巻志穂
M0007	山田	梢	山田梢
M0008	神山	美咲	神山美咲
M0009	結城	千香恵	結城千香恵
M0010	田中	恭子	田中恭子

［姓］と［名］を結合した［名前］列が作成される

● Power Pivotの場合

［来店履歴］テーブルに新しい列を追加する

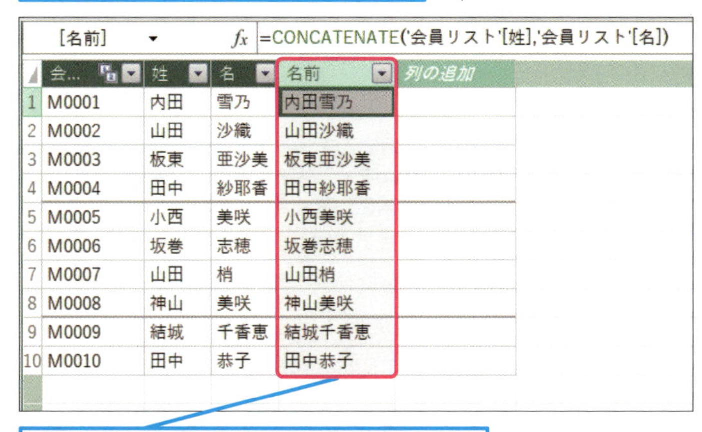

	会...	姓	名	名前
1	M0001	内田	雪乃	内田雪乃
2	M0002	山田	沙織	山田沙織
3	M0003	板東	亜沙美	板東亜沙美
4	M0004	田中	紗耶香	田中紗耶香
5	M0005	小西	美咲	小西美咲
6	M0006	坂巻	志穂	坂巻志穂
7	M0007	山田	梢	山田梢
8	M0008	神山	美咲	神山美咲
9	M0009	結城	千香恵	結城千香恵
10	M0010	田中	恭子	田中恭子

［姓］と［名］を結合した［名前］列が作成される

⚠ ここに注意

CONCATENATE関数の結果は、引数に数値が入っていても文字列として返されます。例えば「100」と「50」を結合すると「10050」と表示はされますが、数値として計算することはできませんので注意しましょう。

使いこなしのヒント

特定の文字列を列の値の前や後ろに結合する場合にも使われる

例えばこのレッスンの集計結果をお客さまに見える場で使う場合、名前の後に「様」を付けて表示する必要があります。その場合は2つ目の引数に「"　様"」を指定することで［名前］列の後ろに付与できます。「様」の前にスペースを入力しておくことも可能です。

［名前］の後ろに空白と「様」を結合する

=CONCATENATE('会員リスト'[名前],"　様")

レッスン

59 日付データを文字列に変換して新たな列を作成する

FORMAT関数

曜日ごとに集計した結果を見たい場合、各行の日付データから「曜日」を取り出しておくと便利です。このレッスンではFORMAT関数を使って［来店履歴］テーブルの［来店日］列の値から文字列として「曜日」の値を取り出し、新たな列を作成します。

文字列操作関数　対応アプリ Power BI Power Pivot

指定した書式に従って値を文字列に変換する

=FORMAT(値, フォーマット)

FORMAT関数は、値を文字列に変換する関数です。変換する際、どのような表示形式にするか、書式指定文字列を使って2つ目の引数で指定します。表示形式を表す引数［フォーマット］は、「"」（ダブルクォーテーション）で囲んで記述します。FORMAT関数で返される値はすべて文字列になりますので、数値を表示する表示形式を選んだ場合でも数値として集計することはできません。

引数

値	テキストに変換したい値を指定する
フォーマット	値を変換する際の見せ方を示す書式指定文字列を指定する

FORMAT関数を使うと変換後の列の値は文字列となる

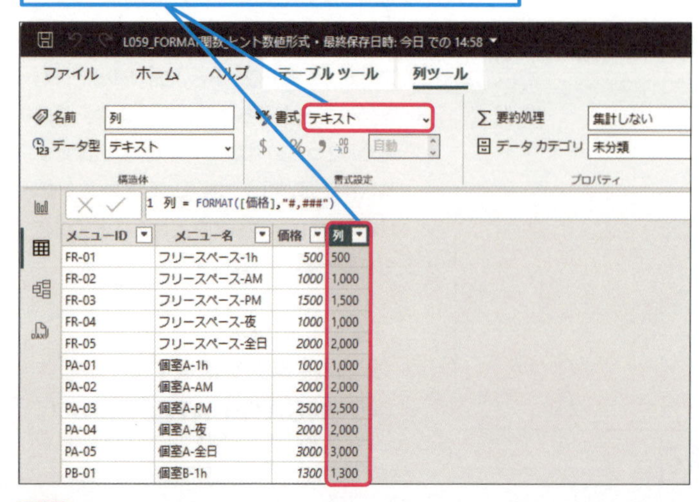

キーワード

Power BI	P.215
Power Pivot	P.215
書式	P.216

使いこなしのヒント

第2引数に指定できる書式指定文字列は？

第2引数に指定する書式指定文字列は、DAXにより予め定義されている書式を表すための文字列です。187ページのスキルアップでよく使われる形式を解説しています。

練習用ファイル ▸ L059_FORMAT関数.pbix ／ L059_FORMAT関数.xlsx

使用例 ［来店日］から「曜日」を文字列として取り出す

```
=FORMAT('来店履歴'[来店日],"aaaa")
```

ポイント

値	曜日を求める［来店日］列を指定する
フォーマット	曜日を表示させる表示形式「"aaaa"」を指定する

● Power BIの場合

1 ［来店履歴］テーブルに上記式の［曜日］列を追加

各行に日付から曜日が求められた

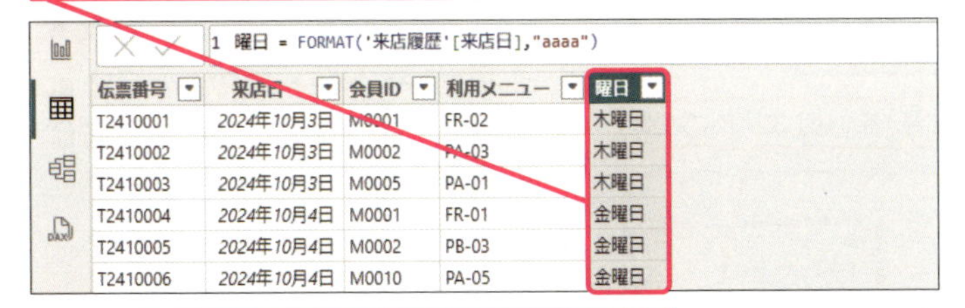

1 曜日 = FORMAT('来店履歴'[来店日],"aaaa")

伝票番号	来店日	会員ID	利用メニュー	曜日
T2410001	2024年10月3日	M0001	FR-02	木曜日
T2410002	2024年10月3日	M0002	PA-03	木曜日
T2410003	2024年10月3日	M0005	PA-01	木曜日
T2410004	2024年10月4日	M0001	FR-01	金曜日
T2410005	2024年10月4日	M0002	PB-03	金曜日
T2410006	2024年10月4日	M0010	PA-05	金曜日

2 レポートビューにして［集合横棒グラフ］を追加

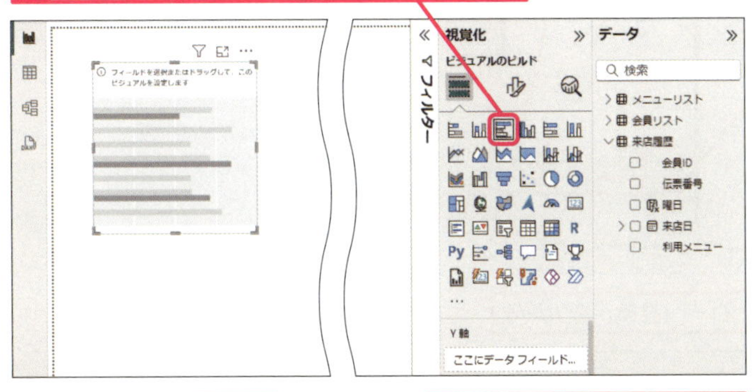

3 Y軸に［曜日］を追加

4 X軸に［伝票番号］を追加

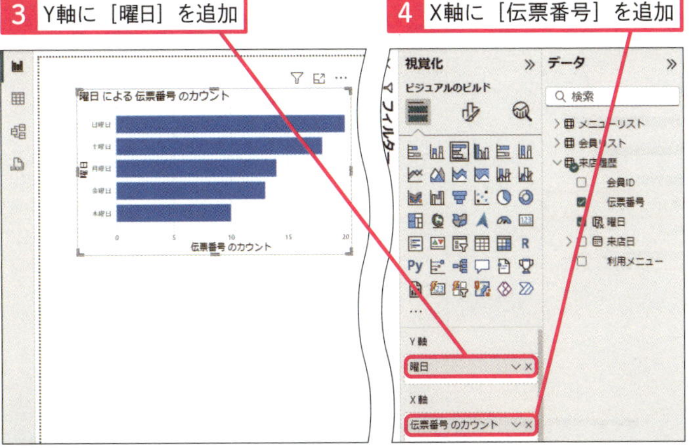

横棒グラフが作成され、値の大きな順に並んだ

⚠ ここに注意

前述でも解説した通り、元の値が日付データや数値であったとしても、日付としての集計や数値としての計算はできなくなります。また、「123456789」を日付として表示させようとするなど、元の値と指定する書式に齟齬がある場合にはエラーとなります。

● Power Pivotの場合

1 ［来店履歴］テーブルに使用例の式の［曜日］列を追加

［曜日］ fx =FORMAT('来店履歴'[来店日],"aaaa")

	伝票番号	来店日	会...	利用メニ...	曜日	列の追加
1	T2410001	2024/10/...	M0001	FR-02	木曜日	
2	T2410002	2024/10/...	M0002	PA-03	木曜日	
3	T2410003	2024/10/...	M0005	PA-01	木曜日	
4	T2410004	2024/10/...	M0001	FR-01	金曜日	
5	T2410005	2024/10/...	M0002	PB-03	金曜日	
6	T2410006	2024/10/...	M0010	PA-05	金曜日	
7	T2410007	2024/10/...	M0006	PA-05	土曜日	
8	T2410008	2024/10/...	M0005	FR-01	土曜日	
9	T2410009	2024/10/...	M0010	PB-02	土曜日	
10	T2410010	2024/10/...	M0008	PB-03	土曜日	
11	T2410011	2024/10/...	M0005	FR-01	日曜日	
12	T2410012	2024/10/...	M0007	PA-02	日曜日	

各行に日付から曜日が求められた

Excel画面に戻り、ピボットテーブルにフィールドを追加する

2 ［曜日］を［行］エリアに追加

3 ［伝票番号］を［値］エリアに追加

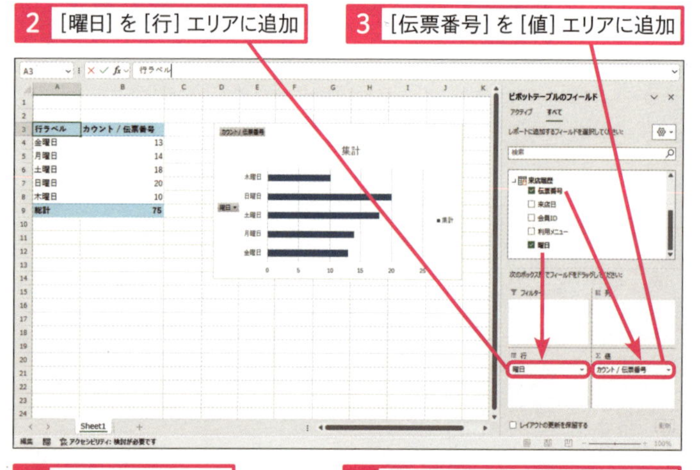

5 ［並べ替え］－［昇順］をクリック

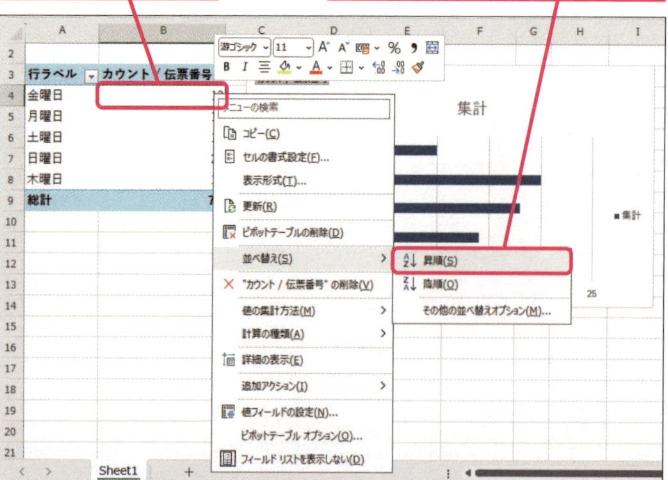

［カウント/伝票番号］が大きな順からの並びになる

使いこなしのヒント

［日付テーブル］を作成しなくても良いの？

時系列の集計を行う場合、第3章で学んだ［日付テーブル］を作成するのが一般的です。しかしこのレッスンの例のように、集計するデータ量が少ない、期間が短い、といった場合には複雑な時系列の集計をしないこともあります。そんな場合には日付テーブルを作成せずに集計することもあります。ただし、値の無い日付に対しての集計は行えません。このレッスンの例では「火曜日」「水曜日」はデータがありませんので、［曜日］列をマトリックスのビジュアルやピボットテーブルの［行］に追加しても、「火曜日」「水曜日」の行は作成されません。

使いこなしのヒント

文字列になったものは数値に戻せる?

VALUE関数を使うとテキストを数値に変換することができます。ただし、FORMAT関数で文字列に変換したものは数値に変換することはできません。CONCATENATE関数や「&」(アンパサンド)などで文字列になった数値を戻すことはできます。

文字列を数値に変換する

=VALUE(テキスト)

引数

テキスト　数値に変換したい文字列を指定する

文字列に変換したものは数値にできないためエラーになる

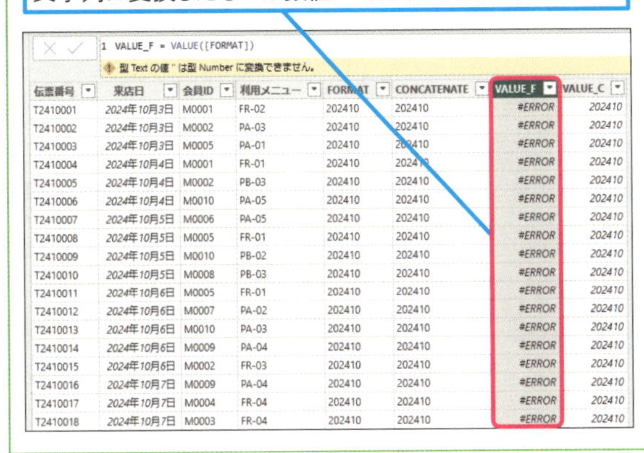

CONCATENATE関数で文字列になった値は数値に戻せる

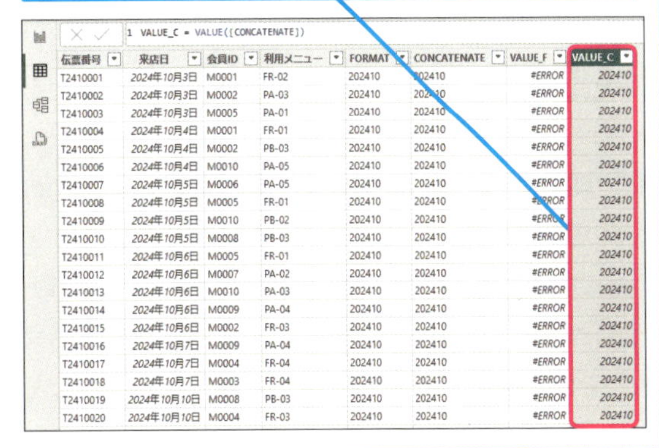

スキルアップ

よく使われる表示形式の種類

FORMAT関数の2つ目の引数として使用できる表示形式には以下のようなものがあります。「y」「m」「d」はそれぞれ「年」「月」「日」を表すために用いられ、その数で表記が変わります。また、フォーマットには任意の文字列を前後に付けることもできます。「"yyyy年"」のように指定することで「2024年」と表示することも可能です。

値	フォーマット	結果	説明
2024/10/1	yyyy	2024	年の値を4桁で取り出す
2024/10/1	yy	24	年の値を2桁で取り出す
2024/9/30	mm	09	月の値を2桁で取り出す
2024/9/30	m	9	月の値を1桁で取り出す
2024/10/1	dd	01	日の値を2桁で取り出す
2024/10/1	d	1	日の値を1桁で取り出す
2024/10/1	aaaa	火曜日	曜日を取り出す
2024/10/1	aaa	火	曜日を省略形で取り出す
123	000000	000123	「0」の数と同じ桁数になるように「0」を補う
123456	#,##0	123,456	3桁区切りカンマを表示する
0.1	%	10%	値に100を掛けて「%」表記にする

レッスン

60 文字列を左からまたは右から指定の数だけ取り出す

LEFT関数、RIGHT関数

文字列から指定した数を取り出す際は、LEFT関数やRIGHT関数を利用できます。このレッスンでは、[メニューリスト] テーブルの [メニュー ID] 列から、最初の2文字を取り出して [場所] 列を、最後の2文字を取り出して [時間帯] 列を作成します。

テーブル操作関数　対応アプリ Power BI Power Pivot

1つ目のテーブルから2つ目のテーブルにある行を削除したテーブルを返す

=LEFT(テキスト, [NumberOfCharactors])

LEFT関数は、1つ目の引数として指定された文字列の左端から、2つ目の引数で指定した数だけ文字を取り出します。2つ目の引数を省略した場合、1が指定されたとみなされ1文字が取り出されます。1つ目の引数にはこのレッスンのように列を指定することが多いですが、直接文字列を指定することも可能です。

引数

テキスト	取り出す元となる文字列を指定する
NumberOfCharactors	取り出す文字数を指定する。省略可

キーワード

計算列 P.216
データモデル P.217
ビジュアル P.217

スキルアップ

右端から文字を取り出したいときは

文字列の末尾である右端から文字を取り出したいときはRIGHT関数を利用できます。引数の指定の仕方などはLEFT関数と同じです。

[メニュー ID] から時間帯を表す末尾の2文字を取り出す
=RIGHT('メニューリスト'[メニューID],2)

[メニュー ID]の値の右から2文字が取り出される

```
1 ID = RIGHT('メニューリスト'[メニューID],2)
```

メニューID	メニュー名	価格	場所	ID
FR-01	フリースペース-1h	500	FR	01
FR-02	フリースペース-AM	1000	FR	02
FR-03	フリースペース-PM	1500	FR	03
FR-04	フリースペース-夜	1000	FR	04
FR-05	フリースペース-全日	2000	FR	05
PA-01	個室A-1h	1000	PA	01
PA-02	個室A-AM	2000	PA	02
PA-03	個室A-PM	2500	PA	03

練習用ファイル ▸ L060_LEFT関数.pbix ／ L060_LEFT関数.xlsx

使用例 ［メニューID］から場所を表す最初の2文字を取り出す

```
=LEFT('メニューリスト'[メニューID],2)
```

ポイント

テキスト	文字列を取り出す［メニューID］列を指定する
NumberOfCharactors	取り出したい文字数「2」を指定する

● Power BIの場合

［メニューリスト］テーブルに新しい列を追加する

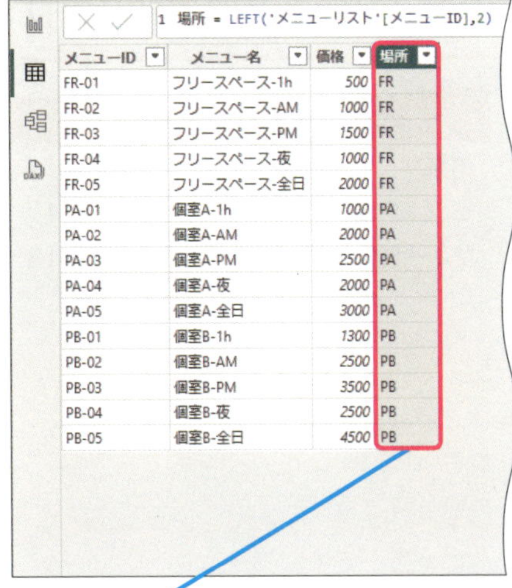

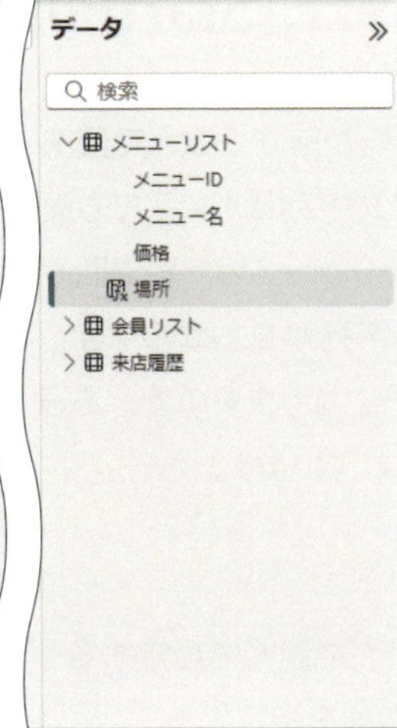

各行にメニューIDの最初の2文字が取り出された

1 ビジュアルの［行］に［場所］を追加

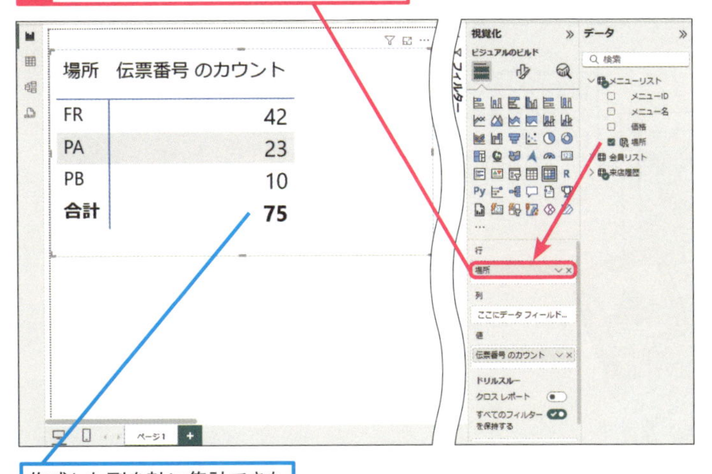

作成した列を軸に集計できた

使いこなしのヒント

LEFT関数やRIGHT関数で取り出された数字は文字列

LEFT関数やRIGHT関数で数字部分を取り出してもそれは数値とはなりません。あくまで文字列のため、集計の値などとしては利用できません。もし数値にしたい場合は、VALUE関数を使うと数値に変換され集計できるようになります。

［メニューID］の末尾から取り出した2文字の数字を数値に変換する

```
=VALUE(RIGHT('メニューリスト'[メニューID],2))
```

使いこなしのヒント

メニューコードから文字列を取り出す意味は？

このレッスンのメニューコードのように、商品コードなどは一般的にその構成がルールによって決まっており、桁ごとに意味を持たせていることが多いものです。その中から自在に文字列を取り出すことができれば、このレッスンの例のように意味のある列を作成し、それを軸として集計することができるようになります。

集計の行として使うと、作成した列を切り口に集計できる

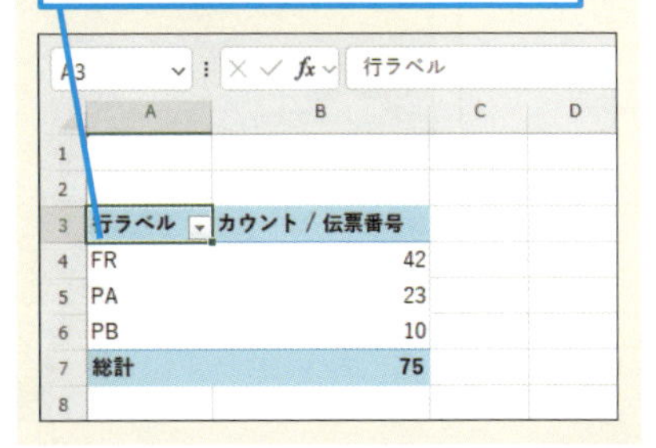

	A	B	C	D
1				
2				
3	行ラベル	カウント / 伝票番号		
4	FR	42		
5	PA	23		
6	PB	10		
7	総計	75		
8				

レッスン
61 文字列のある位置を示す

FIND関数

メニューコードのように文字数が定まっている文字列から必要な文字数を取り出すことは難しくありませんが、文字数がバラバラな文字列から必要な文字数を取り出すには工夫が必要です。このレッスンでは［メニュー名］列から［場所］列を作成します。

テーブル操作関数　対応アプリ Power BI Power Pivot

文字列の中から指定した文字列の位置を返す

=FIND(FindText, WithinText, [StartPosition], [NotFoundValue])

FIND関数は探す文字列の中に、探す文字列が前から数えて何文字目にあるかを教えてくれる関数です。探す文字列は1文字でも複数文字でも指定できますが、「"」（ダブルクォーテーション）で囲む必要があります。探す文字列内に対象の文字列が見つからなかった場合、4つ目の引数を省略しているとエラーとなりますので、あらかじめ「0」などを指定しておくことが推奨されています。

引数

FindText	見つけたい文字列を「"」で囲んで指定する
WithinText	1つ目の引数を探す文字列を指定する
StartPosition	2つ目の引数で指定した文字列の何文字目から数えるかを指定する。省略可
NotFoundValue	見つからなかったときに返す値を指定する。省略可

指定した文字列の位置を見つけられる

キーワード

引数 P.217
ビジュアル P.217
フィールド P.218

練習用ファイル ▸ L061_FIND関数.pbix ／ L061_FIND関数.xlsx

使用例 ［メニュー名］列から場所を表す文字列を取り出す

=LEFT([メニュー名],FIND("-",[メニュー名],,1)-1)

ポイント

FindText	場所と時間帯の区切り文字「-」を「"」で囲んで指定する
WithinText	取り出す文字を含む［メニュー名］列を指定する
StartPosition	先頭から数えるため省略
NotFoundValue	エラーを避けるため「1」を指定する

● Power BIの場合

［メニューリスト］テーブルに新しい列を追加する

メニュー名］列の各値から「-」の位置の1つ前までの文字列を取り出せた

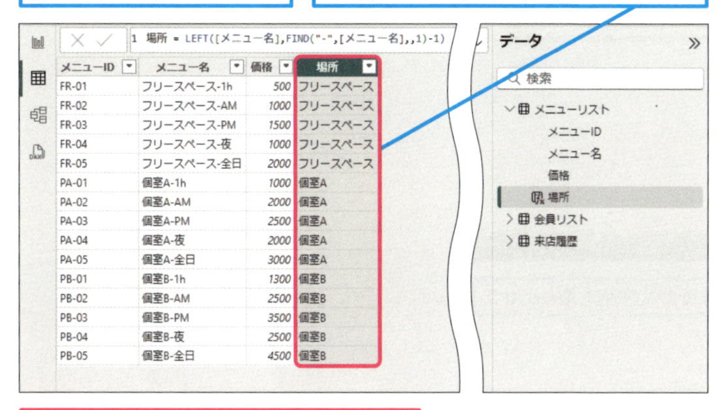

1 ビジュアルの［行］に［場所］を追加

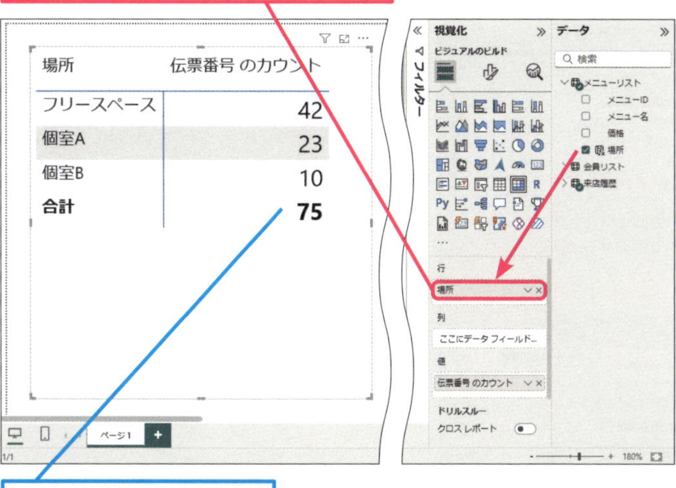

作成した列を軸に集計できた

使いこなしのヒント

他の関数と組み合わせて使われる

FIND関数は文字列の位置を数値で返すだけなので、単独で使用されることは多くありません。LEFT関数やRIGHT関数など、他の文字列関数と組み合わせて使用されることが多いです。スキルアップで用例を紹介しています。

使いこなしのヒント

4つ目の引数に「1」を指定したのはなぜ?

FIND関数を単独で使うのであれば、エラーを避けるための4つ目の引数は「0」でも良いのですが、今回はFIND関数をLEFT関数の2つ目の引数の一部として使っています。取り出したい文字列に「-」は含まないため、LEFT関数の2つ目の引数はFIND関数で求めた「-」のある位置から1を引いた数になります。もしLEFT関数の4つ目の引数に「0」を指定すると、万一文字列の中に「-」が見つからなかった場合、LEFT関数の2つ目の引数が結果的に「-1」となってしまいLEFT関数にエラーが発生してしまいます。

● Power Pivotの場合

［メニューリスト］テーブルに［場所］列を作成する

[場所] f_x =LEFT([メニュー名],FIND("-",[メニュー名],,1)-1)

	メニュ...	メニュー名	価格	場所	列の追加
1	FR-01	フリースペー...	500	フリースペース	
2	FR-02	フリースペー...	1000	フリースペース	
3	FR-03	フリースペー...	1500	フリースペース	
4	FR-04	フリースペー...	1000	フリースペース	
5	FR-05	フリースペー...	2000	フリースペース	
6	PA-01	個室A-1h	1000	個室A	
7	PA-02	個室A-AM	2000	個室A	
8	PA-03	個室A-PM	2500	個室A	
9	PA-04	個室A-夜	2000	個室A	
10	PA-05	個室A-全日	3000	個室A	
11	PB-01	個室B-1h	1300	個室B	
12	PB-02	個室B-AM	2500	個室B	
13	PB-03	個室B-PM	3500	個室B	
14	PB-04	個室B-夜	2500	個室B	
15	PB-05	個室B-全日	4500	個室B	

メニューリスト　会員リスト　来店履歴

レコード: 1/15

［メニュー名］列の各値から「-」の位置の1つ前までの文字列を取り出せた

1 ピボットテーブルの［行］に［場所］を追加

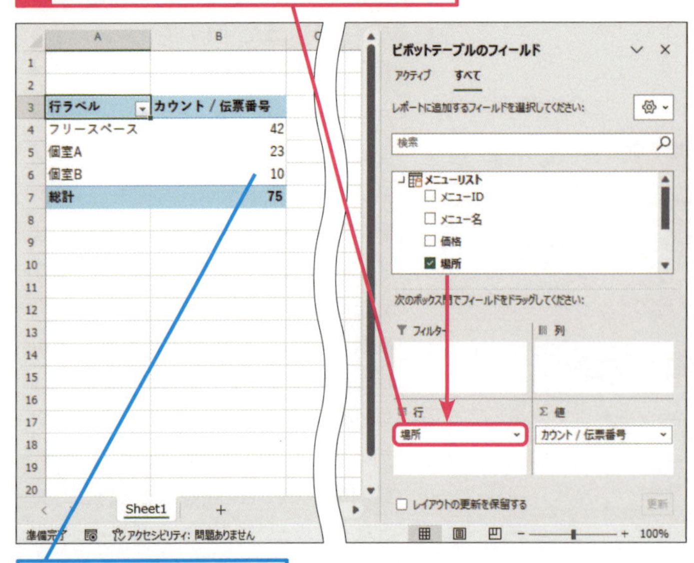

作成した列を軸に集計できた

使いこなしのヒント

空白の位置を見つけるには

姓と名などのように文字列の区切りに空白を指定しており、その位置を探したい場合には1つ目の引数に「"　"」のように空白をダブルクォーテーションで囲んだものを指定することで見つけられます。

スキルアップ

［メニュー名］列から時間帯を表す文字列を取り出すには?

FIND関数は先頭、つまり左端から文字を数えるため、同じやり方ではRIGHT関数を使って末尾の文字列を取り出すことはできません。RIGHT関数に必要な文字数を求めるには、まず全体の文字数を求め、そこからFIND関数で求めた「-」の位置を引くことで求められます。文字列全体の文字数を求めるにはLEN関数を使用します。

指定した文字列の文字数を求める

=LEN(テキスト)

引数

テキスト　文字列を指定する

［メニュー名］の文字列の末尾から区切り文字「-」までの文字を取り出す

=RIGHT([メニュー名],LEN([メニュー名])-FIND("-",[メニュー名],,0))

［メニュー名］列の各値の末尾から「-」の位置までの文字列を取り出せる

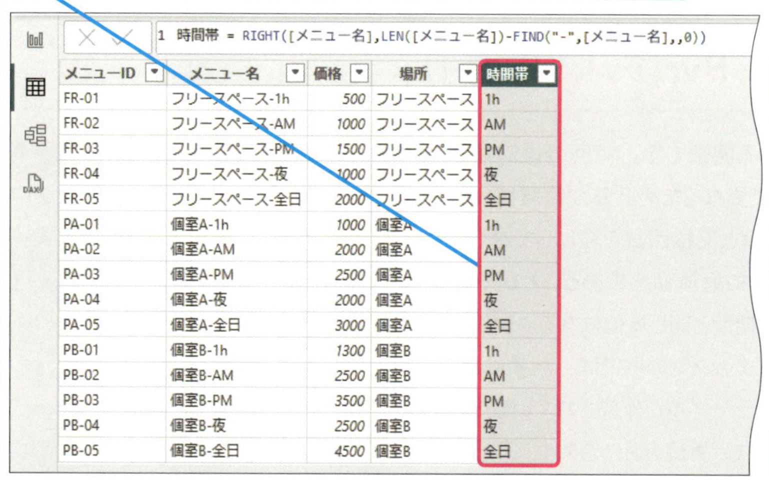

```
1 時間帯 = RIGHT([メニュー名],LEN([メニュー名])-FIND("-",[メニュー名],,0))
```

メニューID	メニュー名	価格	場所	時間帯
FR-01	フリースペース-1h	500	フリースペース	1h
FR-02	フリースペース-AM	1000	フリースペース	AM
FR-03	フリースペース-PM	1500	フリースペース	PM
FR-04	フリースペース-夜	1000	フリースペース	夜
FR-05	フリースペース-全日	2000	フリースペース	全日
PA-01	個室A-1h	1000	個室A	1h
PA-02	個室A-AM	2000	個室A	AM
PA-03	個室A-PM	2500	個室A	PM
PA-04	個室A-夜	2000	個室A	夜
PA-05	個室A-全日	3000	個室A	全日
PB-01	個室B-1h	1300	個室B	1h
PB-02	個室B-AM	2500	個室B	AM
PB-03	個室B-PM	3500	個室B	PM
PB-04	個室B-夜	2500	個室B	夜
PB-05	個室B-全日	4500	個室B	全日

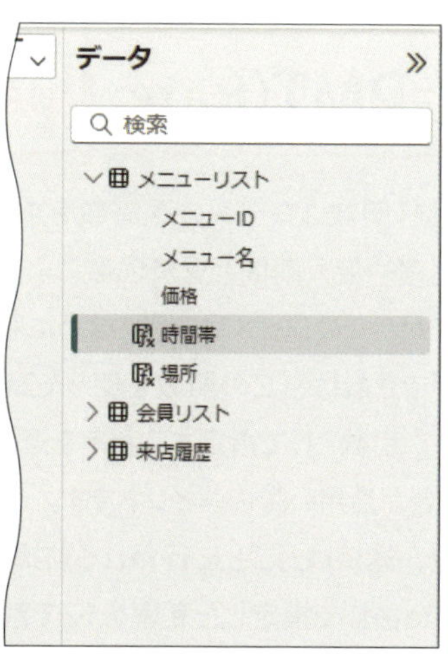

作成した［時間帯］フィールドを使ってクロス集計できる

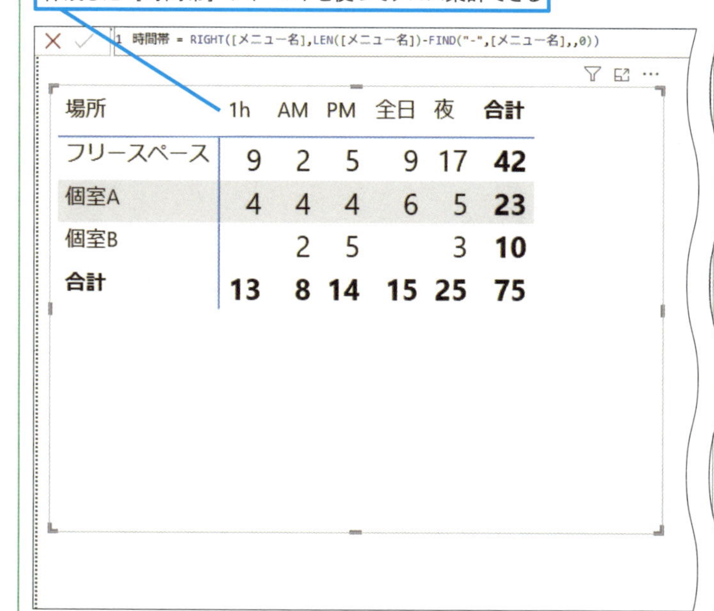

```
1 時間帯 = RIGHT([メニュー名],LEN([メニュー名])-FIND("-",[メニュー名],,0))
```

場所	1h	AM	PM	全日	夜	合計
フリースペース	9	2	5	9	17	42
個室A	4	4	4	6	5	23
個室B		2	5		3	10
合計	13	8	14	15	25	75

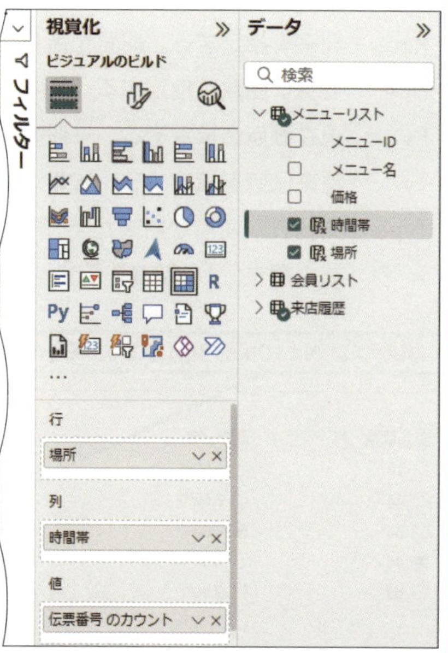

レッスン

62 ローンの支払額を求める

PMT関数

利率や支払い回数によって変化するローンの支払額を求める計算をするときはPMT関数を使います。このレッスンでは、[ローン計算用] テーブルの利率と支払回数の一覧表を使って、100万円借入時の支払額を求めるメジャーを作成します。

財務関数　対応アプリ Power BI Power Pivot

借入額、利率、支払い回数から1回当たりの支払額を求める

=PMT(Rate, Nper, Pv, [Fv], [Type])

PMT関数はローンの返済額を求める関数です。毎回の返済額は、利率や借入期間と返済回数によって異なるため計算が複雑になりますが、このレッスンの例のように利率と支払回数を表にしておくことができれば、この関数を使って簡単に返済額を求めることができます。引数として指定する利率を返済期間と同じ単位になるようにすることが活用の際のポイントです。このレッスンの例では、利率は年単位、返済は月ごとに行われる前提でテーブルが作成されているため、[Rate] で指定した利率を12で割って、単位を月に合わせています。

引数

Rate	利率を指定する。期間を通じて一定とする
Nper	支払い回数を指定する
Pv	現在価値を指定する。一般的には借入元金のこと
Fv	将来価値を指定する。省略可
Type	支払日が期首か期末かを表す型を指定する。0または省略で期末、1で期首を示す

このレッスンでは100万円借り入れた場合の返済額を求める

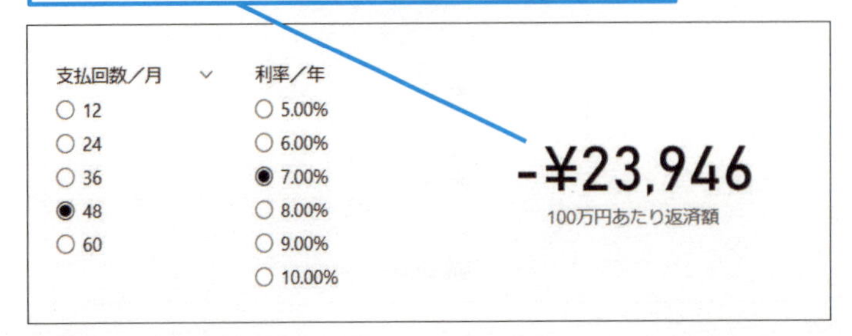

キーワード

ここに注意

本章執筆時点では、PMT関数はPower Pivotでは使用できません。Microsoft社のアナウンスによると、DAX関数の新しい関数はまずPower BIで使用できるようになり、その後Power Pivotでも利用できるようになるようです。

練習用ファイル ▸ L062_PMT関数.pbix

使用例 100万円借りた場合の返済額を求める

=PMT(VALUES('ローン計算用'[利率／年])/12,VALUES('ローン計算用'[支払回数／月]),1000000)

ポイント

Rate	VALUES関数を使って［利率／年］を指定し、月あたりの利率とするため12で割る
Nper	スライサーで選択するためVALUES関数を使って［支払回数／月］を指定する
Pv	借入額を数値で「1000000」と直接指定する
Fv	省略する
Type	月末に支払い予定のため省略する

● Power BIの場合

1 ［データ］ペインで［ローン計算用］を選択

2 上記式の「100万円あたり返済額」というメジャーを作成

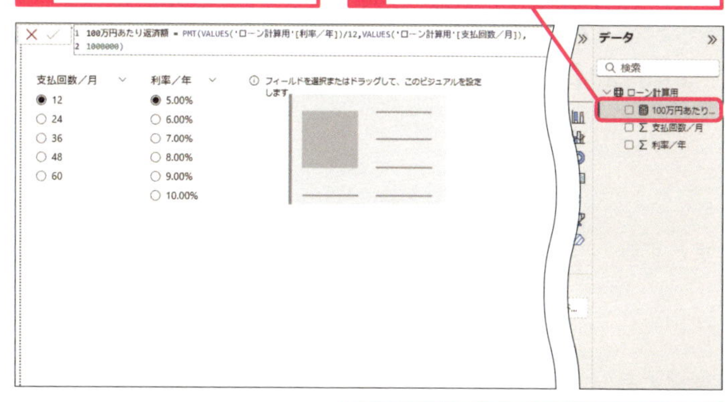

3 ページ内のカードを選択

4 ［フィールド］に［100万円あたり返済額］を追加

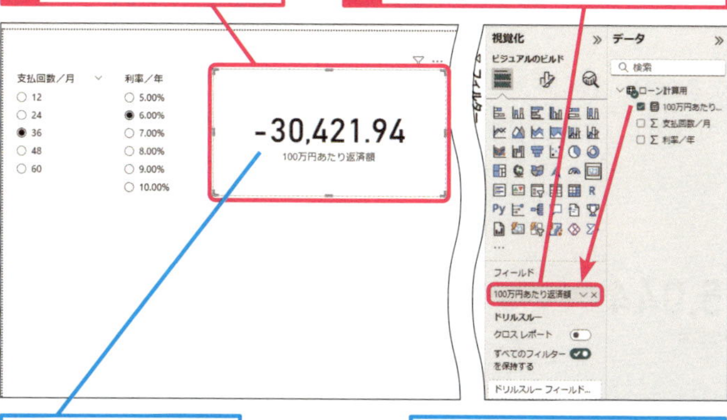

各［種別］の販売額の合計が表示された

スライサーで利率や返済回数を切り替えると返済額が変わる

使いこなしのヒント

引数［Type］の「期首」「期末」ってどういう意味？

返済日が期首にあるのか、期末にあるのかを表す［Type］ですが、年に1度、しかも1回で返済する場合で考えると分かりやすいです。3月31日に借りたお金を翌日の4月1日に返済すれば利息はほぼ掛かりませんが、期末日の3月31日に返済すると1年分の利息がかかることとなります。月単位で返済する場合にも、実際には1か月ごとに利息が計算されますので、その月の始まりに返すのか、末に返すのかで結果が変わる、ということになります。

使いこなしのヒント

VALUES関数で引数を指定しているのはなぜ？

利率や返済回数の一覧表からスライサーで抽出した一意の値を、PMT関数の引数として渡すためです。PMT関数には直接列を引数として指定することはできないので注意しましょう。

レッスン

63 積立の結果得られる額を求める

FV関数

一定の利率で積み立てを行ったとき、最終的にどのくらいのリターンを得られるかを求める場合にはFV関数を利用します。このレッスンでは、複数の投資商品に一定額を5年間積み立てた場合の結果を求めるメジャーを作成します。

財務関数　対応アプリ Power BI Power Pivot

積立額、利率、支払い回数から将来得られる額を求める

=FV(Rate, Nper, Pmt, [Pv], [Type])

FV関数は積立の結果、どのくらいのリターンが得られるかを求める関数です。毎月同じ額を積み立てても、利率や回数により得られる結果は異なります。引数として指定する利率と積み立てのサイクルは同じ期間にする必要がありますので注意しましょう。このレッスンの例では毎月の積立期間に合わせるため、予想年利を12で割って指定します。

引数

Rate	利率を指定する。期間を通じて一定とする
Nper	積立回数を指定する
Pmt	1回当たりの積立額を指定する
Pv	現在価値。既に積み立てた金額を指定する
Type	支払日が期首か期末かを表す型を指定する。0または省略で期末、1で期首を示す

このレッスンでは各投資商品の5年後の予想価値を求める

キーワード

関数	P.216
引数	P.217
ビジュアル	P.217

ここに注意

本章執筆時点では、FV関数はPower Pivotでは使用できません。Microsoft社のアナウンスによると、DAX関数の新しい関数はまずPower BIで使用できるようになり、その後Power Pivotでも利用できるようになるようです。

練習用ファイル ▸ L063_FV関数.pbix

使用例 ［積立用］テーブルにある投資商品の5年後の価値を求める

=SUMX('積立用',FV([予想利率／年]/12,12*5,[積立額／月],[現在残高]))

ポイント

Rate	月単位にするため[予想利率／年]を12で割って指定する
Nper	5年間の積立回数を直接入力して指定する
Pmt	1回当たりの積立額を指定する
Pv	これまでに積み立てた金額を指定する
Type	「期末」指定のため省略する

● Power BIの場合

1 ［データ］ペインで［積立用］を選択

2 上記式の「5年後予想価値」というメジャーを作成

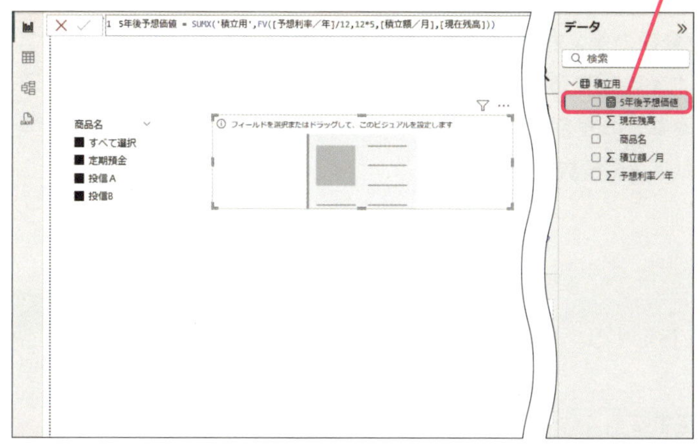

3 ページ内のカードを選択

4 ［フィールド］に［5年後予想価値］を追加

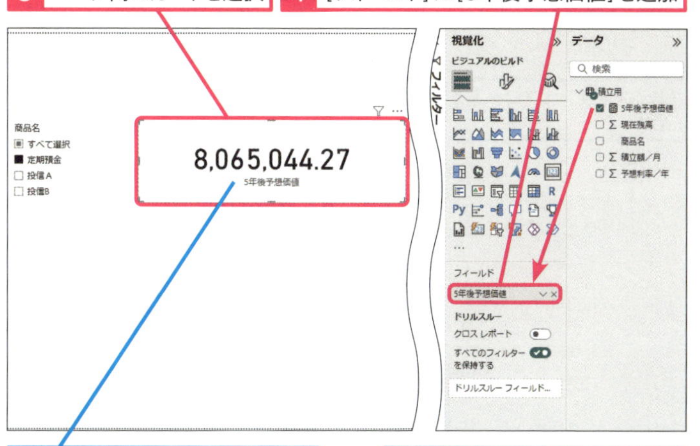

積立の結果得られると予想される価値を求められた

スライサーで商品を切り替えると積立額が変わる

使いこなしのヒント

テーブルに入力されている数値に負の数があるのはなぜ?

財務関数では、自分の手元から出ていくお金を負の数で表すルールがあります。そのため、積立額やすでに払い込み済みの現在残高は負の数で指定します。

商品名	予想利率／年	現在残高	積立額／月
投信A	0.032	-1000000	-30000
投信B	0.042	-200000	-50000
定期預金	0.002	-5000000	-50000

投資の現在価値を求める

XNPV関数

投資を判断する際、その投資からどのくらいのキャッシュフローが得られるか、期待する利回りに応じ、現在の価値に割り引いて考える必要があります。このレッスンでは不定期に得られるキャッシュフローから、本当に得られる価値を求めます。

財務関数　　対応アプリ Power BI Power Pivot

投資額に対しキャッシュフローとそれが得られる期日、期待利回りから、得られる投資利益を求める

=XNPV(表, 値, Dates, Rate)

XNPV関数は投資の結果、どのくらいの収益が得られるかを求める関数です。単純にキャッシュフロー合計と投資額の差を求めるのではなく、それぞれのキャッシュフローが得られる時期に応じて期待利回りで割り引いた額を求めて合計し、投資額との差を求め、賞味現在価値を求めます。結果が正の数であればその投資はプラス、負の数であればマイナスとなることを表します。

引数

表	1行ごとの計算を行うテーブルを指定する。1行目に投資額と投資日が必要
値	得られるキャッシュフローを指定する
Dates	キャッシュフローが得られる日付を指定する
Rate	期待する利回りを指定する

このレッスンでは投資判断に役立てるため、想定されるキャッシュフローを期待利回り5%で割り引いた結果と投資額の差を求める

キーワード

使いこなしのヒント

［投資用］テーブルの1行目に負の数値があるのはなぜ?

XNPV関数では、1つ目の引数として指定するテーブルの1行目に投資を示す行を作る必要があります。そのため、投資額が列に入力されることになりますが、手元から出ていくお金のため負の数で入力されています。

負の値が格納されている

入金日	予想キャッシュフロー
2024年1月15日	-3000000
2025年3月28日	250000
2025年9月18日	300000
2026年2月28日	270000
2026年10月13日	320000
2027年3月30日	280000

練習用ファイル ▸ L064_XNPV関数.pbix ／ L064_XNPV関数.xlsx

使用例 投資額に対し得られるキャッシュフローが適正か判断する

```
=XNPV('投資用',[予想キャッシュフロー],[入金日],0.05)
```


ポイント

表	計算の基準となる［投資用］テーブルを指定する
値	キャッシュフローが入力されている［予想キャッシュフロー］列を指定する
Dates	入金日が入力されている［入金日］列を指定する
Rate	期待する利回りとして「0.05」を指定する

● Power BIの場合

1 ［投資用］テーブルに上記式の「期待5%の場合」というメジャーを作成

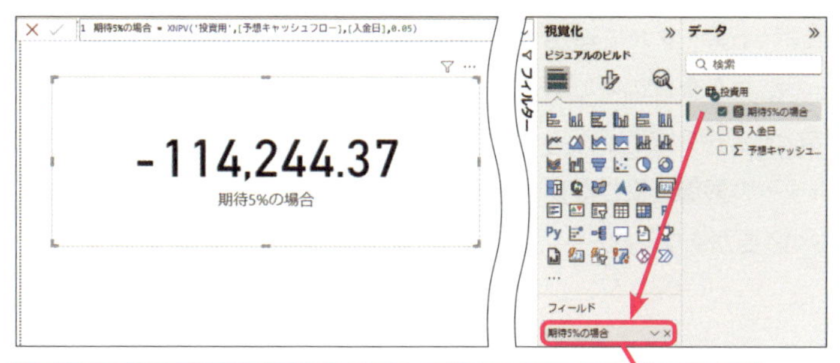

2 ビジュアルを選択し、［期待5%の場合］を［フィールド］に追加

得られるキャッシュフローを期待利回り5%で割り引いた合計と、投資額の差が求められた

● Power Pivotの場合

1 ［売上リスト］テーブルに上記式の「期待5%の場合」というメジャーを作成

2 ［期待5%の場合］メジャーを［値］ボックスに追加

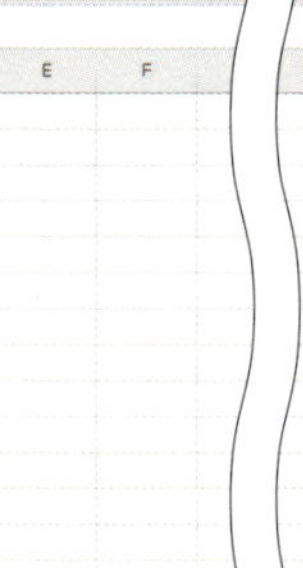

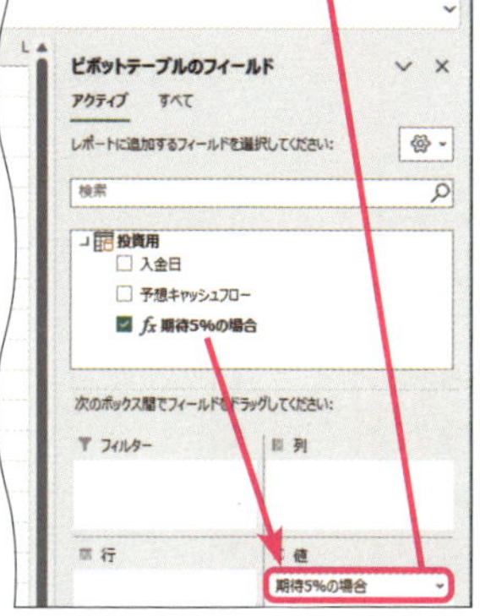

得られるキャッシュフローを期待利回り5%で割り引いた合計と、投資額の差が求められた

使いこなしのヒント

この例で現在価値がマイナスになるのはなぜ？

キャッシュフローを合計すると「3,450,000」となるため「3,000,000」の投資に対してプラスになるように考えてしまいがちですが、投資の際は期待利回りを設定します。この投資は5年間で得られるキャッシュフローを計算しているため、300万円を5%の利回りで5年間運用したときの結果との差が本当の価値と言えます。さらにキャッシュフローは得られる時期が異なるため、それぞれに対しても5%の利回りを考えることになりますので、単純にキャッシュフローの合計と投資額の差が現在価値ではないのです。

計算結果の順位を求める

RANKX関数

集計結果に順位を付けたい場面では、RANKX関数を使用します。このレッスンでは、これまでの販売結果を基に、スタッフごとの販売合計金額が多い方から順に、順位を求めるメジャーを作成します。

統計関数　対応アプリ Power BI Power Pivot

1行ごとに計算した結果の順位を求める

=RANKX(表, 式, [値], [Oder], [Ties])

RANKX関数は1行ごとに計算した式の結果の順位を求める関数です。式によって計算された結果は、マトリックスやピボットテーブルに追加することでフィルターされて表示されますが、その結果を全体の中で順位付けすることができます。その際1つ目の引数として指定されるテーブルは、ビジュアルやピボットテーブルのフィルターの影響を受けないように、ALL関数などでフィルターを解除しておく必要があります。

引数

表	1行ごとの計算を行うテーブルを指定する
式	順位を求める計算式を指定する
値	［式］の中に順位を求める値を含まない場合、値を指定する。省略可
Order	降順の場合は「0」または省略、昇順の場合は「1」を指定する
Ties	式の結果に同じ値が複数あった場合の処理方法を指定する。省略可

各担当者ごとの販売額合計について順位が求められる

年度
- □ 2021年度
- ■ 2022年度
- □ 2023年度
- □ 2024年度

氏名	販売額合計	売上順位
駒川　良彦	282,156,921	1
君島　昌子	130,979,174	4
山本　和彦	57,054,239	5
竹中　洋子	216,979,451	2
町田　誠司	155,791,344	3
合計	**842,961,129**	**1**

キーワード

使いこなしのヒント

5つ目の引数[Ties]ってどう使うの？

計算結果が「100」「90」「90」「80」「70」となる場面で、5つ目の引数を省略すると、それぞれ順に「1, 2, 2, 4, 5」という順位が振られます。この順位の付け方を「スキップ」と呼び、規定値はこちらとして設定されています。この順序を「1, 2, 2, 3, 4」と振りたい場合には5つ目の引数に「Ties」と指定します。

練習用ファイル ▸ L065_RANKX関数.pbix ／ L065_RANKX関数.xlsx

使用例 スタッフごとの販売額合計が大きい方から順に順位を付ける

=RANKX(ALL('従業員リスト'),[販売額合計])

ポイント

表	フィルターを解除した［従業員リスト］テーブルを指定する
式	順位を求める値として、メジャー［販売額合計］を指定する
値	すべての行の式の結果に数値を含むため省略
Order	降順のため省略する
Ties	同じ値があった場合はスキップで良いため省略する

● Power BIの場合

1 ［売上リスト］テーブルに上記式の「売上順位」というメジャーを作成

2 ビジュアルを選択し、［売上順位］を［フィールド］に追加

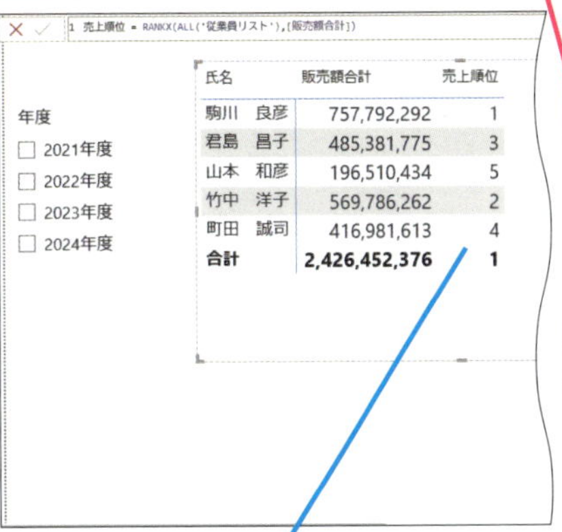

氏名	販売額合計	売上順位
駒川 良彦	757,792,292	1
君島 昌子	485,381,775	3
山本 和彦	196,510,434	5
竹中 洋子	569,786,262	2
町田 誠司	416,981,613	4
合計	2,426,452,376	1

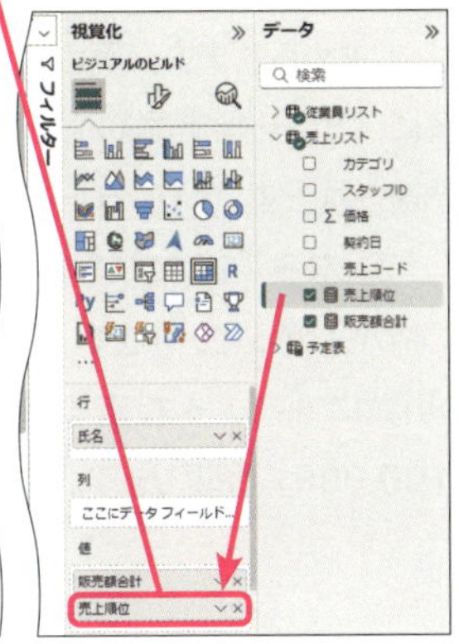

販売額合計の大きい順に順位が表示される

● Power Pivotの場合

1 ［売上リスト］テーブルに上記式の「売上順位」というメジャーを作成

2 ［売上順位］メジャーを［値］ボックスに追加

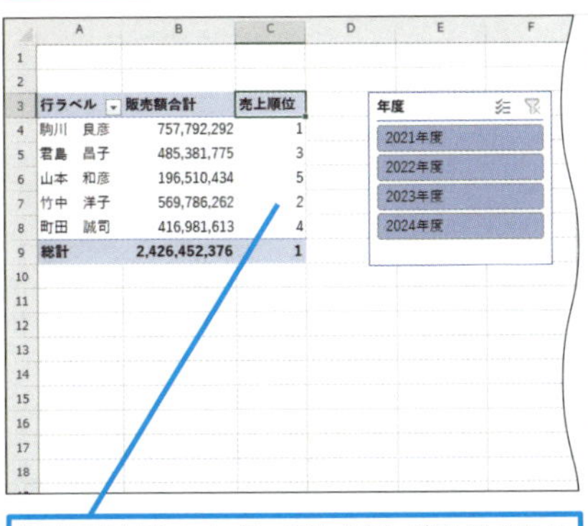

行ラベル	販売額合計	売上順位
駒川 良彦	757,792,292	1
君島 昌子	485,381,775	3
山本 和彦	196,510,434	5
竹中 洋子	569,786,262	2
町田 誠司	416,981,613	4
総計	2,426,452,376	1

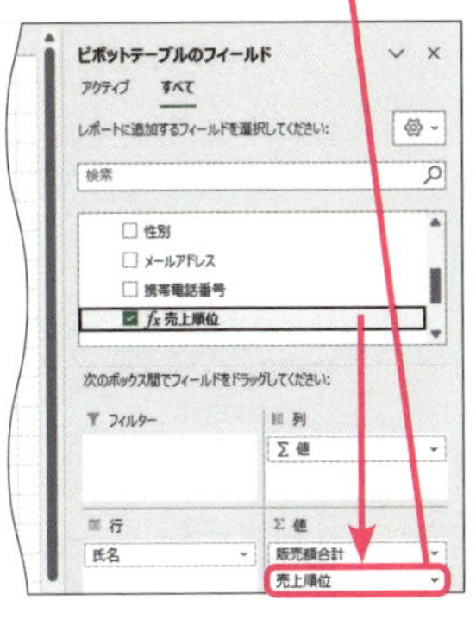

販売額合計の大きい順に順位が表示される

使いこなしのヒント

省略する引数としない引数を区別するには？

RANKX関数のよう、多くの引数を省略できる関数では、引数を省略する際も「,」だけは入力して何番目の引数を省略したかを明示する場合があります。例えば、このレッスンの例を「昇順」で順位を振りたい場合、3つ目の引数は省略しながら4つ目の引数を入力する必要があります。その場合は以下のように記述します。

=RANKX(ALL('従業員リスト'),[販売額合計],,1)

これにより、3つ目の引数が省略され、4つ目の引数として「1」が指定されたと判断できるようになります。値を指定する最後の引数以降の省略については、「,」を入力して明示する必要はありません。

レッスン 66 端数を丸める

ROUND関数

指定した桁数に対して数値の端数を丸めたい場合にはROUND関数を使います。このレッスンでは、スタッフごとの販売件数に対する平均販売額を求めた集計結果に対し、端数を四捨五入して整数位に丸めた結果を返すメジャーを作成します。

数学三角関数　対応アプリ Power BI Power Pivot

指定した桁数に数値を丸める

=ROUND(数値, NumberOfDigits)

ROUND関数は四捨五入して、指定した桁数に数値を丸める関数です。2つ目の引数として指定した桁数が結果として求められます。例えば、「123.456」という値に対し、2つ目の引数に「0」を指定すると、整数位に丸めようとするため「123.000」が返されます。「1」なら小数点一桁までを求めるため「123.500」が、「2」なら「123.460」が返ります。負の数を使うと、小数点の左側に桁が上がっていきます。同じく「123.456」という値に対し、2つ目の引数に「-1」を指定すると「120.000」が、「-2」を指定すると「100,000」が返ります。

キーワード

ビジュアル　P.217
ピボットテーブル　P.218
メジャー　P.218

引数

表	四捨五入する値を指定する
NumberOfDigits	表示させる桁数を指定する

使いこなしのヒント

指定する数値を使って丸めるには

指定した数値の倍数に丸める場合には、MROUND関数を使用します。例えばこのレッスンの例で結果を「0.5」の倍数になるように丸めるためには以下の式を使用します。

［平均販売額］を0.5単位に丸める
=MROUND([平均販売額],0.5)

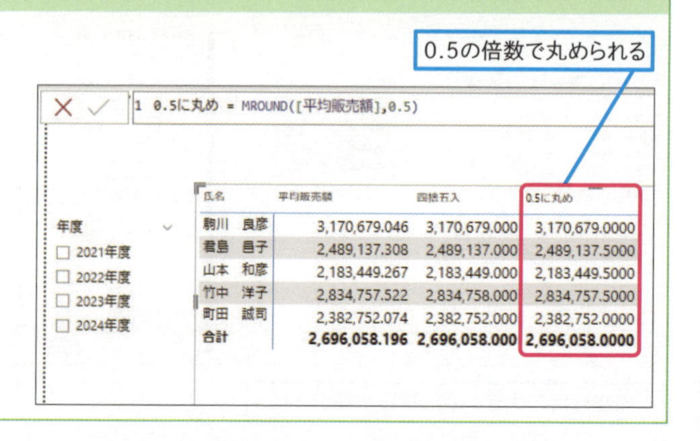

氏名	平均販売額	四捨五入	0.5に丸め
駒川 良彦	3,170,679.046	3,170,679.000	3,170,679.0000
君島 昌子	2,489,137.308	2,489,137.000	2,489,137.5000
山本 和彦	2,183,449.267	2,183,449.000	2,183,449.5000
竹中 洋子	2,834,757.522	2,834,758.000	2,834,757.5000
町田 誠司	2,382,752.074	2,382,752.000	2,382,752.0000
合計	2,696,058.196	2,696,058.000	2,696,058.0000

練習用ファイル ▸ L066_ROUND関数.pbix ／ L066_ROUND関数.xlsx

使用例 平均販売額の結果を整数位に丸める

=ROUND([平均販売額],0)

ポイント

回数	平均販売額を求めるメジャー［平均販売額］を指定する
NumberOfDigits	整数位に丸めたいため「0」を指定する

● Power BIの場合

1 ［売上リスト］テーブルに上記式の「四捨五入」というメジャーを作成

2 ビジュアルを選択し、［四捨五入］を［値］に追加

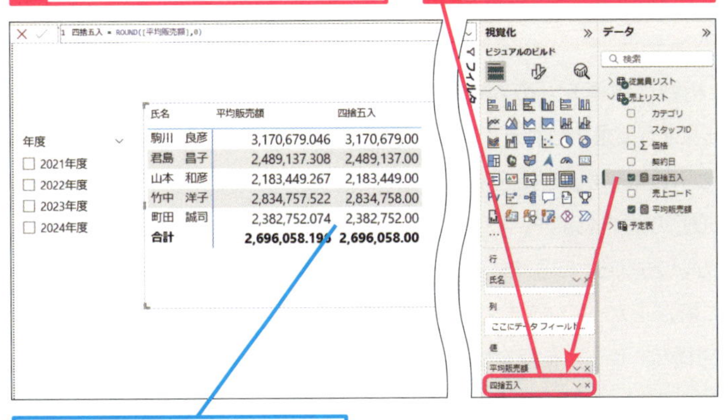

平均販売額が整数位に丸められる

● Power Pivotの場合

1 ［売上リスト］テーブルに上記式の「四捨五入」というメジャーを作成

2 ［四捨五入］メジャーを［値］ボックスに追加

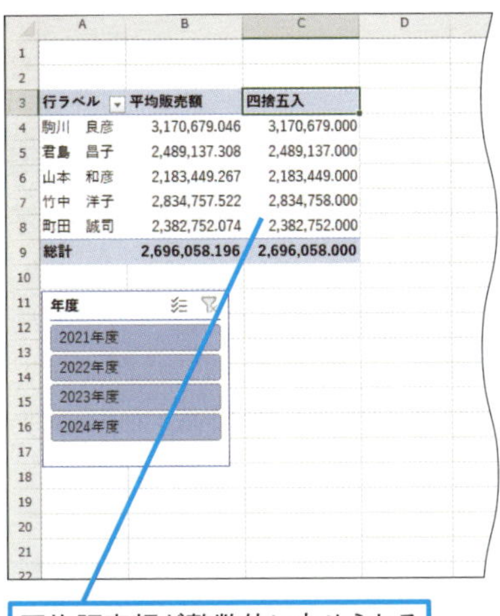

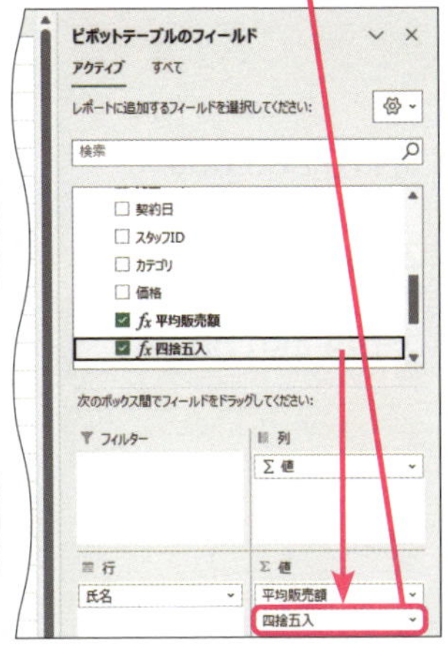

平均販売額が整数位に丸められる

使いこなしのヒント

元の値が負の数だった場合はどうなるの？

丸めようとする元の数値が負の数だった場合、結果は「-」が符号として付くだけで見た目はあまり変わりありません。0を中心として左右対称に結果が求められていることをイメージすると良いでしょう。

使いこなしのヒント

メジャー［平均販売額］とは？

マトリックスやピボットテーブルで、それぞれのスタッフが販売した件数に対しての平均販売額を求めるためのメジャーです。

［価格］の平均を求める

=AVERAGE('売上リスト'[価格])

レッスン

67 端数を切り上げる

ROUNDUP関数

指定した桁数に対して数値の端数を切り上げたい場合にはROUNDUP関数を使います。このレッスンでは、スタッフごとの販売件数に対する平均販売額を求めた集計結果に対し、端数を切り上げて整数位に丸めた結果を返すメジャーを作成します。

数学三角関数　対応アプリ Power BI Power Pivot

指定した桁数に数値を切り上げる

=ROUNDUP(数値, NumberOfDigits)

ROUNDUP関数は端数を切り上げて指定した桁数に数値を丸める関数です。2つ目の引数として指定した桁数が結果として求められます。例えば、「123.456」という値に対し、2つ目の引数に「0」を指定すると、整数位に丸めようとするため「124.000」が返されます。「1」なら小数点一桁までを求めるため「123.500」が、「2」なら「123.460」が返ります。負の数を使うと、小数点の左側に桁が上がっていきます。同じく「123.456」という値に対し、2つ目の引数に「-1」を指定すると「130.000」が、「-2」を指定すると「200.000」が返ります。

引数

数値	端数を切り上げたい値を指定する
NumberOfDigits	表示させる桁数を指定する

● NumberOfDigitsで「0」を指定した場合

3,170,679.046 → 3,170,680.000

2,489,137.308 → 2,489,138.000

2,183,449.267 → 2,183,450.000

キーワード

使いこなしのヒント

表示形式でも端数処理できる

PowerBIや、Excelでは［表示形式］の機能を使って桁数を指定することができます。ただし、表示形式で行われているのはあくまで見た目の桁数を整えているだけで、実際に数値としては表示されていない部分の値も保持したままになっています。ROUND系の関数を使って端数処理をすると、端数の値は無くなります。

練習用ファイル ▸ L067_ROUNDUP関数.pbix ／ L067_ROUNDUP関数.xlsx

使用例 平均販売額の結果を切り上げて整数位に丸める

=ROUNDUP([平均販売額],0)

ポイント

回数	平均販売額を求めるメジャー［平均販売額］を指定する
NumberOfDigits	整数位に切り上げたいため「0」を指定する

● Power BIの場合

1 ［売上リスト］テーブルに上記式の「切り上げ」というメジャーを作成

2 ビジュアルを選択し、［切り上げ］を［値］に追加

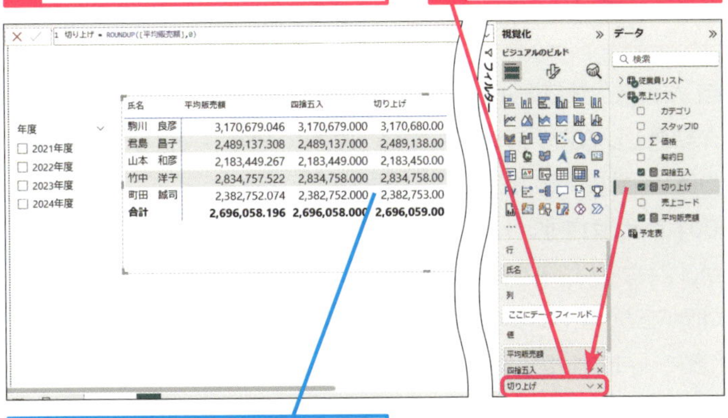

氏名	平均販売額	四捨五入	切り上げ
駒川　良彦	3,170,679.046	3,170,679.000	3,170,680.00
君島　昌子	2,489,137.308	2,489,137.000	2,489,138.00
山本　和彦	2,183,449.267	2,183,449.000	2,183,450.00
竹中　洋子	2,834,757.522	2,834,758.000	2,834,758.00
町田　誠司	2,382,752.074	2,382,752.000	2,382,753.00
合計	2,696,058.196	2,696,058.000	2,696,059.00

平均販売額が整数位に切り上げられる

● Power Pivotの場合

1 ［売上リスト］テーブルに上記式の「切り上げ」というメジャーを作成

2 ［切り上げ］メジャーを［値］ボックスに追加

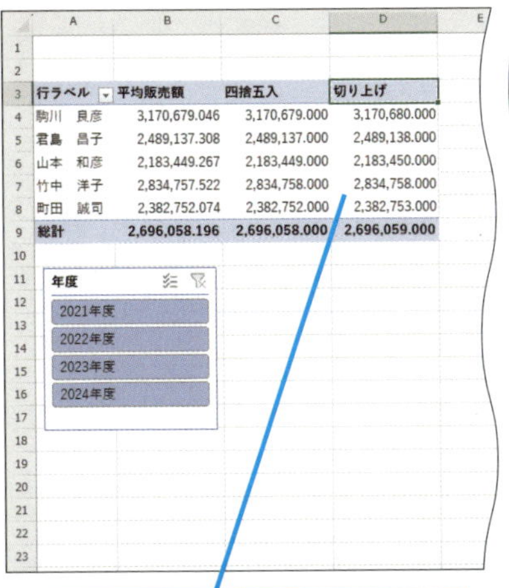

行ラベル	平均販売額	四捨五入	切り上げ
駒川　良彦	3,170,679.046	3,170,679.000	3,170,680.000
君島　昌子	2,489,137.308	2,489,137.000	2,489,138.000
山本　和彦	2,183,449.267	2,183,449.000	2,183,450.000
竹中　洋子	2,834,757.522	2,834,758.000	2,834,758.000
町田　誠司	2,382,752.074	2,382,752.000	2,382,753.000
総計	2,696,058.196	2,696,058.000	2,696,059.000

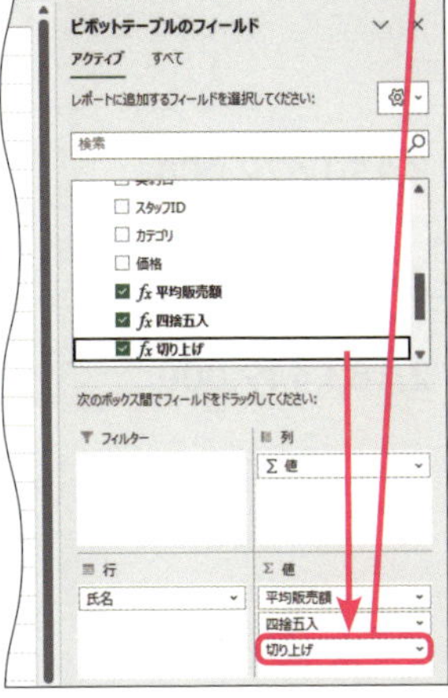

平均販売額が整数位に切り上げられる

⚠ ここに注意

丸めようとする元の数値が負の数だった場合、結果は「-」が符号として付くだけで見た目はあまり変わりありません。「切り上げ」という言葉から元の値より大きい数値が求められるイメージがありますが、0から遠くなる値が求められるため、負の数を切り上げると元の数より小さくなることに注意しましょう。

使いこなしのヒント

Power BIで小数点以下の表示桁数を指定するには?

ビジュアルにメジャーを追加したとき、小数点以下の表示桁数は自動的に設定されてしまいます。桁数を自分で指定したい場合は［メジャーツール］タブの［書式設定］で小数点以下の表示桁数を指定できます。

レッスン 68 端数を切り捨てる

ROUNDDOWN関数

数値を指定した桁数に対して端数を丸めたい場合にはROUNDDOWN関数を使います。このレッスンでは、スタッフごとの販売件数に対する平均販売額を求めた集計結果に対し、端数を切り捨てて整数位に丸めた結果を返すメジャーを作成します。

数学三角関数　対応アプリ Power BI　Power Pivot

指定した桁数に数値を切り捨てる

=ROUNDDOWN(数値, NumberOfDigits)

ROUNDDOWN関数は端数を切り捨てて、指定した桁数に数値を丸める関数です。2つ目の引数として指定した桁数が結果として求められます。例えば、「123.456」という値に対し、2つ目の引数に「0」を指定すると、整数位に丸めようとするため「123.000」が返されます。「1」なら小数点一桁までを求めるため「123.400」が、「2」なら「123.450」が返ります。負の数を使うと、小数点の左側に桁が上がっていきます。同じく「123.456」という値に対し、2つ目の引数に「-1」を指定すると「120.000」が、「-2」を指定すると「100.000」が返ります。

引数

数値	四捨五入する値を指定する
NumberOfDigits	表示させる桁数を指定する

● NumberOfDigitsで「0」を指定した場合

3,170,679.046 → 3,170,679.000

2,489,137.308 → 2,489,137.000

2,183,449.267 → 2,183,449.000

キーワード

練習用ファイル ▸ L068_ROUNDDOWN関数.pbix ／ L068_ROUNDDOWN関数.xlsx

使用例 平均販売額の結果を切り捨てて整数位に丸める

=ROUNDDOWN([平均販売額],0)

ポイント

数値	平均販売額を求めるメジャー［平均販売額］を指定する
NumberOfDigits	整数位に丸めたいため「0」を指定する

● Power BIの場合

1 ［売上リスト］テーブルに上記式の「切り捨て」というメジャーを作成

2 ビジュアルを選択し、［切り捨て］を［値］に追加

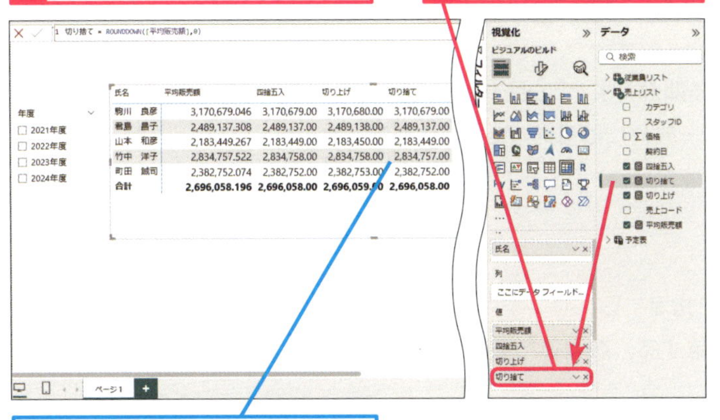

氏名	平均販売額	四捨五入	切り上げ	切り捨て
駒川　良彦	3,170,679.046	3,170,679.00	3,170,680.00	3,170,679.00
君島　昌子	2,489,137.308	2,489,137.00	2,489,138.00	2,489,137.00
山本　和彦	2,183,449.267	2,183,449.00	2,183,450.00	2,183,449.00
竹中　洋子	2,834,757.522	2,834,758.00	2,834,758.00	2,834,757.00
町田　誠司	2,382,752.074	2,382,752.00	2,382,753.00	2,382,752.00
合計	2,696,058.196	2,696,058.00	2,696,059.00	2,696,058.00

平均販売額が整数位に切り捨てられる

● Power Pivotの場合

1 ［売上リスト］テーブルに上記式の「切り捨て」というメジャーを作成

2 ［切り捨て］メジャーを［値］ボックスに追加

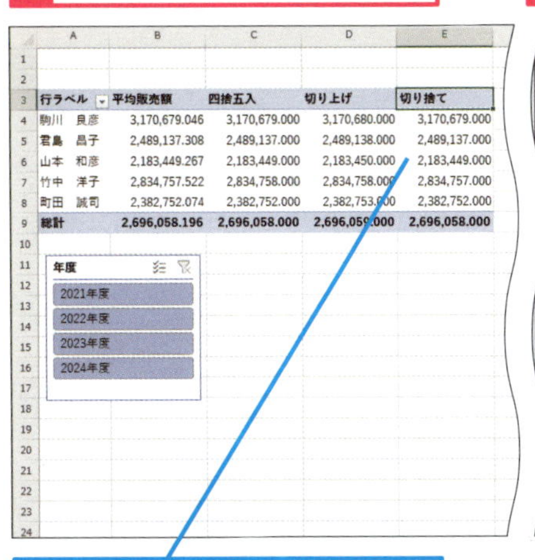

行ラベル	平均販売額	四捨五入	切り上げ	切り捨て
駒川　良彦	3,170,679.046	3,170,679.000	3,170,680.000	3,170,679.000
君島　昌子	2,489,137.308	2,489,137.000	2,489,138.000	2,489,137.000
山本　和彦	2,183,449.267	2,183,449.000	2,183,450.000	2,183,449.000
竹中　洋子	2,834,757.522	2,834,758.000	2,834,758.000	2,834,757.000
町田　誠司	2,382,752.074	2,382,752.000	2,382,753.000	2,382,752.000
総計	2,696,058.196	2,696,058.000	2,696,059.000	2,696,058.000

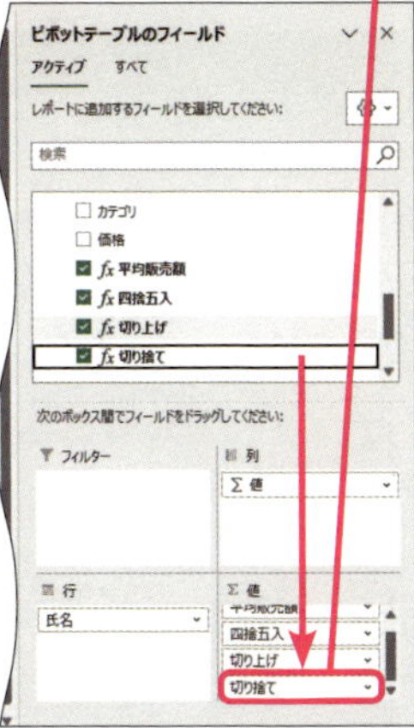

平均販売額が整数位に切り捨てられる

⚠ ここに注意

丸めようとする元の数値が負の数だった場合、結果は「-」が符号として付くだけで見た目はあまり変わりありません。「切り捨て」という言葉から元の値より小さい数値が求められるイメージがありますが、0に近くなる値が求められるため、負の数を切り捨てると元の数より大きくなることに注意しましょう。

レッスン

69 整数位を取り出す

TRUNC関数

端数のある数値から整数位だけを簡単に取り出すにはTRUNC関数を使用します。このレッスンでは、スタッフごとの販売件数に対する平均販売額を求めた集計結果に対し、端数を切り捨てて整数位を取り出した結果を返すメジャーを作成します。

数学三角関数　対応アプリ Power BI Power Pivot

数値から整数位のみ取り出す

=TRUNC(数値, [NumberOfDigits])

TRUNC関数は整数位を取り出すことのできる関数です。2つ目の引数として桁数を指定することもできますが、一般的には省略して整数位を取り出すときに使われています。

引数

数値	整数位を取り出す値を指定する
NumberOfDigits	表示させる桁数を指定する。整数位で取り出す場合は省略可

キーワード

ビジュアル	P.217
ピボットテーブル	P.218
メジャー	P.218

使いこなしのヒント

INT関数でも整数位を取り出せる

TRUNC関数とほぼ同じ働きをする関数に、INT関数があります。ただしこの関数だけは、負の数を処理した結果が、TRUNC関数やROUNDDOWN関数と異なります。常に値が小さくなる方向に端数を切り捨てるため、引数に「4.5」を指定すると結果は「4」になりますが、「-4.5」を指定した場合には「-5」になります。

小数点以下を切り捨てる
=INT(数値)

引数

数値　切り捨てたい数値を指定する

1 INT関数の結果 = INT([平均販売額])

氏名	平均販売額	四捨五入	切り上げ	切り捨て	整数位	INT関数の結果
駒川 良彦	3,170,679.046	3,170,679.000	3,170,680.000	3,170,679.000	3,170,679.000	3,170,679.000
竹中 洋子	2,834,757.522	2,834,758.000	2,834,758.000	2,834,757.000	2,834,757.000	2,834,757.000
君島 昌子	2,489,137.308	2,489,137.000	2,489,138.000	2,489,137.000	2,489,137.000	2,489,137.000
町田 誠司	2,382,752.074	2,382,752.000	2,382,753.000	2,382,752.000	2,382,752.000	2,382,752.000
山本 和彦	2,183,449.267	2,183,449.000	2,183,450.000	2,183,449.000	2,183,449.000	2,183,449.000
合計	**2,696,058.196**	**2,696,058.000**	**2,696,059.000**	**2,696,058.000**	**2,696,058.000**	**2,696,058.000**

練習用ファイル ▸ L069_TRUNC関数.pbix ／ L069_TRUNC関数.xlsx

使用例 平均販売額の結果から整数位を取り出す

=TRUNC([平均販売額],0)

ポイント

回数	平均販売額を求めるメジャー［平均販売額］を指定する
NumberOfDigits	整数位で取り出すことを明示するため「0」を指定する

● Power BIの場合

1 ［売上リスト］テーブルに上記式の「整数位」というメジャーを作成

2 ビジュアルを選択し、［整数位］を［値］に追加

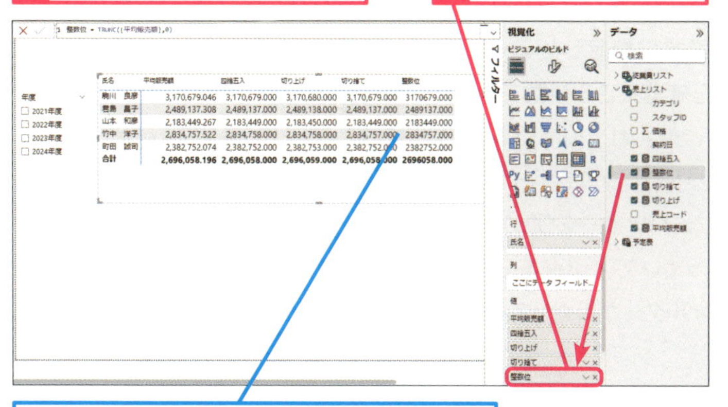

平均販売額の端数が無くなり整数位が取り出される

● Power Pivotの場合

1 ［売上リスト］テーブルに上記式の「整数位」というメジャーを作成

2 ［整数位］メジャーを［値］ボックスに追加

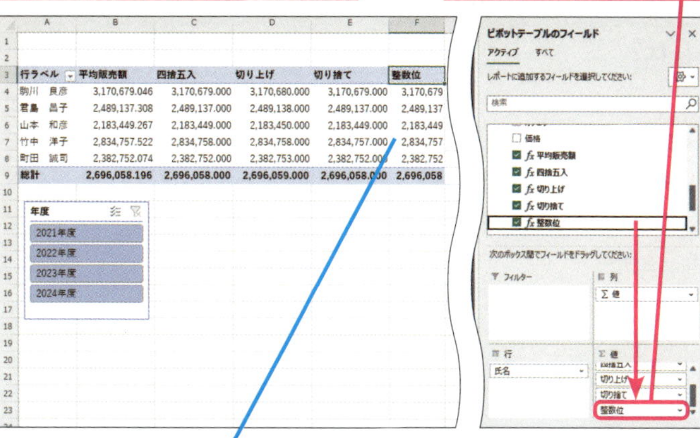

平均販売額の端数が無くなり整数位が取り出される

使いこなしのヒント

ROUNDDOWNとはどこが違うの?

TRUNC関数とROUNDDWON関数は結果的に求められる値は同じです。TRUNC関数の方が記述も容易で使いやすいですが、他のユーザーと共有する場合には、ROUNDDWON関数を使う方が桁数を必ず指定することも含めて明示的で良いかもしれません。状況に応じて適したものを選択しましょう。

レッスン
70 フィルターの有無を確認する

ISFILTERED関数

特定のテーブルや列を使ったフィルターが集計結果に使われているかを確認するのがISFILTERED関数です。このレッスンでは、[従業員リスト] テーブルに含まれる列を使ったフィルターが行われているかを確認できるメジャーを作成します。

情報関数　対応アプリ Power BI Power Pivot

フィルターがあるかどうかを判定する

=ISFILTERED(TableNameOrColumnName)

ISFILTERED関数は、現在の集計結果が引数に指定したテーブルまたは列を使ったフィルターによるものかを確認できる関数です。フィルターが使われている場合には「True」、使われていない場合には「False」を返します。ビジュアルやピボットテーブルは行や列、スライサーやページフィルターなど、さまざまなフィルターを使って集計結果を表示しています。高度な集計を行っていて、現在集計結果として表示されている値に、必要とするフィルターが掛かっているかどうかを確認する場合に便利な関数です。

引数

TableNameOrColumnName　フィルターの有無を確認するテーブルまたは列名

キーワード

False	P.215
True	P.215
フィルター	P.218

使いこなしのヒント

フィルターの影響を受ける範囲を確認するには?

ISCROSSFILTERED関数を使うと、テーブルや列がフィルターの影響を受けているかを確認できます。以下のメジャーを作成し、マトリックスやピボットテーブルに追加します。年度のスライサーが解除されている場合は、[従業員リストT_Filter有無] と結果は同じですが、年度のスライサーを使用して結果を絞り込むと [影響の有無] メジャーの結果のみ「総計」または「合計」行も「True」となります。これはこのメジャーが [価格] 列が発生源を問わずフィルターの影響を受けているかを確認できるメジャーだからです。

[売上リスト] テーブルの [価格] 列がフィルターの影響を受けているかを確認する

影響の有無=ISCROSSFILTERED('売上リスト'[価格])

TableNameOrColumnName　影響されているかを確認したい [価格] 列を指定する

活用編 第8章 知っておくと便利なその他の関数

練習用ファイル ▸ L070_ISFILTERED関数.pbix ／ L070_ISFILTERED関数.xlsx

使用例 集計表に［従業員リスト］テーブルを使ったフィルターが有るか確認する

=ISFILTERED('従業員リスト')

ポイント

TableNameOrColumnName　［従業員リスト］テーブルを指定する

● Power BIの場合

1 ［売上リスト］テーブルに上記式の「従業員リストT_Filter有無」というメジャーを作成

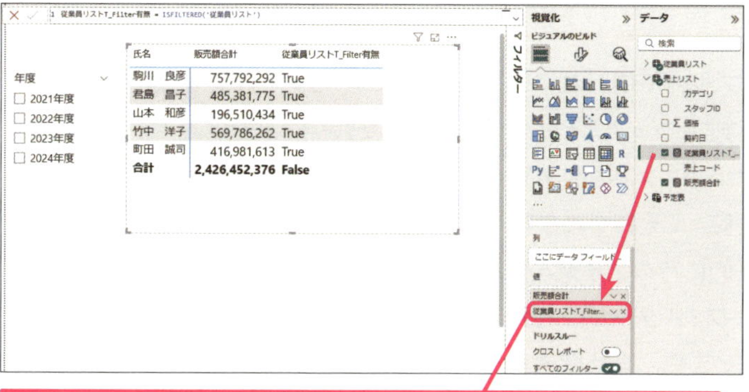

2 ビジュアルを選択し、［従業員リストT_Filter有無］を［値］に追加

「合計」のみ「False」それ以外の行に「True」が表示される

● Power Pivotの場合

［メジャー］ダイアログを表示しておく

1 ［売上リスト］テーブルを選択

2 メジャー名に「従業員リストT_Filter有無」と入力

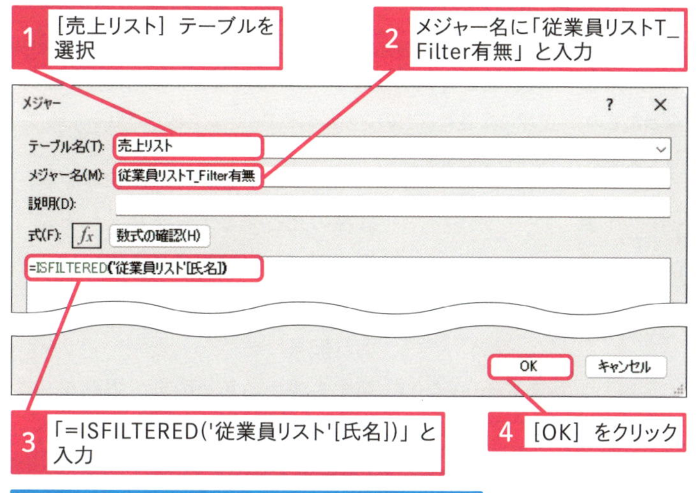

3 「=ISFILTERED('従業員リスト'[氏名])」と入力

4 ［OK］をクリック

ピボットテーブルの［値］にメジャーを追加しておく

使いこなしのヒント

Power Pivotではテーブルを引数として指定できない

PowerBIではテーブルを引数として指定しましたが、Power Pivotでは引数として指定できるのは列のみです。DAX関数は利用する環境で利用の仕方が異なるものがありますが、ISFILTERD関数もその1つです。このレッスンでは求められる結果は同じですので安心してください。

使いこなしのヒント

合計だけ「False」になるのはなぜ？

マトリックスやピボットテーブルの最終行は「合計」や「総計」と表示されているため、フィルターされた各スタッフの販売額合計をさらに合計しているように思ってしまいますが、DAXの挙動としては、この行は「フィルターされていない」ため結果的にすべての値が集められていると考えるのが正しいです。このレッスンの例ではSUM関数で「販売額合計」を集計しているので、合計でもフィルター無しでも結果は同じですが、AVERAGE関数で「平均」を求めている列に対してであれば、結果は全く異なったものになりますので注意しましょう。

使いこなしのヒント

スライサーで年度を切り替えると？

スライサーで年度を切り替えても「合計」「総計」には「True」は表示されません。年度でフィルターはされているものの、このメジャーではあくまで［従業員リスト］または［氏名列］でのフィルターの有無を確認しているため、他のテーブルによるフィルターについては判断しないからです。

レッスン

71 使われているフィルターを確認する

FILTERS関数

この集計表の中で実際にどんなアイテムでフィルターが行われているかを確認したい場合もあります。このレッスンではFILTERS関数を使って、集計表の中で使われているフィルターのアイテムを表示させるメジャーを作成します。

情報関数　対応アプリ Power BI Power Pivot

フィルターとして使用されているアイテムを表示させる

=FILTERS(ColumnName)

FILTERS関数はビジュアルやピボットテーブル内で使われているフィルターのアイテムを求める関数です。そのままビジュアルやピボットテーブルに追加することはできません。このレッスンでは文字列を繋いで表示させるCONCATENATEX関数を使ってそれぞれの行で表示されているアイテムを求めました。結果的に行のアイテム名とほぼ同じですが、「合計」「総計」の行は、フィルターが行われていないため、すべてのアイテムが表示されています。集計結果がどのように求められているか、確認したい時に有効な関数です。

引数

ColumnName	フィルターが使用される列を指定する

キーワード

アイテム	P.216
フィルター	P.218
メジャー	P.218

使いこなしのヒント

CONCATENATEX関数とは?

CONCATENATEX関数は文字列関数の一つで、レッスン58で紹介したCONCATENATE関数がイテレータ関数になったものです。テーブルの行ごとに計算される結果を結合して文字列として返します。このレッスンの例では、FILTERS関数を使って求めた各行ごとのフィルターアイテムを表示させるために使用しています。

=CONCATENATEX(表,式,区切り記号,OderByExpression,Order)

引数	説明
表	計算の元となるテーブル
式	表の行ごとに計算される式
区切り記号	結果が複数ある場合、間に使う区切り記号
OderByExpression	順序を決めるための列。省略可
Order	降順の場合0か省略、昇順の場合1を指定する

練習用ファイル ▶ L071_FILTERS関数.pbix ／ L071_FILTERS関数.xlsx

使用例 各行に［氏名］列のどのアイテムがフィルターされているか表示する

=CONCATENATEX(FILTERS('従業員リスト'[氏名]),'従業員リスト'[氏名],"-")

ポイント

ColumnName　フィルターが使用されている［氏名］列を指定する

● Power BIの場合

1 ［売上リスト］テーブルに上記式の「フィルターアイテム」というメジャーを作成

2 ビジュアルを選択し、［フィルターアイテム］を［値］に追加

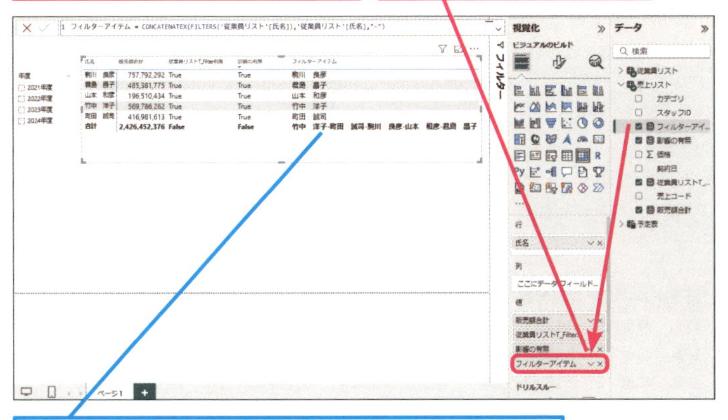

各行に集計されている［氏名］列のアイテムが表示される

● Power Pivotの場合

1 ［売上リスト］テーブルに上記式の「フィルターアイテム」というメジャーを作成

2 ビジュアルを選択し、［フィルターアイテム］を［値］に追加

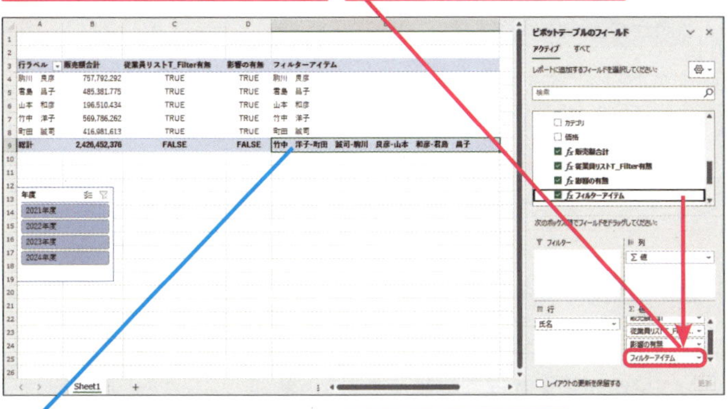

各行に集計されている［氏名］列のアイテムが表示される

使いこなしのヒント

COUNTROWS関数と組み合わせればフィルターの数を求められる

テーブルの行の数を数えるCOUNTROWS関数と組み合わせれば、フィルターされているアイテムの数を求めることもできます。

各行でフィルターされているアイテムの数を返す

=COUNTROWS(FILTERS('従業員リスト'[氏名]))

この章のまとめ

DAX関数はこれからも増え続ける

この章では、これまでの章で紹介しきれなかった便利な関数をご紹介しました。他にもたくさんのDAX関数がありますが、新しい関数も次々と追加されています。大量のデータが身近にあるようになったため、データモデルを使って高度な集計をしたい、と思う人はどんどん増えています。それに応えるためにも、DAX関数とその活躍の場でもあるPower BIやPower Pivotはこれからもどんどん進化をしていくでしょう。この本で学んだことを基礎として、紹介しきれなかった関数にも恐れずにトライしてください！

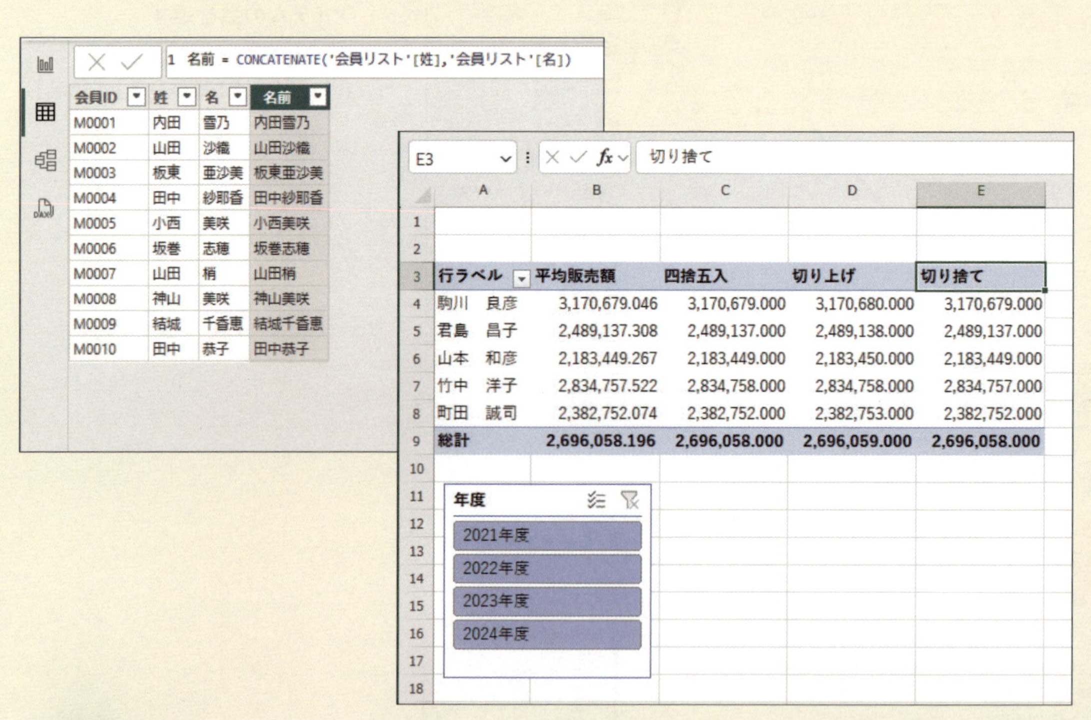

会員ID	姓	名	名前
M0001	内田	雪乃	内田雪乃
M0002	山田	沙織	山田沙織
M0003	板東	亜沙美	板東亜沙美
M0004	田中	紗耶香	田中紗耶香
M0005	小西	美咲	小西美咲
M0006	坂巻	志穂	坂巻志穂
M0007	山田	梢	山田梢
M0008	神山	美咲	神山美咲
M0009	結城	千香恵	結城千香恵
M0010	田中	恭子	田中恭子

行ラベル	平均販売額	四捨五入	切り上げ	切り捨て
駒川　良彦	3,170,679.046	3,170,679.000	3,170,680.000	3,170,679.000
君島　昌子	2,489,137.308	2,489,137.000	2,489,138.000	2,489,137.000
山本　和彦	2,183,449.267	2,183,449.000	2,183,450.000	2,183,449.000
竹中　洋子	2,834,757.522	2,834,758.000	2,834,758.000	2,834,757.000
町田　誠司	2,382,752.074	2,382,752.000	2,382,753.000	2,382,752.000
総計	**2,696,058.196**	**2,696,058.000**	**2,696,059.000**	**2,696,058.000**

第8章は一気にいろんな関数を学びましたね。

便利な関数がこんなにあるなんて知らなかった！

よくここまで頑張ったね！　DAX関数が扱えれば、複雑なデータの集計・可視化を簡単に行えるようになることを実感できたかな？ ここで学んだことを実務にたくさん活用していってね。

用語集

&（アンパサンド）
「and」を表す記号。数式の中で利用すると結果として文字列を結合することができる。条件式では、複数の条件を指定する際に使用され、それぞれの条件をすべて満たす場合を求める式となる。
→条件式

BI（ビーアイ）
Business Inteligence（ビジネス・インテリジェンス）の略。企業の中に蓄積されたデータを収集・分析・可視化して、経営や業務の意思決定に活用する仕組みや手法のこと。

DATETIME形式（デイトタイムケイシキ）
「2024/1/1 12:30:45」のように、日付と時刻の値を1つに持つことのできるデータ型。小数点以下の秒の情報も保持でき、精度の高い計算を行える。
→データ型

DAX（ダックス）
Power BIやPower Pivotなどで使用される数式表現言語。データモデルから新しい情報を計算して取り出すための関数、演算子、定数を含む。Data Analysis Expressionsを略してDAXと呼ばれている。
→BI、Power BI、Power Pivot、演算子、関数、定数、データモデル

DAX関数（ダックスカンスウ）
DAXで使用される関数のこと。Power BIやPower Pivotではメジャーや計算列として使用できる。列やテーブルを計算対象として扱う。
→BI、DAX、Power BI、Power Pivot、関数、計算列、テーブル、メジャー

Excelワークシート関数
Excelワークシート上で利用される関数のこと。一般的にはただ「関数」や「Excel関数」と呼ばれることが多い。
→DAX、DAX関数、関数

False（フォールス）
「正しくない、誤った」などの意味を持つ英単語を基とする値。真偽値のうち「偽」を表す。条件式の結果として、特定の条件を満たさない場合に表示される。
→条件式、真偽値

Power BI（パワービーアイ）
Microsoft社が提供するBIツール。大量のデータを集計・分析し、可視化することで経営判断に役立てることを目的として開発された。
→BI

Power Pivot（パワーピボット）
Excelにアドインで追加できる、ピボットテーブルを強化するためのツール。Power Pivotを利用することで、複数のテーブルをリレーションしたデータモデルからピボットテーブルを作成し、複雑なデータから高度な集計結果を得ることができる。
→データモデル、テーブル、ピボットテーブル

PowerQueryエディター（パワークエリエディター）
Power BIやExcelブックに外部からのデータを整形しながら取り込むためのクエリを作成するツール。クエリを更新するだけで、最新のデータを取得し、クエリで指定した整形結果をテーブルやデータモデルに書き出すことができる。
→BI、Power BI、データモデル、テーブル

True（トゥルー）
「正しい、本当の」などの意味を持つ英単語を基とする値。真偽値のうち「真」を表す。条件式の結果として、特定の条件を満たす場合に表示される。対義語は「False」。
→False、条件式、真偽値

アイテム
データモデルのフィールドで扱われる一意の値。例えば「商品名」フィールドで「商品A」「商品B」という2種類の商品が扱われている場合、「このフィールドには2つのアイテムがある」や「アイテム『商品A』の集計結果は」のように使用する。
→データモデル、フィールド

暗黙のメジャー
ビジュアルやピボットテーブルで、何らかのフィールドを［値］に追加し、集計を行う際に自動的に作成されるメジャー。ユーザーが作成するメジャーと同じように集計結果を求めることはできるが、式を編集することはできず、計算の種類もシンプルなものに限られている。
→テーブル、ビジュアル、ピボットテーブル、フィールド、メジャー

イテレータ関数
基準となるテーブルに対し、1行ずつ何らかの計算結果を求めて、その結果をさらに集計するための関数。SUMX関数やCOUNTX関数、MAXX関数のように関数名の最後にXが付くものはイテレータ関数であることが多い。
→関数、テーブル

演算子
数式やプログラミング言語などで各種の演算を表す記号。DAXでは「+」「-」といった算術演算子の他、「=」「>」「<」といった比較演算子、論理演算子などを利用できる。
→DAX

関数
演算を何度も繰り返さなければ求められないような複雑な計算を、一定のルールを作ることで簡単に記述できるようにした仕組みのこと。Excelワークシート関数やDAX関数では、それぞれの関数によって定義された引数を指定することで求める結果を得ることができる。
→DAX、DAX関数、Excelワークシート関数、関数、引数

クロス集計
2つの列の値をそれぞれ縦軸・横軸として指定し、交点に集計値を求めるもの。「ピボット集計」とも呼ばれる。Power BIではマトリックスのビジュアルで、Excelではピボットテーブルで、それぞれクロス集計を得ることができる。
→BI、Power BI、ビジュアル、ピボットテーブル

計算列
データモデルにあるテーブル上で、新たに列を作成する際に使用する。DAXを使った数式で、他の列にある値を呼び出したり、計算結果を求めたりして、各行の値を決定する
→DAX、計算列、データモデル、テーブル。

小計
データを集計する際、一部の項目のみの合計などを求めた結果を指す。すべての項目の集計結果を合わせたものは「総計」と呼ぶ。
→総計

条件式
一定の条件を指定し、それを満たすかどうかを判定する式のこと。右辺と左辺を比較する論理式を作成することで条件として利用できる。結果はTrueまたはFalseの真偽値として求められる。
→False、True、条件式、真偽値

書式
求められた値や文字列、ビジュアルなどに指定できる見せ方のこと。数値に対しては、桁区切りのカンマを表示させるかどうか、パーセントスタイルにするかどうかなども、書式として指定されている。
→ビジュアル

シリアル値
Excelで日付や時刻を管理するために利用されている値。1900年1月1日を「1」として、1日経過ごとに1増加する値を利用している。時刻部分については、小数点以下の部分を使い1/24が1時間、1/1440（24×60）を1分としてカウントしている。

真偽値
条件式の結果として求められる値。ブール値とも呼ばれる。条件を満たした場合は「真＝True」、満たさない場合は「偽=False」が返される。
→False、True、条件式

スライサー
求められたビジュアルやピボットテーブルなどを、さらにいずれかのフィールドで抽出した結果として絞り込む場合に使用されるツール。レポート上にボタンなどの形式で設置できるため、直感的にフィルター操作を行える。
→テーブル、ビジュアル、ピボットテーブル、フィールド、フィルター、レポート

総計
データ全体の集計結果のこと。「小計」の対義語として使用される。
→小計

タイムインテリジェンス関数
時系列に則った集計を行うために利用される関数のこと。タイムインテリジェンス関数を使えば前年や前月など、相対的な日付を指定した集計結果を求められるようになる。
→関数

定数
定まった数、変化しない値を指す。

データ型
それぞれのフィールドで扱われるデータの形。数値や文字列、日付など、各フィールドには一定の形式のデータが収められる。
→関数、データ型、引数、フィールド

データモデル
データの全体像を把握するため、データの項目や図、それらの構成や関係性を整理して視覚化したもの。一般的には図として表すことも含むが、Power BIやPower Pivotでは、テーブルやクエリ、それらの関係性などを指す。
→BI、Power BI、Power Pivot、テーブル

テーブル
データがルールに則って納められた表。Excelの中では、シート上にある表の範囲を「テーブル」に変換することでデータの並べ替えや抽出などの機能を使える。またそのテーブルをデータモデルに取り込んだ場合、Power BIやPower Pivot画面で表示されるものも「テーブル」と呼ぶ。
→BI、Power BI、Power Pivot、データモデル、テーブル

テキスト形式の日付
「"2024 年1月2日"」や「"January 2,2024"」のように、日付の表現として文字列も含めることのできるデータ型。ユーザーにとって分かりやすいが、使用しているコンピューターの［設定］-［時刻と言語］の設定に依存する。
→データ型

引数
関数に渡す値のこと。関数は与えられた引数を集計値として計算を行う。括弧の中に、それぞれの関数に定められた順序で引数を指定する必要がある。引数には、定数や文字列、テーブルや列の参照、作成済みのメジャーなどを指定できるが、何を指定するかは関数により定められている。
→関数、定数、テーブル、引数、メジャー

ビジュアル
Power BIのレポートビューに設置できるオブジェクト。マトリックスや各種グラフ、カードなどのようにデータモデルから求めた集計結果を表示させるものの他、スライサーや説明などのようにユーザーの利用を補助するためのオブジェクトもある。
→BI、Power BI、スライサー、データモデル、ビジュアル、レポート

日付テーブル
集計するデータが扱われる期間のすべての日付を一意に持つテーブル。日付テーブルがあることでタイムインテリジェンス関数を使って期間を指定した複雑な計算が行えるようになる。
→関数、タイムインテリジェンス関数、テーブル

日付テーブルとしてマーク
作成した連続した日付の値を持つテーブルを、データモデル内で「日付テーブル」として扱うことを明示するための操作。
→データモデル、テーブル、日付テーブル

ピボットグラフ
ピボットテーブルをグラフ化したもの。ピボットテーブルと同様、集計する軸をマウス操作で切り替えながら描画されたグラフを変化させることができるため、視点を変えながらの分析が容易に行える。
→テーブル、ピボットテーブル

ピボットテーブル
リスト形式の表からクロス集計表を作成するExcelの機能、またその機能で作成された表。縦軸や横軸、また集計する値として指定する項目を随時変更できるため、切り口を変えながら素早く大量のデータを集計、分析できる。
→クロス集計、テーブル、ピボットテーブル

ファクトテーブル
販売履歴や支払情報などのように、起きた出来事の結果をデータとして積み重ねたテーブル。商品コードや顧客コードなど、マスタテーブルの情報を紐付けるためのフィールドを持っていることが多い。
→テーブル、フィールド、マスタテーブル

フィールド
データモデルに含まれるテーブルの中で、列として表わされる値。
→データモデル、テーブル、フィールド

フィルター
何らかの条件を指定して、大量のデータの中の一部のデータだけを取り出すこと、またその集計結果を求めること。「抽出」とも呼ばれる。
→フィルター

ページフィルター
そのページにある集計結果全体に対してフィルターを実行するための機能、または条件のこと。
→フィルター

マスタテーブル
商品情報や顧客情報などのように、原則として変わらない情報を積み重ねて作成されるテーブルのこと。ファクトテーブルとリレーションして使用される場合、呼び出される側の情報として扱われることが多い。
→テーブル、ファクトテーブル

メジャー
DAXで使用できる数式のいち形式。Power BIのビジュアルや、Power Pivotのピボットテーブルで使用すると、動的な集計結果を得られる。
→DAX、BI、Power BI、Power Pivot、テーブル、ピボットテーブル、フィールド

リレーションシップ
複数のテーブルの関係性を設定すること。それぞれのテーブルの主キーと外部キーを指定することで、外部キーが設定されたテーブルから主キーのあるテーブルの値を参照できる。また主キーのあるテーブルで指定したフィルターにより、外部キーのあるテーブルのデータを抽出できるようになる。
→テーブル、フィルター

レコード
データモデルに含まれるテーブルの中で、1行のデータとして表わされる情報。1件分の情報の集まり。
→データモデル、テーブル

レポート
何らかの情報を分析した結果を、見る人に分かりやすく表現したもの。Power BIでは、ビジュアルを利用して作成した画面のこと。
→BI、Power BI、ビジュアル、レポート

索引

記号・数字

A・B・C

D・E・F

H・I・L

M・N・O

P・R・S

T・U・V

W・X

ア

カ

サ

索引

本書を読み終えた方へ

できるシリーズのご案内

※1：当社調べ　※2：大手書店チェーン調べ

絶賛発売中！

Power BIではじめるデータ分析の効率化（できるエキスパート）

奥田理恵
定価：3,080円
（本体2,800円＋税10%）

レポート作成の基本から、データ整形やレポートの公開まで解説。Power BIを使ったデータの分析・可視化のスキルがしっかり身に付く！

Excelパワーピボットで極める一歩先の集計・分析（できるエキスパート）

古澤登志美
定価：2,860円
（本体2,600円＋税10%）

パワーピボットやDAX関数の基本から効率的にデータを扱うためのテクニックまで解説。パワーピボットを業務で使いこなすスキルが身に付く！

できるGoogle スプレッドシート

今井タカシ＆できるシリーズ編集部
定価：1,870円
（本体1,700円＋税10%）

データ入力やデータ共有といった基本的な使い方から集計や分析、生成AIの活用法まで幅広く解説。仕事で役立つひとつ上の使い方がわかる。

読者アンケートにご協力ください！

https://book.impress.co.jp/books/1124101075

「できるシリーズ」では皆さまのご意見、ご感想を今後の企画に生かしていきたいと考えています。
お手数ですが以下の方法で読者アンケートにご協力ください。
ご協力いただいた方には抽選で毎月プレゼントをお送りします！

※プレゼントの内容については「CLUB Impress」のWebサイト（https://book.impress.co.jp/）をご確認ください。

1 URLを入力して Enter キーを押す

2 ［アンケートに答える］をクリック

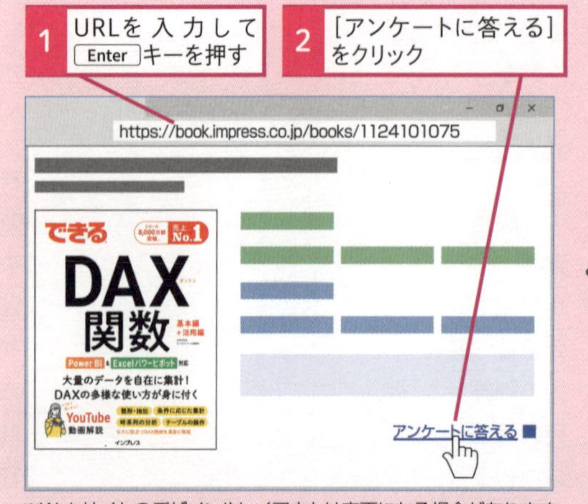

※Webサイトのデザインやレイアウトは変更になる場合があります。

◆会員登録がお済みの方
会員IDと会員パスワードを入力して、［ログインする］をクリックする

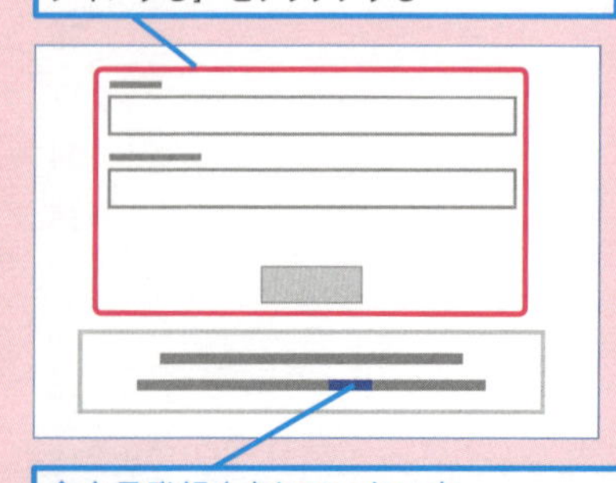

◆会員登録をされていない方
［こちら］をクリックして会員規約に同意してからメールアドレスや希望のパスワードを入力し、登録確認メールのURLをクリックする

■著者

古澤登志美（ふるさわ としみ）

株式会社ワンズ・ワン代表取締役。中小企業診断士・ITコーディネータ。高校中退後様々な職と主婦生活を経て、2001年に起業。個人・法人問わずユーザー向けのＩＴサポートと研修講師としてのスキルを重ねてきた。現在は「ITで仕事を楽に楽しく」をモットーに、小規模事業者に向けた生産性向上のための支援や、各種研修などを全国各地で行っている。特に「ITが苦手」な人に喜んでいただけるお手伝いをすることが一番の幸せ。

https://wans-one.co.jp

STAFF

シリーズロゴデザイン　山岡デザイン事務所<yamaoka@mail.yama.co.jp>
カバー・本文デザイン　伊藤忠インタラクティブ株式会社
カバーイラスト　こつじゆい
本文イラスト　ケン・サイトー
DTP制作　柏倉真理子・田中麻衣子

デザイン制作室　今津幸弘<imazu@impress.co.jp>
鈴木　薫<suzu-kao@impress.co.jp>
制作担当デスク　柏倉真理子<kasiwa-m@impress.co.jp>

編集・制作　リブロワークス

編集　高橋優海<takah-y@impress.co.jp>
編集長　藤原泰之<fujiwara@impress.co.jp>

オリジナルコンセプト　山下憲治

■商品に関する問い合わせ先

このたびは弊社商品をご購入いただきありがとうございます。本書の内容などに関するお問い合わせは、下記のURLまたは二次元バーコードにある問い合わせフォームからお送りください。

https://book.impress.co.jp/info/

上記フォームがご利用いただけない場合のメールでの問い合わせ先

info@impress.co.jp

※お問い合わせの際は、書名、ISBN、お名前、お電話番号、メールアドレス に加えて、「該当するページ」と「具体的なご質問内容」「お使いの動作環境」を必ずご明記ください。なお、本書の範囲を超えるご質問にはお答えできないのでご了承ください。

●電話やFAXでのご質問には対応しておりません。また、封書でのお問い合わせは回答までに日数をいただく場合があります。あらかじめご了承ください。
●インプレスブックスの本書情報ページ https://book.impress.co.jp/books/1124101075 では、本書のサポート情報や正誤表・訂正情報などを提供しています。あわせてご確認ください。
●本書の奥付に記載されている初版発行日から3年が経過した場合、もしくは本書で紹介している製品やサービスについて提供会社によるサポートが終了した場合はご質問にお答えできない場合があります。

■落丁・乱丁本などの問い合わせ先

FAX　03-6837-5023
service@impress.co.jp
※古書店で購入された商品はお取り替えできません。

できるDAX関数
Power BI & Excelパワーピボット対応

2024年12月21日　初版発行

著　者　古澤登志美 & できるシリーズ編集部
発行人　高橋隆志
編集人　藤井貴志
発行所　株式会社インプレス
〒101-0051　東京都千代田区神田神保町一丁目105番地
ホームページ　https://book.impress.co.jp/

印刷所　株式会社広済堂ネクスト
ISBN978-4-295-02053-0 C3055

Printed in Japan